工程软件职场应用实例精析丛书

PowerMill 2018
四轴数控加工编程应用实例

主　编　韩富平　田东婷

副主编　曹怀明　李春光

参　编　甘卫华　李凤波　刘京伟　江　伟

张　惠　陈　琳　吴　娱　孙淑君

机械工业出版社

本书主要介绍 PowerMill 2018 四轴数控加工生成刀具路径的要点和技巧，以提高读者在实际生产应用中的能力。全书共 6 章，内容全是一线企业生产实例，打破了传统的理论教学实例，并采用通俗易懂的语言和图文并茂的形式讲解，实例安排从简单到复杂，循序渐进，让读者充分领悟 PowerMill 2018 四轴数控加工编程的工艺思路，达到事半功倍的效果。随书赠送光盘，包含书中所有实例的模型文件和结果文件，读者在学习过程中可以参考练习。同时提供 PPT 课件（联系 QQ296447532 获取），便于培训教师授课。

本书适合数控技术专业学生、技术人员，以及有 PowerMill 基础的读者自学。

图书在版编目（CIP）数据

PowerMill 2018 四轴数控加工编程应用实例/韩富平，田东婷主编.
—北京：机械工业出版社，2018.4（2019.7重印）
（工程软件职场应用实例精析丛书）
ISBN 978-7-111-59590-8

Ⅰ. ①P… Ⅱ. ①韩… ②田… Ⅲ. ①数控机床－加工－计算机辅助设计－应用软件 Ⅳ. ①TG659-39

中国版本图书馆 CIP 数据核字（2018）第 063041 号

机械工业出版社（北京市百万庄大街 22 号 邮政编码 100037）
策划编辑：周国萍　　　责任编辑：周国萍
责任校对：郑　婕　　　封面设计：马精明
责任印制：李　昂
北京机工印刷厂印刷
2019 年 7 月第 1 版第 2 次印刷
184mm×260mm・15.25 印张・360 千字
3 001—4 000册
标准书号：ISBN 978-7-111-59590-8
　　　　　ISBN 978-7-88709-973-0（光盘）
定价：59.00 元（含 1CD）

前　言

Autodesk PowerMill（简称 PowerMill）是一款专业的 CAD/CAM 软件，该软件面向工艺特征，利用工艺知识并结合智能化设备对数控加工自动编程的过程进行优化，具有文件兼容性强、加工策略丰富、加工路径高效、刀具路径算法先进、实体仿真准确等特点。继 PowerMill 2017 之后，Autodesk 公司推出了 PowerMill 2018，在继承 PowerMill 2017 所有功能的基础上，对界面及部分功能进行了重排与优化。PowerMill 2018 主要包含以下几类更新：

1）功能图标区界面重排：工具栏及下拉菜单被整合成为带式功能图标区，从而能更好地与其他 Autodesk 软件同步；操作者通过此界面也可更清晰地了解 PowerMill 2018 的布局及功能。

2）查看工具栏右置：新版软件将原软件“查看”选项卡下的实用内容整合至绘图区右侧，方便操作者在编程过程中及时、灵活地查看工件和刀具路径。

3）默认颜色方案更新，并提供自定义颜色功能。

4）优化车削刀具路径设置：包括开始点和结束点以及切入、切出和连接设置等。

5）生成刀具路径算法优化：包括对一定区域内的刀具路径使用动态刀轴控制、调整进给率，叶盘及叶片的刀轴控制优化，3D 偏移精加工的拐角中心线刀具路径补偿，特征加工中增加干涉碰撞检测功能与特征精加工、特征顶部圆倒角铣削策略。

6）优化仿真刀具路径的动态干涉碰撞检测功能。

本书主要面向具有一定数控加工基础知识的操作者或有此方面专业兴趣的读者，对 PowerMill 2018 的四轴数控加工功能技巧及加工思路、编程方法做出讲解，并结合实例阐述不同形状零件加工的思路、刀具路径编程策略以及 PowerMill 2018 的使用技巧。书中的一些加工思路在实际生产中应用普遍，是作者在使用过程中对 PowerMill 2018 进行数控加工编程的研究和总结，在实际生产及教学过程中具有指导意义。另外，书中的实例均是作者在实际生产中的加工实例，书中的方法可以直接指导读者进行实际 CAM 加工。

数控编程对实践性的要求很高，这也是本书的重点所在。本书的编纂思路即是以实例为主要讲解对象，对加工思路以及软件操作进行阐述。

本书在编写过程中得到了多方面的支持和帮助，在此表示诚挚的谢意。本书由韩富平、田东婷担任主编，曹怀明、李春光担任副主编，参加编写的有甘卫华、李凤波、刘京伟、江伟、张惠、陈琳、吴娱和孙淑君。

由于编者水平有限，书中难免存在错误与不妥之处，恳请广大读者发现问题后，不吝指正。

编　者

目　录

前言
第 1 章　PowerMill 2018 的界面及应用要点 1
1.1　PowerMill 2018 的界面 1
1.2　PowerMill 2018 的模型输入与输出 2
1.2.1　模型输入 3
1.2.2　模型输出 3
1.3　PowerMill 2018 快捷键的使用技巧 4
1.4　PowerMill 2018 在四轴编程方面的功能与特点 5
1.5　PowerMill 2018 的编程策略要点 6
1.6　PowerMill 2018 的操作要点 13
1.6.1　刀具库的设立 13
1.6.2　坐标系的建立 18
1.6.3　毛坯的创建 20
1.6.4　切削用量的设置 21
1.6.5　刀具路径连接设置 23
1.6.6　刀具路径策略的公共选项说明 26
1.6.7　参考线 36
1.6.8　边界 38
1.6.9　图层和组合的操作 47
第 2 章　无人机上壳的四轴加工 49
2.1　加工任务概述 49
2.2　工艺方案分析 49
2.3　准备加工模型 50
2.4　毛坯的设定 50
2.5　编程详细操作步骤 51
2.5.1　加工端面 52
2.5.2　粗加工ϕ10mm 的孔及圆弧倒角 54
2.5.3　精加工ϕ10mm 的孔 58
2.5.4　精加工圆弧倒角 61
2.5.5　加工端面 4 个ϕ3mm 的孔 64
2.5.6　加工侧面ϕ8mm 的孔 68
2.6　NC 程序仿真及后处理 71
2.6.1　NC 程序仿真 71
2.6.2　NC 程序后处理 72
2.6.3　生成 G 代码 73
2.7　经验点评及重点策略说明 73
第 3 章　分纸杯上从动轮的四轴加工 75
3.1　加工任务概述 75
3.2　工艺方案分析 75
3.3　准备加工模型 76
3.4　毛坯的设定 77
3.5　编程详细操作步骤 77
3.5.1　加工凸台到尺寸 77
3.5.2　加工ϕ36mm 外径到尺寸 80
3.5.3　粗加工（A 面） 83
3.5.4　粗加工（B 面） 86
3.5.5　精加工底面 89
3.5.6　精加工侧面 1 92
3.5.7　精加工侧面 2 95
3.5.8　精加工侧面 3 98
3.5.9　精加工清角 1 101
3.5.10　精加工清角 2 105
3.5.11　精加工清角 3 108
3.6　NC 程序仿真及后处理 112
3.6.1　NC 程序仿真 112
3.6.2　NC 程序后处理 113
3.6.3　生成 G 代码 113
3.7　经验点评及重点策略说明 114
第 4 章　3D 打印头架的四轴加工 116
4.1　加工任务概述 116
4.2　工艺方案分析 116
4.3　准备加工模型 117

4.4 毛坯的设定 117
4.5 编程详细操作步骤 117
4.5.1 0° 方向粗加工 117
4.5.2 120° 方向粗加工 120
4.5.3 240° 方向粗加工 123
4.5.4 –60° 精加工曲面 126
4.5.5 60° 精加工曲面 129
4.5.6 加工平面（辅助坐标 1 方向） 132
4.5.7 钻孔 135
4.5.8 清角（辅助坐标 1 方向） 138
4.5.9 精加工 180° 方向槽的一侧 142
4.6 NC 程序仿真及后处理 145
4.6.1 NC 程序仿真 145
4.6.2 NC 程序后处理 145
4.6.3 生成 G 代码 146
4.7 经验点评及重点策略说明 146

第 5 章 无人机新头的四轴加工 148
5.1 加工任务概述 148
5.2 工艺方案分析 148
5.3 准备加工模型 149
5.4 毛坯的设定 149
5.5 编程详细操作步骤 150
5.5.1 粗加工（A 面） 150
5.5.2 粗加工（B 面） 154
5.5.3 精加工曲面 157
5.5.4 加工ϕ14mm 的孔 160
5.5.5 加工 C 面的槽 163
5.5.6 加工 C 面的圆孔 166
5.5.7 加工圆角 169
5.5.8 切断 173
5.5.9 环形槽及中间圆孔的加工 176
5.5.10 环形孔铣削 179
5.5.11 加工ϕ1.8mm 孔 182
5.5.12 侧面槽的铣削 186
5.6 NC 程序仿真及后处理 189
5.6.1 NC 程序仿真 189
5.6.2 NC 程序后处理 190
5.6.3 生成 G 代码 190
5.7 经验点评及重点策略说明 190

第 6 章 无人机下壳的四轴加工 192
6.1 加工任务概述 192
6.2 工艺方案分析 192
6.3 准备加工模型 193
6.4 毛坯的设定 193
6.5 编程详细操作步骤 194
6.5.1 粗加工（A 面） 195
6.5.2 粗加工（B 面） 198
6.5.3 精加工曲面 201
6.5.4 精加工ϕ14mm 的孔 203
6.5.5 加工沉头孔（A 面 1） 206
6.5.6 加工沉头孔（A 面 2） 209
6.5.7 加工沉头孔（B 面） 212
6.5.8 粗加工 B 面的槽 215
6.5.9 精加工 B 面的槽 218
6.5.10 B 面ϕ3mm 的孔加工 221
6.5.11 圆弧倒角 224
6.5.12 切 C 面 3mm 槽 227
6.6 NC 程序仿真及后处理 230
6.6.1 NC 程序仿真 230
6.6.2 NC 程序后处理 231
6.6.3 生成 G 代码 232
6.7 经验点评及重点策略说明 232

附录 234
附录 A PowerMill 2018 的一些实用命令 234
附录 B 实例用机床参数介绍 235

参考文献 237

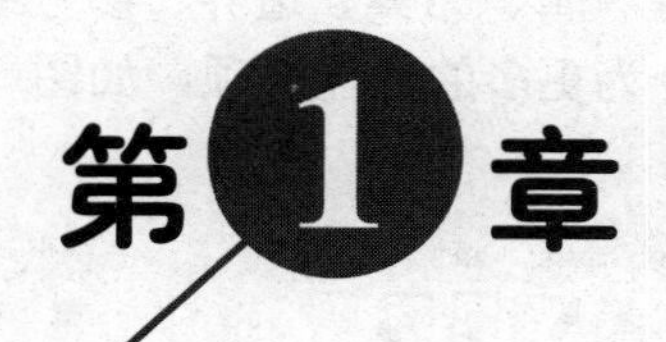

第1章 PowerMill 2018 的界面及应用要点

本章将介绍 PowerMill 2018 的界面、工具条、快捷键的定义、加工基本操作要点、坐标系、刀具和毛坯建立等。

1.1 PowerMill 2018 的界面

与同类 CAM 软件相比，PowerMill 2018 是一款独立的 CAM 软件，具有刀具路径计算速度快、碰撞和过切检查功能完善、刀具路径策略丰富、刀具路径编辑功能丰富、操作过程简单易学等优势。这些优势更明显地表现在复杂型面以及多轴数控加工编程方面。

为了方便读者在阅读后面章节的内容时能分清各个工具栏的名称和位置，在图 1-1 中对其进行了统一名称和界定。

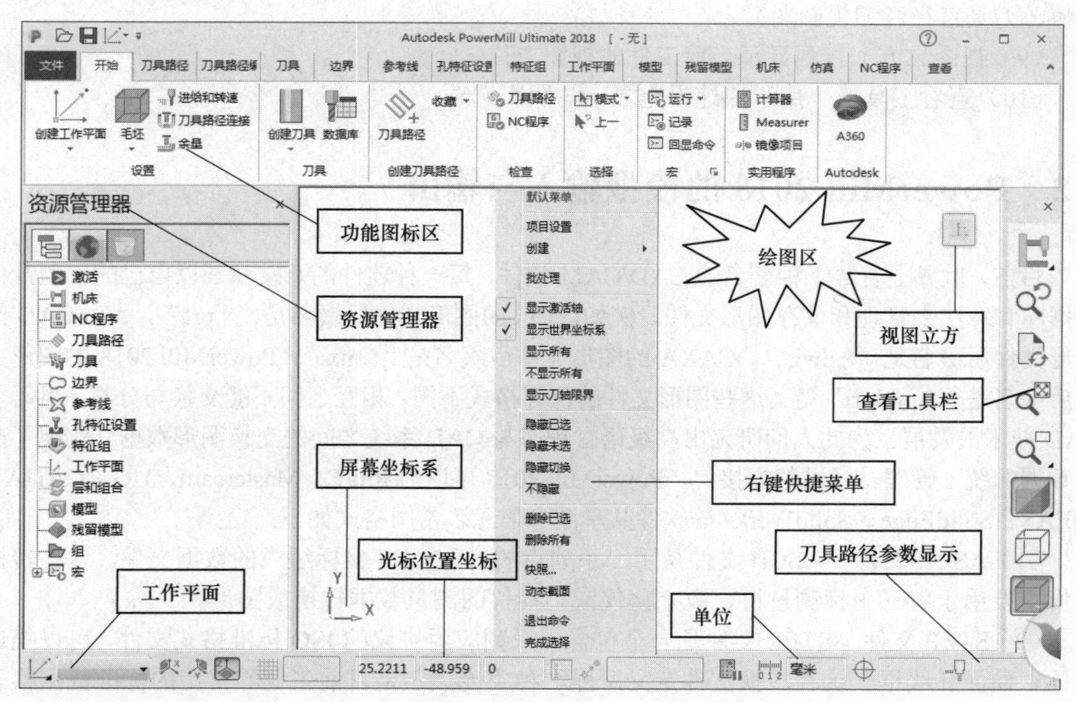

图 1-1

（1）功能图标区　包括文件、开始、刀具路径、刀具路径编辑、刀具、边界、参考线、工作平面、仿真、NC 程序等标签栏，每一个标签栏下又细分为更多的功能选项，如图 1-2 所示。

图　1-2

（2）资源管理器　对加工必要的元素进行管理与设定，其中包括机床、NC 程序、刀具路径、刀具、边界、参考线、孔特征设置、特征组、工作平面、层和组合等类别，如图 1-3 所示。

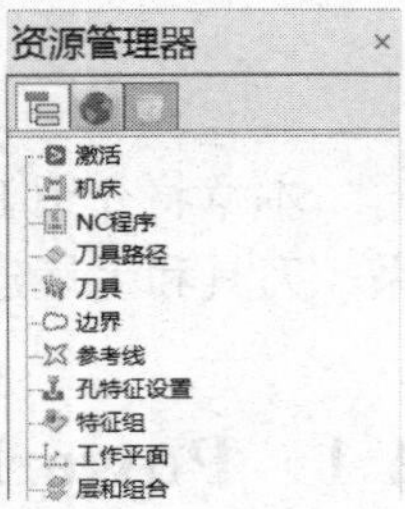

（3）屏幕坐标系　位于绘图区右下角，显示当前视图的坐标方向。

（4）工作平面　显示当前激活的工作平面及其编辑选项。

（5）光标位置坐标　以数值显示光标目前所在位置的坐标值，从左向右依次为 X 值、Y 值与 Z 值。

图　1-3

（6）右键快捷菜单　在绘图区右击即可弹出右键快捷菜单。该菜单中包括了加工过程中基本的显示与编辑功能。

（7）单位　用于显示当前的绘图单位。当显示“毫米”时表示米制单位，显示“英寸”时表示英制单位。

（8）刀具路径参数显示　显示目前激活刀具路径的基本参数（从左向右依次为公差、余量值、刀具直径、刀尖圆角）。

（9）视图立方　直观显示当前工件的视图方位。

（10）查看工具栏　用于快速设定显示与阴影选项。

1.2　PowerMill 2018 的模型输入与输出

目前，世界上有数十种著名的 CAD/CAM 软件，每一种软件的开发商都以自己的小型几何数据库和算法来管理和保存图形文件。例如，UG 的图形文件后缀名是“*.prt”，AutoCAD 的图形文件后缀名是“*.dwg”，CAXA 的图形文件后缀名是“*.mxe”，PowerMill 2018 的图形文件后缀名是“*.pmlprj”等。这些图形文件的保存格式不同，相互之间不能交换与分享，阻碍了 CAD 技术的发展。为此人们研究出高级语言程序与 CAD 系统之间的交换图形数据，实现了产品数据的统一管理。通过数据接口，PowerMill 2018 可以与 Pro/E、Mastercam、UG、CATIA、IDEAS、SolidEdge、SolidWorks 等软件共享图形信息。常用格式如下：

（1）ASCII 文件　ASCII 文件是用一系列点的 X、Y、Z 坐标组成的数据文件。这种转换文件主要用于将三坐标测量机、数字化仪或扫描仪的测量数据转换成图形。

（2）STEP 文件　STEP 文件是一个包含一系列应用协议的 ISO 标准格式文件，可以描述实体、曲面和线框。这种转换文件定义严谨、种类庞大，是目前工业界常用的标准数据格式文件。

（3）DWG 文件和 DXF 文件　Autodesk 软件可以写出两种类型的文件：DWG 文件和 DXF 文件，其中 DWG 文件是 Autodesk 软件存储图形的文件格式，DXF 文件是一种图形交换标准，主要作为与 AutoCAD 和其他 CAD 系统必备的图形交换接口。

（4）IGES 文件　IGES 文件格式是美国提出的初始化图形交换标准，是目前使用最广泛的图形交换格式之一。IGES 格式支持点、线、曲面以及一些实体的表达，通过该接口可以与市场上几乎所有的 CAD/CAM 软件共享图形信息。

（5）Parasld 文件　Parasld 文件格式是一种新的实体核心技术模块，现在越来越多的 CAD 软件都采用这种技术，如 Pro/E、SolidWorks、NX、CATIA 等，多用于实体模型转换。

（6）STL 文件　STL 文件格式是在三位多层扫描中利用的一种 3D 网格数据模式，常用于快速成型（PR）系统中，也可用于数据浏览和分析中。PowerMill 2018 还提供了一个功能，即通过 STL 文件直接生成刀具路径。

（7）SolidWorks、NX、Pro/E 生成的文件　PowerMill 2018 可以直接读取 SolidWorks、NX、Pro/E 生成的文件，这种接口可以保证软件图形之间的无缝切换。

1.2.1　模型输入

启动 PowerMill 2018，选择“文件→输入→模型”命令，弹出“输入模型”表格，输入模型文件名称即可。输入模型文件及完成模型输入的界面如图 1-4 所示。

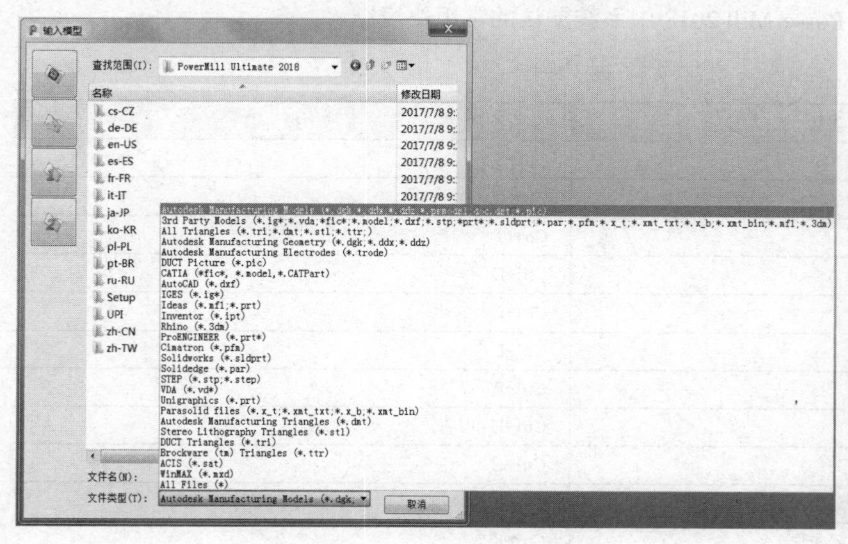

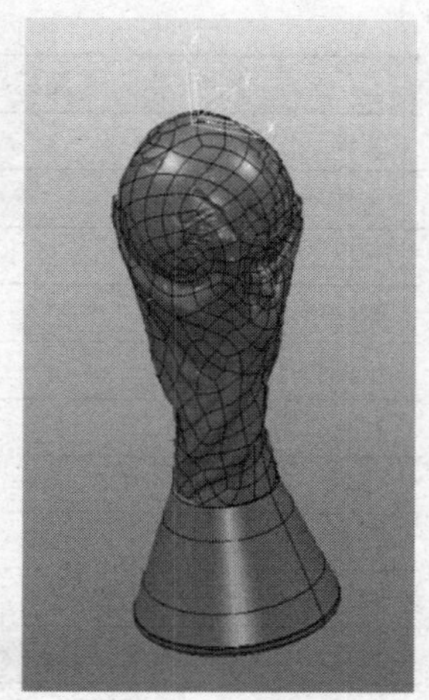

图　1-4

此外，也可直接将文件拖拽到绘图区。

1.2.2　模型输出

启动 PowerMill 2018，打开模型文件，选择“文件→输出→输出模型”，保存所需的文件格式。

1.3 PowerMill 2018 快捷键的使用技巧

启动 PowerMill 2018，在“文件→选项”标签下选择“自定义键盘快捷键”，可以查看并编辑软件中使用的键盘快捷键，如图 1-5 所示。

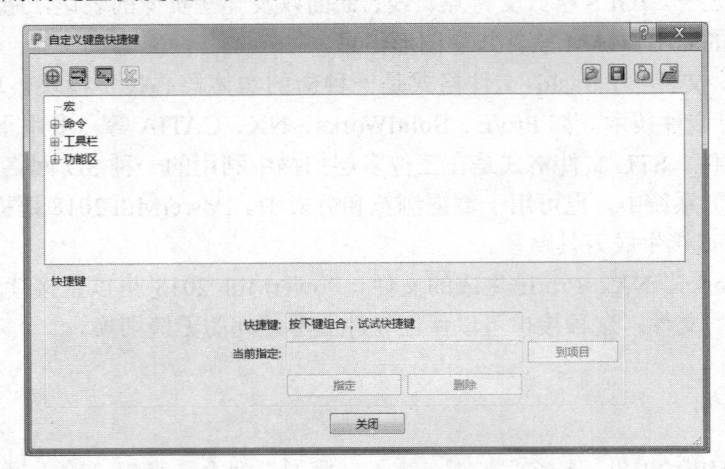

图 1-5

表 1-1 列出了一些 PowerMill 2018 中系统默认的常用快捷键。

表 1-1

图标/功能	快 捷 键
文件→保存	Ctrl+S
文件→打开	Ctrl+O
光标工具绘制	Ctrl+T
删除所选	Ctrl+D
位图打印选项	Ctrl+P
插入项目	Ctrl+I
查看→刷新	Ctrl+R
查看→光标→十字	Ctrl+H
查看→可见性→不隐藏	Ctrl+L
查看→可见性→隐藏已选→隐藏切换	Ctrl+Y
查看→可见性→隐藏已选→隐藏未选	Ctrl+K
查看→可见性→隐藏已选→隐藏已选	Ctrl+J
查看→自→下（–Z）	Ctrl+0
查看→ISO→ISO 1	Ctrl+1
查看→自→前（–Y）	Ctrl+2
查看→ISO→ISO 2	Ctrl+3
查看→自→左（–X）	Ctrl+4
查看→自→上（Z）	Ctrl+5

（续）

图标/功能	快 捷 键
查看→自→右（X）	Ctrl+6
查看→ISO→ISO 4	Ctrl+7
查看→自→后（Y）	Ctrl+8
查看→ISO→ISO 3	Ctrl+9
打开帮助	F1
显示模型线框	F2
显示模型；阴影重置	F3
查看→外观→线框	F4
查看→导航→全屏重画	F6
查看→刀具→沿轴向下	Ctrl+Alt+A
查看→外观→毛坯	Ctrl+Alt+B
查看→刀具→自侧面	Ctrl+Alt+S
查看→显示/隐藏工具栏	Alt+V
关闭程序	Alt+F4

1.4 PowerMill 2018 在四轴编程方面的功能与特点

与同类CAM系统相比，PowerMill系统在应用于四轴加工编程方面具备以下功能和特点。

1. 四轴加工刀具路径计算策略丰富

PowerMill 系统是目前国内市场上 CAM 领域内刀具路径计算策略最丰富的系统之一，粗、精加工策略合计起来达到 90 多种，这些策略通过控制刀轴指向均可以直接生成四轴加工刀具路径。同时，PowerMill 系统还允许使用全系列类型的切削刀具进行四轴加工编程。

2. 四轴加工刀具路径编辑功能强大

PowerMill 系统提供了丰富的刀具路径编辑工具，可以对计算出来的刀具路径进行灵活、直观和有效的编辑与优化。例如，刀具路径裁剪功能可以将刀具路径视为一张布匹，操作者的鼠标是剪刀，可对刀具路径进行任意的裁剪，同时系统也能保证裁剪后刀具路径的安全性。在计算刀具路径时，PowerMill 系统会尽可能避免刀具的空程移动，通过设置合适的切入切出和连接方法来提高切削效率。

3. 实现四轴机床仿真切削，碰撞检查全面

大部分 CAM 系统在做碰撞检查时只会考虑刀具和刀柄与工件的位置关系，而未将机床整体考虑进来。在进行四轴加工时，由于刀轴相对于工件可以做出位置变化，机床的工作台、刀具、工件与夹具等就有可能发生碰撞和干涉，PowerMill 系统将四轴机床纳入仿真切削，大大提高了四轴刀具路径的安全性。

4．实现刀具自动避让碰撞

PowerMill 系统可按照用户的设置自动调整四轴加工时刀轴的前倾角度和后倾角度，在可能出现的碰撞区域按指定公差自动倾斜刀轴，避开碰撞，在切削完碰撞区域后又自动将刀轴调整回原来设定的角度，从而避免工具系统和模型之间的碰撞。在加工叶轮及进行四轴清根等复杂加工时，能自动调整刀轴的指向，并可以设置与工件的碰撞间隙。

5．交互式刀轴指向控制和编辑功能

PowerMill 系统可以全面控制和编辑四轴加工的刀轴指向，可对不同加工区域的刀具路径直观交互地设置不同的刀轴指向，以优化四轴加工控制和切削条件，避免任何刀轴方向的突然改变，从而提高产品加工质量，确保加工的稳定性。

6．四轴刀具路径计算速度快

有编程经历的技术人员可能都会有这样一种体会，即在现有计算机硬件配置条件下，计算加工复杂型面的刀具路径时，占用计算机的硬件资源非常惊人，计算速度慢，有时甚至计算不出来。在这方面，PowerMill 系统具有极为突出的计算速度优势。

7．操作简单，易学易用

软件从输入零件模型到输出 NC 程序，操作步骤较少（约八个步骤），初学者可以快速掌握。有使用其他软件编程经验的技术人员更可以快速提高编程质量和效率。

PowerMill 系统的另一个明显特点是其界面风格非常简单、清晰，而且创建某一工序（例如精加工）刀具路径时，其各项设置基本上集中在同一窗口（PowerMill 系统称之为“表格”）中进行，修改起来极为方便。

8．由三轴加工刀具路径自动生成四轴加工刀具路径

PowerMill 系统可以将计算好的三轴刀具路径自动转换为优化的四轴刀具路径，自动生成刀轴，并自动将原始刀具路径分割成多个不同的多轴刀具路径。所生成的刀具路径快速、可靠，全部刀具路径都经过过切检查，无过切之虑。

9．STL 格式模型数据四轴加工

在模具加工行业中，一些企业为了提高加工效率，有一部分毛坯是以 STL 格式文件提供给编程人员用于粗加工的，这就要求编程软件能接受并处理 STL 格式文件。STL 格式文件以大量的微小三角面片代替点、线、面元素来表征数字模型，可大大地减少数字模型的存储大小。PowerMill 系统可以直接对 STL 格式模型数据进行四轴加工，支持多种精加工策略以及球头铣刀、面铣刀和锥铣刀等多种刀具。

1.5　PowerMill 2018 的编程策略要点

PowerMill 2018 具备丰富的刀具路径生成策略，粗加工和精加工策略总计达 90 多种。在这些策略中，一部分策略可以通过改变刀轴指向来生成四轴加工刀具路径（此部分占据绝大多数），另一小部分策略则是专门的四轴加工编程策略。表 1-2 归纳了 PowerMill 2018 的刀具路径生成策略。

表 1-2

策略名称		刀具路径策略名称	刀具路径显示	特点及应用
3D区域清除	1	拐角区域清除		计算清除拐角区域余料的刀具路径
	2	模型区域清除		计算偏移模型切削层轮廓线的粗加工刀具路径
	3	模型轮廓		生成单层刀具路径，用于铣削三维轮廓
	4	模型残留区域清除		计算二次粗加工刀具路径
	5	模型残留轮廓		计算清除二次粗加工后型腔及拐角轮廓等处余料的刀具路径
	6	插铣		能快速去除大量余量，效率高
	7	等高切面区域清除		计算边界、参考线、文件及平坦面等的刀具路径
	8	等高切面轮廓		计算边界、参考线、文件及平坦面等轮廓的刀具路径
曲线加工	1	2D 曲线区域清除		计算二维封闭曲线区域粗加工刀具路径
	2	2D 曲线轮廓		计算二维封闭曲线区域轮廓精加工刀具路径
	3	平倒角铣削		计算直角铣削刀具路径

（续）

策略名称		刀具路径策略名称	刀具路径显示	特点及应用
曲线加工	4	面铣削		计算大平面的粗、精加工刀具路径
特征加工	1	特征区域清除		计算快速清除两轴半型腔的刀具路径
	2	特征平倒角铣削		计算具有一定几何形状的特征面平倒角的铣削刀具路径
	3	特征外螺纹铣削		计算柱体上的外螺纹加工刀具路径
	4	特征面铣削		计算特征平面的粗、精加工刀具路径
	5	特征精加工		计算平面与内壁的半精加工或精加工刀具路径
	6	特征型腔区域清除		计算加工不同Z高度特征型腔区域的刀具路径
	7	特征型腔轮廓		计算加工不同Z高度特征型腔轮廓的刀具路径
	8	特征型腔残留区域清除		用于精加工特征型腔残留区域
	9	特征型腔残留轮廓		用于精加工特征型腔残留轮廓
	10	特征轮廓		生成单层刀具路径，用于加工特征轮廓
	11	特征残留区域清除		计算特征残留区域精加工刀具路径

（续）

策略名称	刀具路径策略名称		刀具路径显示	特点及应用
特征加工	12	特征残留轮廓		计算特征残留轮廓精加工刀具路径
	13	特征笔直槽加工		生成特征组内笔直槽加工的刀具路径
	14	特征顶部圆倒角铣削		计算特征面顶部圆倒角的铣削刀具路径，常用于去除毛刺等精加工
精加工	1	3D 偏移精加工		三维沿面轮廓或参考线等距偏置刀具路径，广泛用于零件型面的精加工
	2	等高精加工		模型陡峭部位等距加工，用于零件陡峭区域的精加工
	3	清角精加工		在模型浅滩部位偏置角落线生成多条刀具路径，在陡峭部位使用等高线生成刀具路径
	4	多笔清角精加工		偏移模型角落线生成多条刀具路径加工
	5	笔式清角精加工		模型角落处单条刀具路径加工
	6	盘轮廓精加工		计算镶齿盘刀精加工轮廓的刀具路径，用于进一步加工前的缩进、复位与插入下刀式加工
	7	镶嵌参考线精加工		使用参考线定义刀具路径接触点
	8	流线精加工		刀具路径按多条控制线走势分布
	9	偏移平坦面精加工		在模型的平坦区域创建偏移刀具路径，多用于平坦面、型腔底部的精加工与高速铣削

（续）

策略名称	刀具路径策略名称		刀具路径显示	特点及应用
精加工	10	优化等高精加工		系统自动计算平坦部位和浅滩部位的刀具路径
	11	参数偏移精加工		在两条预设的参考线之间分布刀具路径
	12	参数螺旋精加工		由中心的一个参考要素螺旋扩散到边界曲面生成刀具路径
	13	参考线精加工		刀具路径由已有的参考线生成，用于测量型面、刻线及文字加工
	14	轮廓精加工		对选取的平面进行二维轮廓加工，允许刀具路径在该曲面之外
	15	曲线投影精加工		假想一发光曲线生成扫描体状参考线投影到曲面上生成刀具路径，多用于五轴加工
	16	直线投影精加工		假想一发光直线生成圆柱体状参考线投影到曲面上生成刀具路径，多用于五轴加工
	17	平面投影精加工		假想一平面发光体生成平面状参考线投影到曲面上生成刀具路径，多用于五轴加工
	18	点投影精加工		假想一个发光点生成球体状参考线投影到曲面上生成刀具路径，多用于五轴加工
	19	曲面投影精加工		假想一曲面发光体生成曲面状参考线投影到曲面上生成刀具路径，多用于五轴加工
	20	放射精加工		刀路由一点放射出去，适用于圆环面加工
	21	平行精加工		浅滩部位等距加工，广泛用于零件浅滩部位的精加工

（续）

策略名称	刀具路径策略名称		刀具路径显示	特点及应用
精加工	22	平行平坦面精加工		加工模型的平面，刀具路径沿模型轮廓线分布
	23	旋转精加工		生成旋转刀具路径，用于非圆截面零件的四轴加工
	24	螺旋精加工	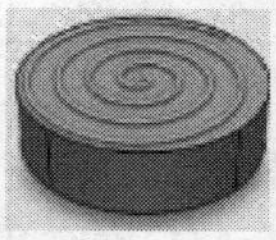	刀具路径按螺旋线展开，用于圆环面、圆球面的精加工
	25	陡峭和浅滩精加工		可设定平坦与陡峭部位的分界角，陡峭部位使用等高策略，浅滩区域使用三维偏置策略
	26	曲面精加工		偏置单一曲面内部构造线生成刀具路径
	27	SWARF 精加工		对直纹曲面计算与刀具侧刃相切的刀具路径
	28	线框轮廓加工		计算三维轮廓加工刀具路径
	29	线框 SWARF 精加工		由两条曲线生成与刀具侧刃相切的刀具路径
钻孔	1	间断切削	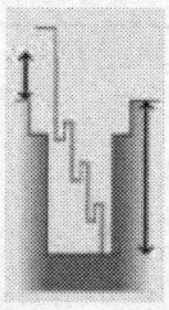	生成以每次进行一次啄式钻孔的方式进行多次啄式钻孔的刀具路径（钻完提刀高度较小）
	2	镗孔	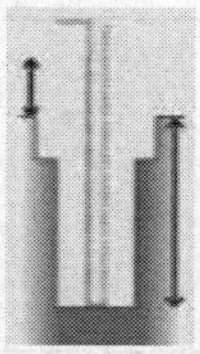	以镗孔策略作为第二个镗孔循环（G86）的方式钻孔

（续）

策略名称	刀具路径策略名称		刀具路径显示	特点及应用
钻孔	3	深钻		生成以每次进行一次啄式钻孔的方式进行多次啄式钻孔的刀具路径（钻完提刀至安全高度）
	4	钻孔		用于定义钻孔位置及钻孔方式
	5	精镗		作为深钻策略的替代，可用于具有多个深钻循环的加工
	6	螺旋		计算以小尺寸刀具螺旋铣大尺寸孔的刀具路径
	7	轮廓		计算以渐进加工圆形轮廓的方式钻孔的刀具路径
	8	铰孔		第一个正面铰孔循环（G85）的铰孔策略
	9	刚性攻螺纹		以单次啄式钻孔深度与位置定义进行钻孔的刀具路径
	10	单次啄孔		以一次性钻至孔底再退刀的方式钻孔
	11	螺纹铣		此策略为单一方向铣削螺纹再倒回退出的刀具路径，需要特殊螺纹刀

1.6 PowerMill 2018 的操作要点

1.6.1 刀具库的设立

1．设定刀具库文件存储位置

刀具库文件可存储至系统的任意位置。不建议将文件存储在系统盘，因为系统崩溃时这些文件将无法找到。PowerMill 2018 刀具库的默认路径是 X:\Program Files\Autodesk\PowerMill 2018\file\tooldb\tool_database.mdb。

在“刀具”选项卡中找到“数据库”子项，单击右下角的 标志打开数据库管理器，即可在“数据库设置”表格中编辑文件路径，如图 1-6 所示。

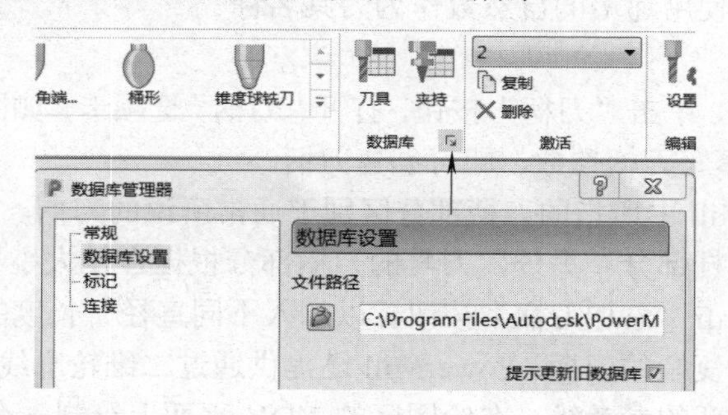

图 1-6

2．创建刀具并加入刀具库

在 PowerMill 2018 中，一把完整刀具各部位的定义如图 1-7 所示。

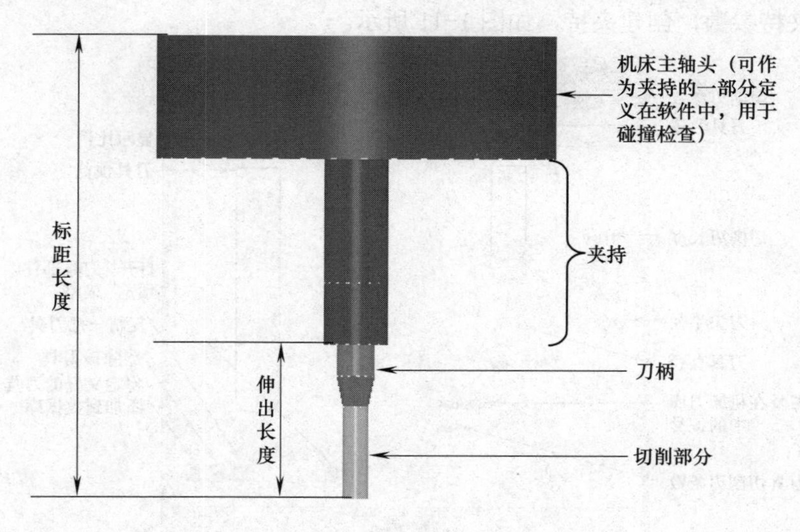

图 1-7

在图 1-7 所示的刀具中，切削部分是指刀具中带有切削刃的部分，刀具切削刃之上的光杆部分称为刀柄，夹持是指装夹刀具的部分，包括加热杆、刀柄（如 BT40 刀柄），甚至可以包括机床的主轴头部分。

PowerMill 2018 创建刀具的操作过程非常简单。在资源管理器中右击“刀具”树枝，弹出刀具快捷菜单。在刀具快捷菜单中单击“创建刀具”，弹出刀具类型子菜单，如图 1-8 所示。

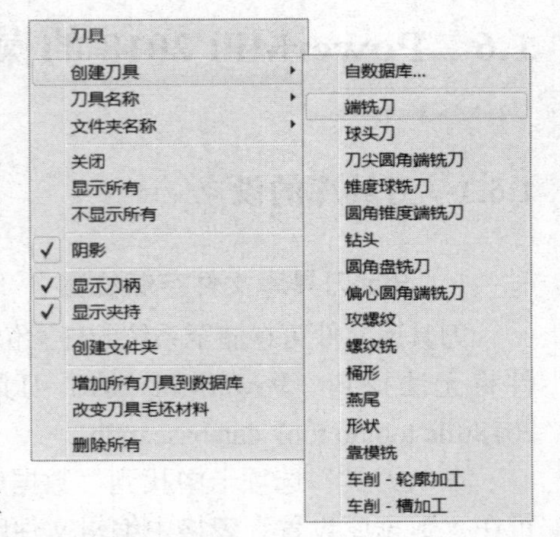

图 1-8

在刀具类型子菜单中，选择“刀尖圆角端铣刀”，打开“刀尖圆角端铣刀”表格。在该表格中，刀具切削刃部分参数的具体含义如图 1-9 所示。

要完成一个零件的加工，可能会用到多把刀具。在创建刀具时，系统默认使用递增的自然数作为刀具名称来命名每把刀具。

填写完刀尖参数后，单击“刀柄”按钮，打开“刀柄”选项卡，如图 1-10 所示。单击“添加刀柄”按钮（），填写刀柄参数，即可创建刀柄。

在概念上，PowerMill 中所指的刀柄部分区别于通常所说的刀柄。它不是指通常意义上的刀柄，而是指刀具的光杆部分。另外，刀具的刀柄部分根据直径大小不同可能分为好几段。如果需要，可以多次单击“添加刀柄”按钮，以加入不同直径、长度的刀柄。

如果存在形状特别复杂的刀柄，PowerMill 还提供通过二维轮廓线（参考线）来创建刀柄的功能。首先创建一条新的参考线，在绘图区的 XOY 平面上绘制一个可以绕 Y 轴形成回转体的二维轮廓，然后在“刀柄”选项卡中单击“选取参考线”按钮（），选择所绘制的参考线，再单击“通过已选参考线创建刀柄”按钮（），即可完成异形刀柄的创建。

填写完刀柄参数后，单击“夹持”按钮，打开“夹持”选项卡。单击“添加夹持”按钮（），填写夹持参数，创建夹持，如图 1-11 所示。

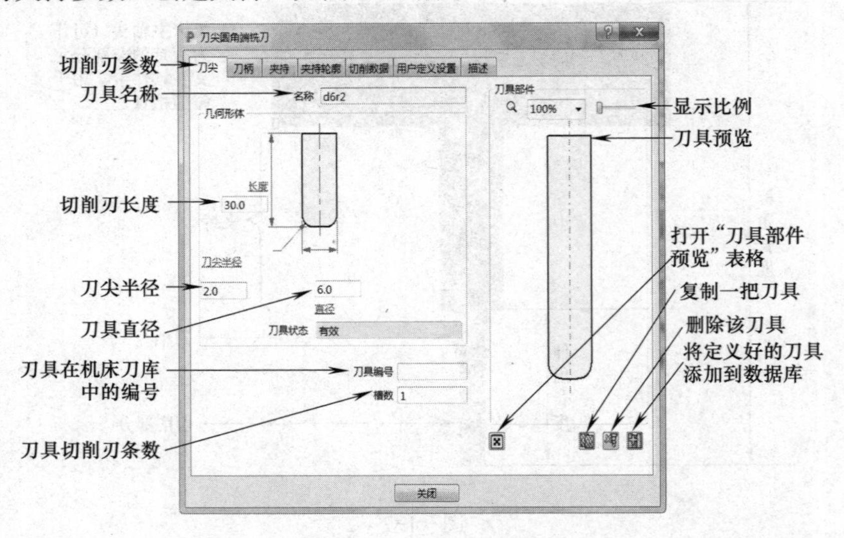

图 1-9

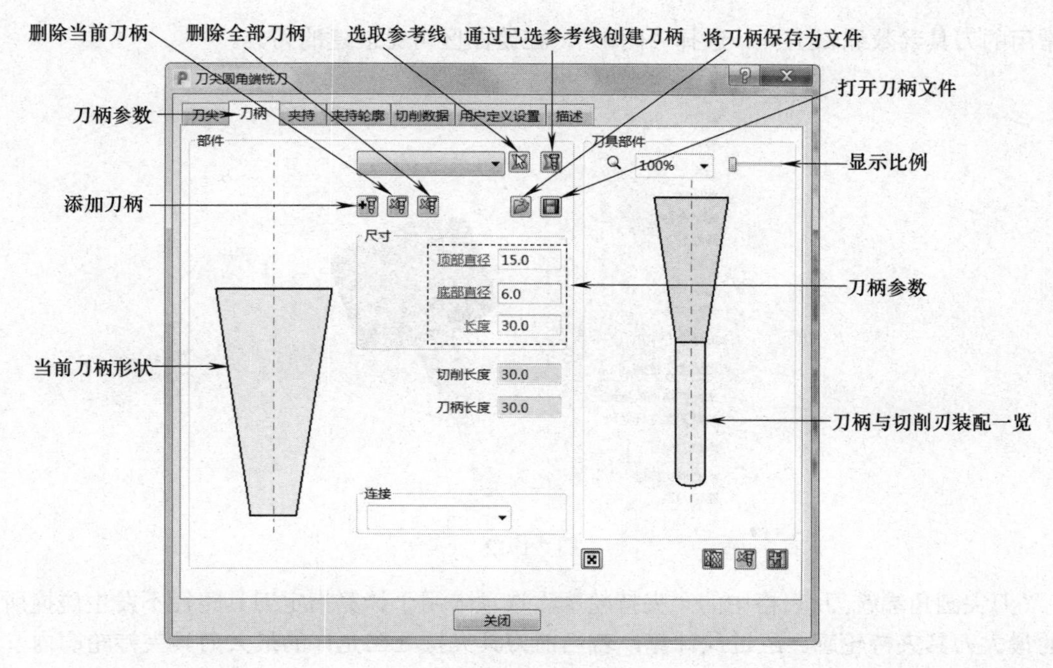

图 1-10

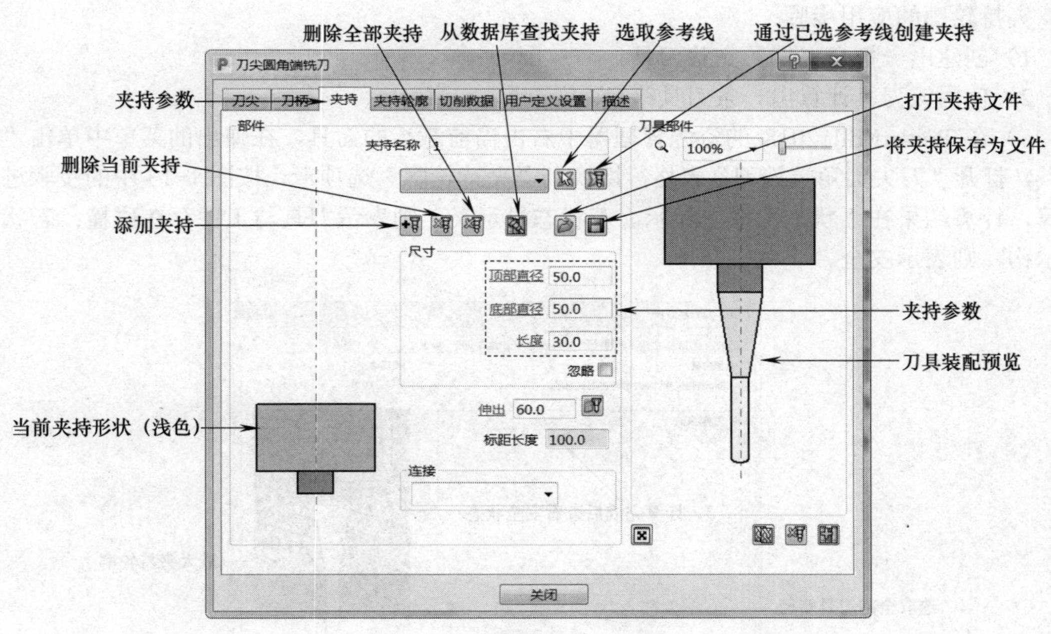

图 1-11

到此，刀具即创建完成。

若有把握不会发生刀具与工件碰撞的情况，也可不创建刀柄与夹持部件。但需注意，如果刀具没有夹持部件，系统则无法进行碰撞检查。

在 PowerMill 2018 的资源管理器中，双击“刀具”树枝展开刀具列表，即可见刚才创建的“d6r2”刀具。右击刀具名称，弹出“d6r2”快捷菜单，如图 1-12 所示。该菜单提供了一些常用的刀具参数编辑工具。选择“阴影”，在绘图区可见创建的刀具。

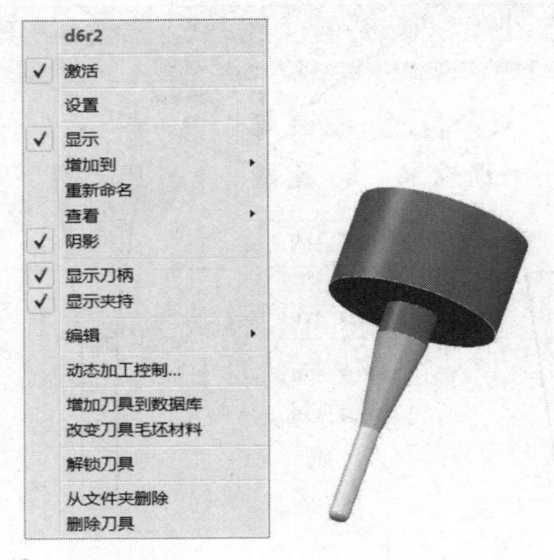

图 1-12

“刀尖圆角端铣刀”表格中的“夹持轮廓”选项卡用于计算指定刀具路径不发生碰撞所允许的最大刀具夹持轮廓。经过此计算，若当前刀具夹持处在允许的最大刀具夹持轮廓内，则不会发生碰撞。此时即无须再次进行单独的刀具路径碰撞检查。

夹持轮廓的应用步骤：

1）创建出一把含夹持的完整刀具。

2）使用该刀具计算出一条刀具路径。

3）在 PowerMill 2018 的资源管理器中右击当前激活的刀具，在弹出的菜单中单击“设置”，打开“刀尖圆角端铣刀”表格，切换到“夹持轮廓”选项卡，按图 1-13 中的步骤进行计算，计算结果在“状态”栏中显示。若状态显示叉，则表示刀具与工件存在碰撞；若状态显示钩，则表示安全。

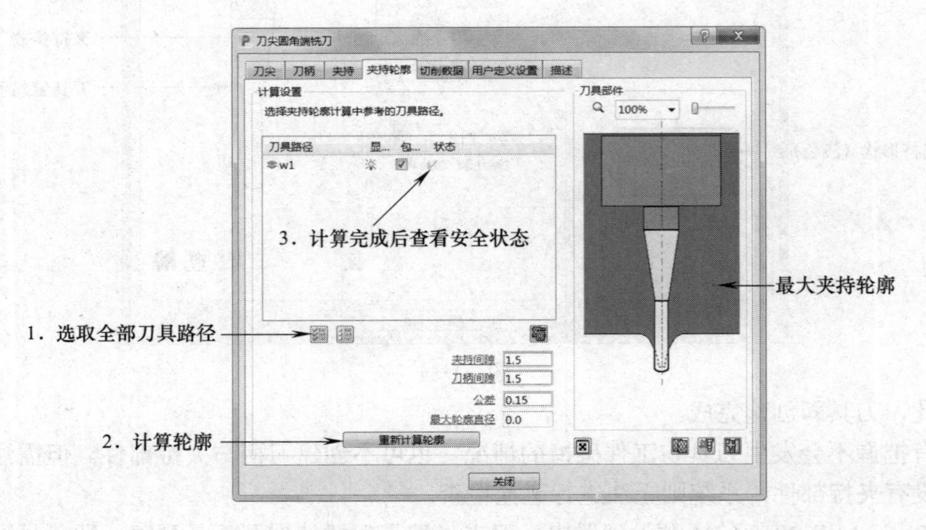

图 1-13

另外，如果能从刀具商处获得某型刀具的切削用量参数，还可以在创建刀具时输入切削参数，这样在后期设置进给和转速时就可以直接使用刀具设置中的切削数据，操作步骤如下：

打开“刀尖圆角端铣刀”表格，切换至“切削数据”选项卡，单击右下方的“编辑切削数据”按钮（），弹出“编辑切削数据”表格，如图 1-14 所示。在此表格中，按照刀具商提供的切削数据填入刀具/材料属性、切削条件即可。

完成对刀具全部参数的定义后，单击“刀尖圆角端铣刀”表格右下角的“添加刀具到数据库”按钮（），即可把刀具保存到数据库中，以便今后调用。

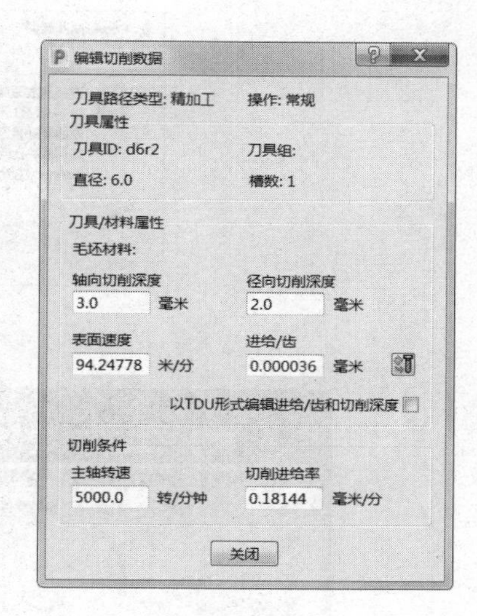

图 1-14

3. 从刀具数据库中调用刀具

在 PowerMill 2018 的功能图标区选择“刀具”→“数据库”，打开“刀具数据库搜索”表格。按图 1-15 所示操作即可调出刀具数据库存有的刀具。

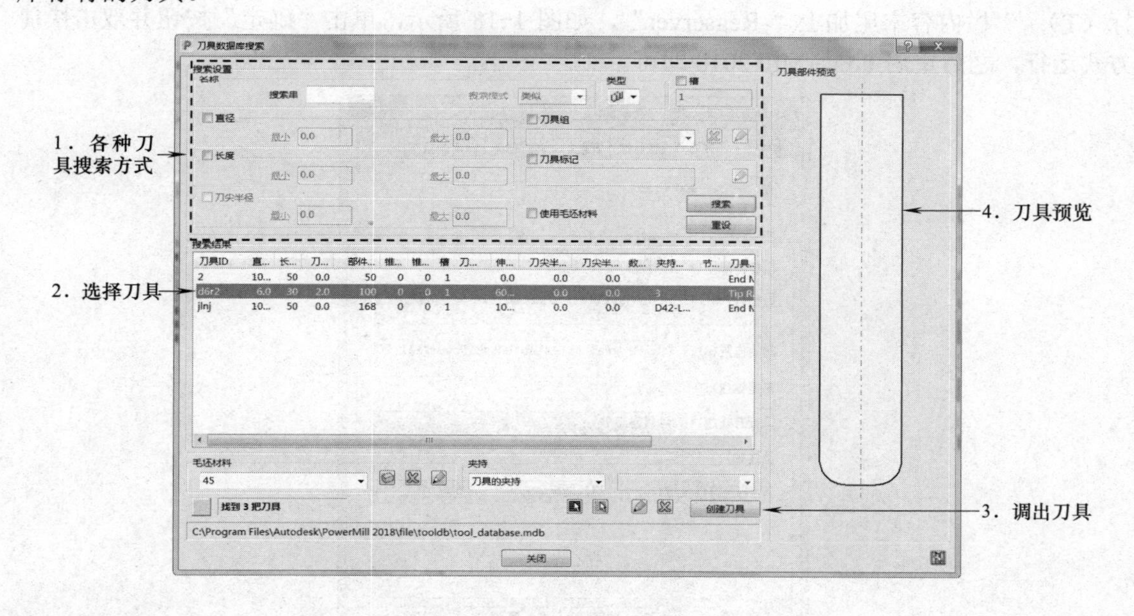

图 1-15

4. 连接刀具数据库服务器失败的解决方法

有时在使用以上方法打开刀具数据库时会出现图 1-16 所示的弹窗，提示连接刀具数据库失败。此问题的解决方案如下：

从 Windows 资源管理器找到 PowerMill 2018 的安装目录，打开 sys 文件夹中的 tooldb 子文件夹。右击其中的“ADODC”应用程序，创建快捷方式如图 1-17 所示。

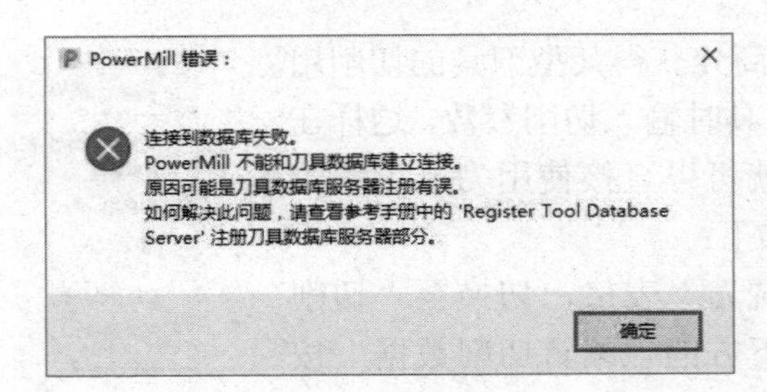

图 1-16

图 1-17

右击创建的快捷方式，单击“属性”，弹出“属性”表格，在“快捷方式”选项卡下的“目标（T）：”栏内容末尾加上“-Regserver”，如图 1-18 所示，单击“确定”按钮并双击快捷方式运行，之后重启 PowerMill 2018 即可。

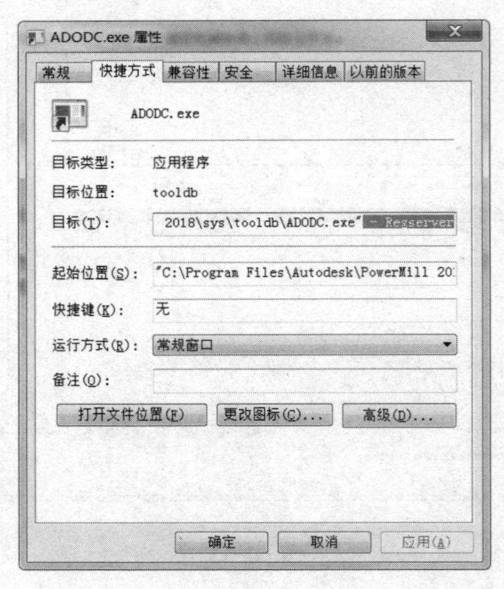

图 1-18

1.6.2 坐标系的建立

1. PowerMill坐标系的概念

在 PowerMill 2018 的操作过程中，会涉及以下几种坐标系。

（1）世界坐标系　是 CAD 模型的原始坐标系。如果 CAD 模型中有多个坐标系，系统默认零件的第一个坐标系为世界坐标系。在 PowerMill 2018 中，模型的世界坐标系是唯一的、必有的。默认线条：白色实线。

要隐藏世界坐标系或绘图区左下角的激活轴，在绘图区空白处右击，取消勾选“显示世界坐标系”或“显示激活轴”即可。

（2）用户坐标系　是编程者根据加工、测量等需要创建的建立在世界坐标系范围和基础上的坐标系。默认线条：浅灰色虚线（激活状态为红色实线），一个模型可以有多个用户坐标系。

（3）编程坐标系　是计算刀具路径时使用的坐标系。三轴加工时一般使用系统默认的坐标系（即世界坐标系）计算刀具路径；而在 3+2 轴加工时常常创建并激活一个用户坐标系，此用户坐标系即为编程坐标系。

（4）后置 NC 代码坐标系　是在对刀具路径进行后处理计算时指定的输出 NC 代码的坐标系。一般情况下，编写刀具路径时使用的编程坐标系就是后置 NC 代码坐标系。三轴加工时，模型的分中坐标系（对刀坐标系）即是后置 NC 代码坐标系；而 3+2 轴加工时，虽然编程坐标系是用户坐标系，但在后处理时应选择模型的分中坐标系作为后置 NC 代码坐标系。

2．创建用户坐标系

根据编程需要，可能要创建多个用户坐标系。用户坐标系的创建步骤如下：

在 PowerMill 2018 的资源管理器中右击“工作平面”树枝，在弹出的快捷菜单中选择“创建工作平面”，在功能图标区中即会弹出用户坐标系编辑器，如图 1-19 所示。

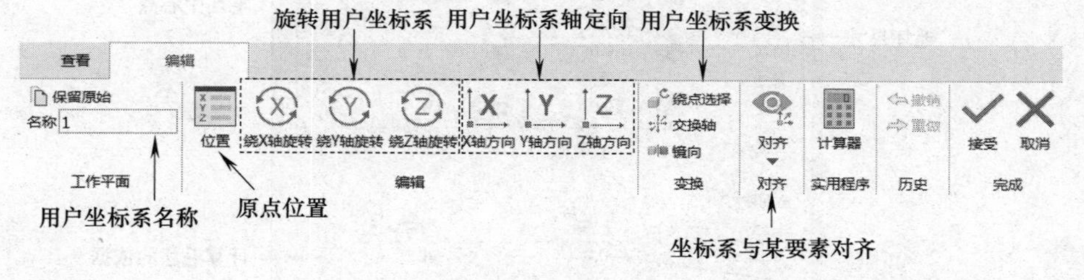

图　1-19

在图 1-19 所示的编辑器中，“X、Y、Z 轴用户坐标系轴定向”选项中提供多种常用的用户坐标系快捷创建方法。单击 X、Y 或 Z 轴任一方向的定向按钮，弹出图 1-20 所示的“方向”表格。其中“对齐工作空间”选项下的六个按钮分别是将工作平面轴与指定工作空间的 X、Y、Z、–X、–Y、–Z 轴对齐；“对齐项目”下的按钮功能如下所述：

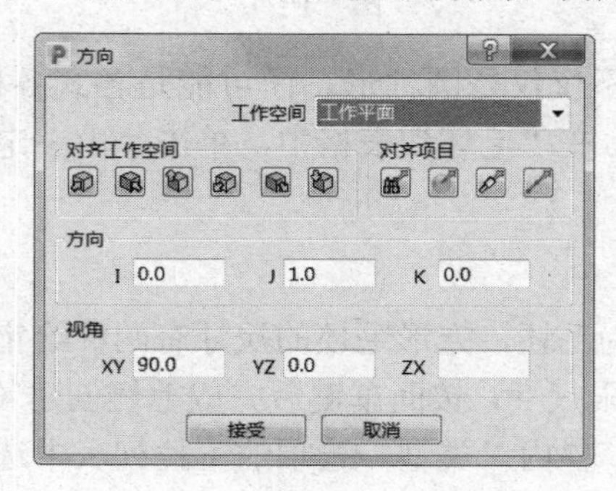

图　1-20

（对齐于查看）：单击该按钮来创建 X 轴水平、Y 轴铅垂、Z 轴垂直屏幕的用户坐标系。

（对齐于几何形体）：单击该按钮，并在模型上选择一个面，系统在当前激活坐标系的原点处创建一个 Z 轴垂直于该面的用户坐标系。如果选择的面是曲面，则创建出的用户坐标系 Z 轴与曲面上单击处的外法线一致。

（对齐于刀具）：单击该按钮来创建方向矢量与激活刀具对齐的用户坐标系。

（对齐直线）：单击该按钮来创建通过单击两点定义方向矢量的用户坐标系。

1.6.3 毛坯的创建

创建毛坯的操作步骤：在功能图标区单击“毛坯”选项卡，打开“毛坯”表格，如图 1-21 所示。

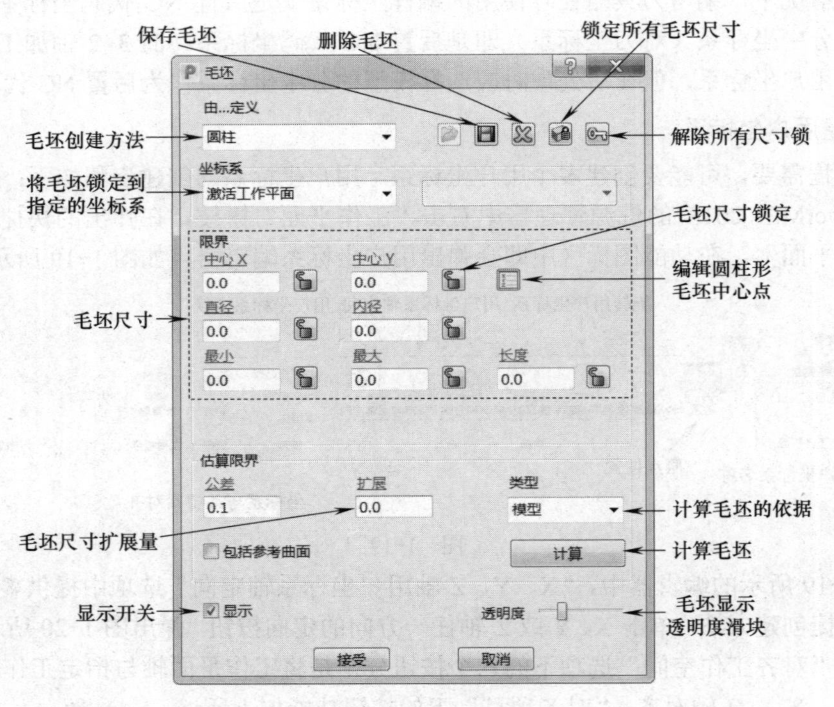

图 1-21

在实际加工中毛坯可能不仅仅是圆柱形，而可能是各式各样的形状。因此，PowerMill 提供了多种创建毛坯的方法。在“毛坯”表格中，单击“由…定义”的下拉列表，即可展开创建毛坯的五种方法。

1. 方框

定义一个方形体积块作为毛坯。方形毛坯的尺寸有两种给定方式：一种是在“限界”栏直接输入方坯的 X、Y、Z 极限尺寸，按回车键后完成毛坯创建（不需要单击“计算”按钮）；另一种方式是在“估算限界”栏内“类型”选项的下拉列表中选定计算毛坯的依据后，单击“计算”按钮，由系统通过计算获得毛坯。

计算毛坯的依据包括：

1）模型：根据模型的 X、Y、Z 值来计算毛坯的 X、Y、Z 极限尺寸。

2）边界：由当前激活的边界来计算 X、Y 尺寸，毛坯的 Z 轴尺寸由操作者手工输入。选用这个功能的前提条件是已经创建并激活了某一条边界。

3）激活参考线：由当前激活的参考线来计算 X、Y 尺寸，毛坯的 Z 轴尺寸由操作者手工输入，此功能要求首先创建并激活某一条参考线。

4）特征：根据 PowerMill 2018 资源管理器内“特征设置”树枝中的特征组（通常是一组孔）来计算毛坯大小，在实际操作中应用较少。

2. 图形

利用现有的二维图形文件（后缀名为.pic）来创建毛坯，毛坯的 Z 轴尺寸由操作者手工输入。

3. 三角形

利用现有的三角形模型文件（后缀名为.dmt、.tri 或.stl）直接作为毛坯。这种方式与利用图形创建毛坯类似，都由外部图形来定义毛坯。它们的区别在于“图形”是二维的线框，而“三角形”是三维模型。

4. 边界

利用已经创建好的边界来定义毛坯，毛坯的 Z 轴尺寸由操作者手工输入，此方式类似于用图形的方法来创建毛坯。

5. 圆柱体

创建圆柱体毛坯。

1.6.4 切削用量的设置

切削用量的选取在机械加工过程中占据着极其重要的地位，它的选择恰当与否直接关系加工出的零件的尺寸精度和表面质量，刀具磨损，以及机床和操作人员的安全。初学铣削的操作者往往对切削用量的选择很迷惑，需要树立的一个重要观念是，切削用量的选择是要靠不断的切削经验来积累的。所谓有经验的加工人员，其经验大部分就是指使用不同刀具、不同材料和机床进行切削而积累的切削用量选择经验。因为 PowerMill 主要用于铣削，所以主要介绍铣削用量方面的知识。

1. 铣削用量的含义

铣削用量是指在铣削过程中铣削速度（v_c）、进给量（f）、背吃刀量（a_p）和侧吃刀量（a_e）的总称。

（1）铣削速度 v_c　指铣刀切削刃上选定点在铣削主运动（即刀具的旋转运动）中的线速度（m/min）。铣削速度与铣刀转速的关系为

$$v_c = \frac{\pi d_0 n}{1000}$$

式中，d_0为铣刀直径（mm）；n为铣刀转速（r/min）。

（2）进给量f　在CAM软件和数控系统中，进给量一般有两种表示形式：一种是每齿进给量f_z，指铣刀每转过一个齿时，铣刀与工件之间在进给方向上的相对位移量，单位为mm/z；另一种是每转进给量f_n，指铣刀每转过一转时，铣刀与工件之间在进给方向上的相对位移量，单位为mm/r。

（3）背吃刀量a_p　指平行于铣刀轴线方向测量的切削层尺寸。

（4）侧吃刀量a_e　指垂直于铣刀轴线方向测量的切削层尺寸。

2. 数控加工切削用量选择的一般原则

（1）背吃刀量a_p和侧吃刀量a_e的选择

1）粗加工时（表面粗糙度Ra=12.5～50μm），在条件允许的情况下，尽量一次切除该工序的全部余量。如果分两次走刀，则第一次背吃刀量应尽量取大值，第二次背吃刀量尽量取小值。

2）半精加工时（表面粗糙度Ra=3.2～6.3μm），背吃刀量一般为0.5～2mm。

3）精加工时（表面粗糙度Ra=0.8～1.6μm），背吃刀量一般为0.1～0.4mm。

4）使用端铣刀粗加工时，当加工余量小于8mm且工艺系统刚度大时，留出半精铣余量0.5～2mm后，尽量一次走刀去除余量；当余量大于8mm时，可分两次或多次走刀。侧吃刀量a_e与端铣刀直径d_0应保持如下关系：

$$d_0=(1.1\sim1.6)\,a_e$$

$$a_e=(50\%\sim80\%)\,d_0$$

（2）进给量f的选择

1）粗加工时主要追求的是加工效率，要尽快去除大部分余量，此时进给量主要考虑工艺系统所能承受的最大进给量。因此，在机床刚度允许的前提下，尽量取大值。

2）精加工和半精加工时，最大进给量主要考虑加工精度和表面粗糙度值，另外还要综合工件材料、刀尖圆弧半径和切削速度等因素来确定。编程时除铣削进给量外，还有刀具切入时的进给量应当考虑。该值太大，刀具以很快的速度撞入工件，会形成栽刀而损坏刀具、工件和机床；该值太小，刀具从下切速度转为铣削速度时会形成冲击。一般情况下，切入进给量取铣削进给量的60%～80%为宜。

（3）铣削速度v_c的选取　铣削速度的选择比较复杂。一般而言，粗加工时应选较低的铣削速度，精加工时选择较高的铣削速度；加工材料强度、硬度较高时选较低的铣削速度，反之取较高的铣削速度；刀具材料的铣削性能好时选择较高的铣削速度，反之取较低的铣削速度。

3. 在PowerMill 2018中设置进给和转速

在计算每条刀具路径前，均应设置好该条刀具路径的进给和转速。在PowerMill 2018主界面功能图标区“刀具路径编辑”标签下，单击“进给和转速”选项按钮，打开“进给和转速”表格，如图1-22所示。

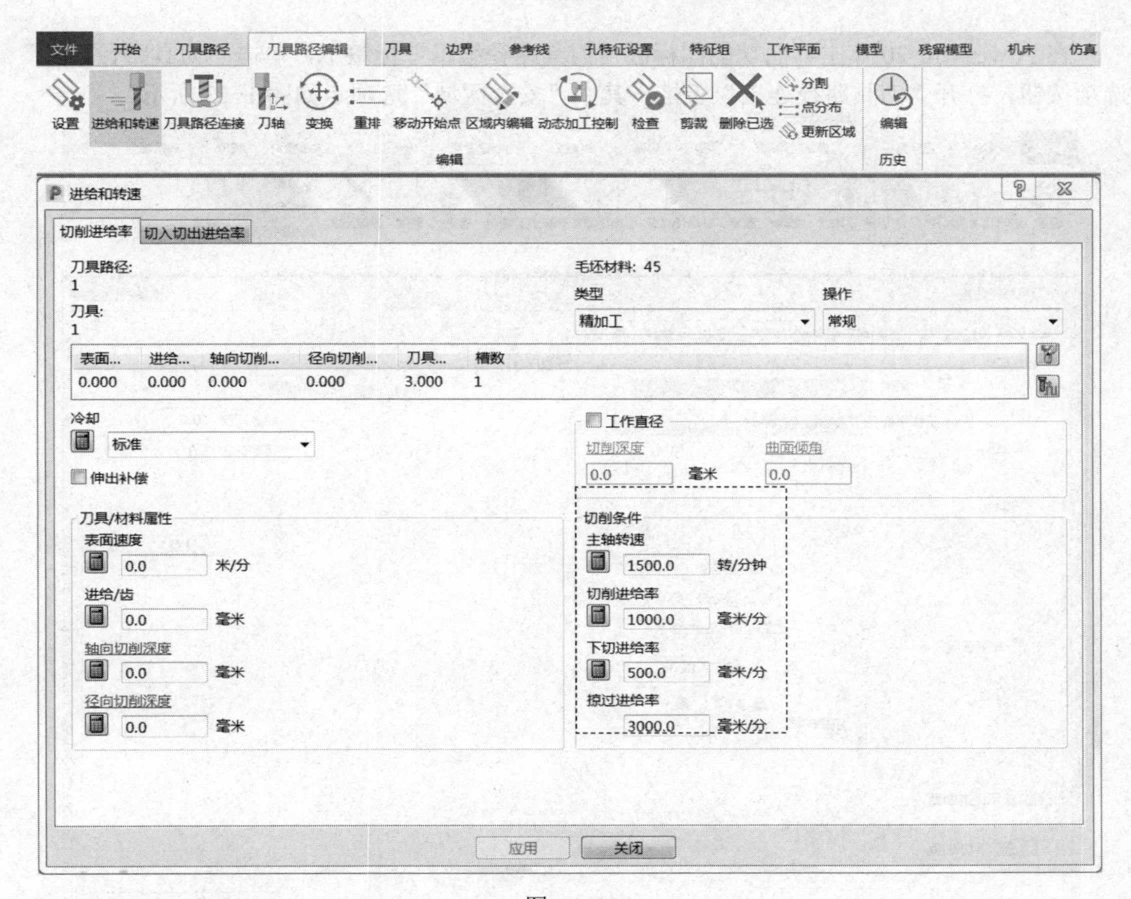

图 1-22

在该表格中的“切削条件”栏依次填入主轴转速、切削进给率、下切进给率和掠过进给率，然后单击“应用”按钮，即可完成进给和转速设置。

注意

给新的待计算刀具路径设置进给和转速时，要确保资源管理器中“刀具路径”条目下没有当前被激活的刀具路径。

1.6.5 刀具路径连接设置

1. 计算安全高度

在 PowerMill 2018 中，快进移动定义了刀具在两刀位点之间以最短时间完成移动的高度，它一般由以下三种运动组成：

1）从某段刀具路径最终切削点抬刀到安全高度的运动。

2）刀具在一个恒定 Z 高度从一点移至新的起始下刀点的运动。

3）下切到新的开始切削 Z 高度的运动。

快进高度关系刀具的进刀、抬刀高度和刀具路径连接高度等内容，若设置不当，在切削过程中会引起刀具与工件相撞，因此必须高度注意。

在 PowerMill 2018 主界面功能图标区“刀具路径编辑”标签下，单击“刀具路径连接”选项按钮，打开“刀具路径连接”表格，其中“安全区域”选项卡如图 1-23 所示。

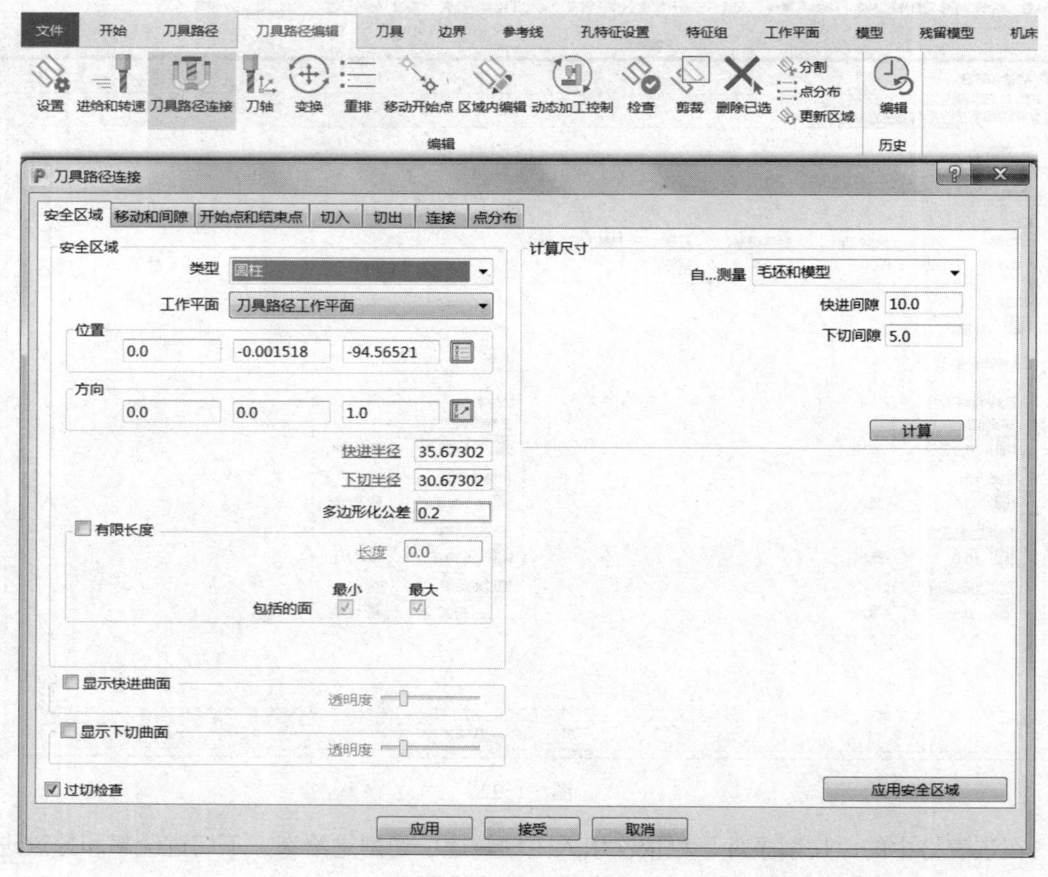

图 1-23

快进高度的设置方式有两种：一种是手工直接输入安全 Z 高度值和开始 Z 高度值；另一种是通过设置快进间隙和下切间隙，系统利用模型尺寸自动计算安全 Z 高度值和开始 Z 高度值。

在“安全区域”选项栏中定义快速移动允许发生的空间位置。此空间可以是以下四种情况：

1）平面：指快速移动是在以 I、J、K 三个分矢量定义好的一个平面上进行的。注意：这个平面可以不与机床 Z 轴垂直。此选项多用于固定三轴加工以及 3+2 轴加工。

2）圆柱体：指快速移动是在以圆心、半径、圆柱轴线方向来定义的一个圆柱体的表面上进行的。该选项多用于旋转加工类刀具路径。

3）球：指快速移动是在以圆心、半径定义的一个球体的表面上进行的。该选项也多用于旋转加工类刀具路径。

4）方框：指快速移动是在以角点和长、宽、高尺寸定义的一个方形体的表面上进行的。

2．设置刀具路径的开始点和结束点

刀具路径的开始点和结束点至关重要，尤其是在 3+2 轴加工方式与五轴联动加工方式编程过程中，显得更为重要。如果设置不当，有可能导致刀具在进/退刀时与工件或夹具碰撞。

在此，有必要区分开始点、结束点与进刀点、退刀点的概念。

刀具路径的开始点是在切削加工开始之前刀尖的初始停留点，结束点是程序执行完毕后刀尖的停留点；进刀点是指在单一曲面的初始切削位置上刀具与曲面的接触点，退刀点是指单一曲面切削完毕时刀具与曲面的接触点。

在 PowerMill 2018 的主界面功能图标区“刀具路径编辑”标签下，单击“刀具路径连接”选项按钮，打开“刀具路径连接”表格，其中“开始点和结束点”选项卡如图 1-24 所示。

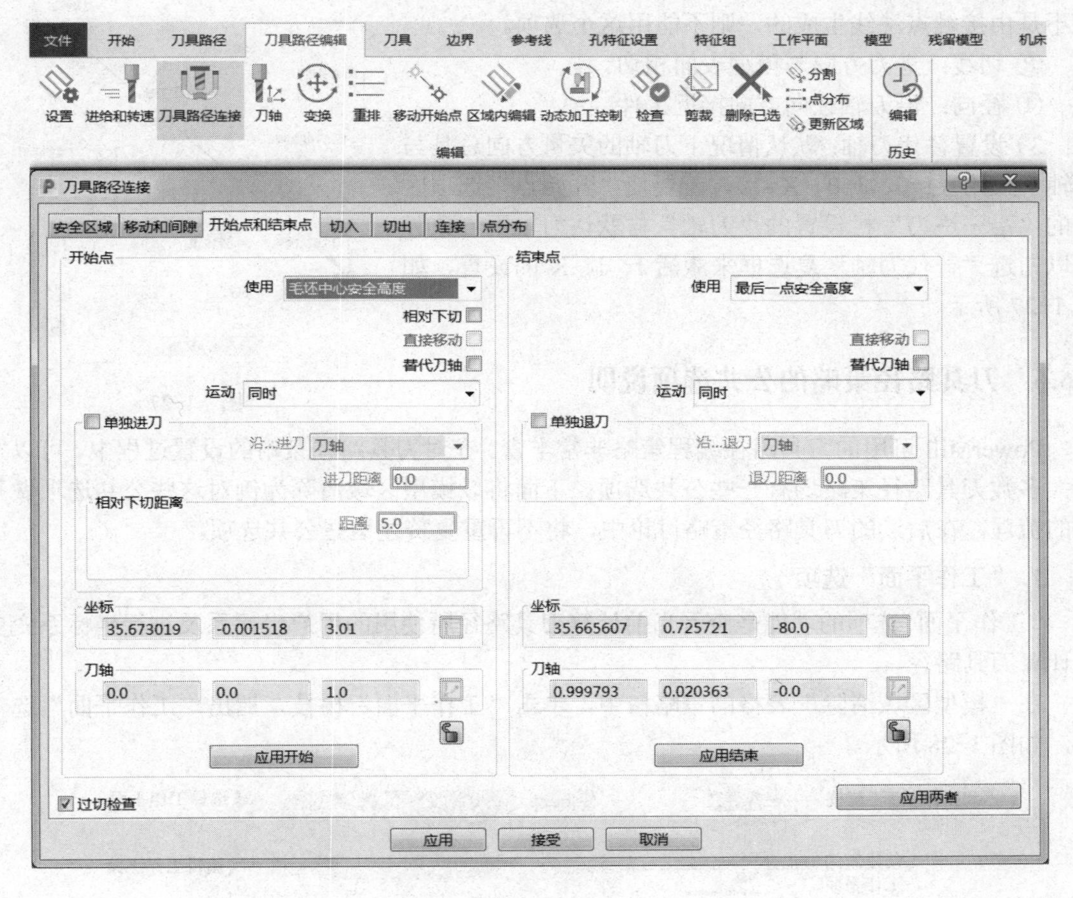

图 1-24

开始点和结束点的设置方法和过程是完全相同的，在此只介绍开始点的设置。

1）设置开始点位置：“开始点”选项区中的“使用”下拉列表包含四个设定开始点位置的选项，其含义如图 1-25 所示。

2）设置进刀位置：勾选“开始点”选项区中的“单独进刀”复选框，可激活单独进刀设置选项。在“沿…进刀”下拉列表中包含四种刀具接近工件的设置方法，如图 1-26 所示。其中：

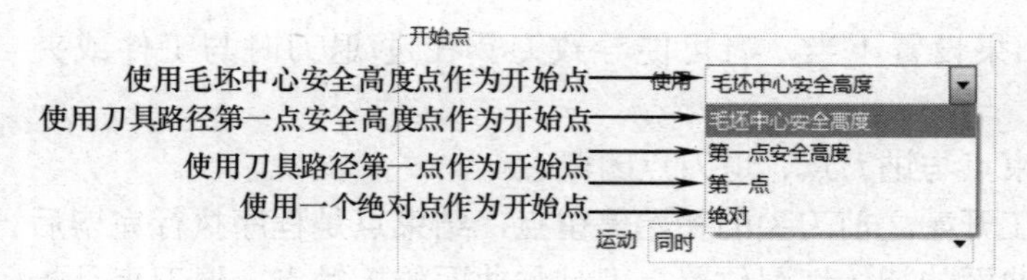

图 1-25

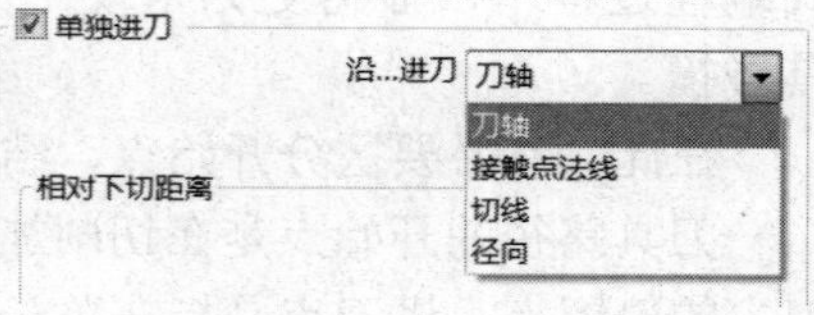

图 1-26

① 刀轴（默认）：进刀方向与刀具轴向一致。

② 接触点法线：在接触点法线方向进刀。如果刀具路径不是由接触点法线生成的，则不能用这个选项。

③ 切线：进刀方向与模型表面相切。

④ 径向：沿刀轴径向方向接近工件。

3）设置替代刀轴：默认情况下刀轴的矢量方向总是与 Z 轴一致的（I=0、J=0、K=1）。若要使“开始点”选项区中的“沿…进刀”栏设置的“刀轴”与默认刀轴不一致，可以勾选“替代刀轴”复选框来激活 I、J、K 的设置，如图 1-27 所示。

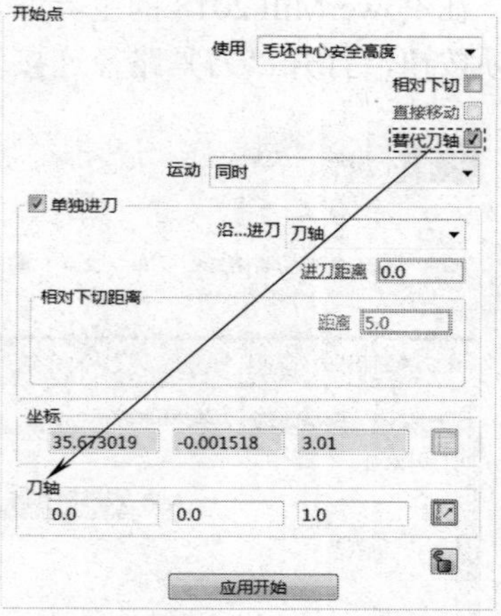

图 1-27

1.6.6 刀具路径策略的公共选项说明

PowerMill 可用的刀具路径编程策略非常丰富。在对刀具路径策略的设置过程中，可以发现大多数刀具路径策略均有一些公共选项。下面将以模型区域清除为例对这些公共选项做整体的梳理，在后续的刀具路径策略讨论中，将不再重复赘述这些公共选项。

1．“工作平面”选项

“工作平面”选项的功能是查看当前计算刀具路径所使用的用户坐标系及进行坐标系变更以计算刀具路径。

在“模型区域清除”表格的策略树中，单击“工作平面”树枝，调出“工作平面”选项卡，如图 1-28 所示。

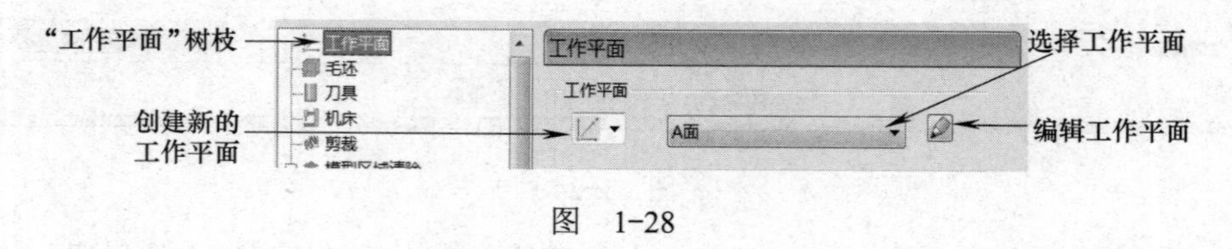

图 1-28

2．“毛坯”选项

“毛坯”选项的功能是查看当前计算刀具路径所使用的毛坯大小及变更新的毛坯尺寸以计算刀具路径。

在“模型区域清除”表格的策略树中，单击“毛坯”树枝，调出“毛坯”选项卡，如图 1-29 所示。

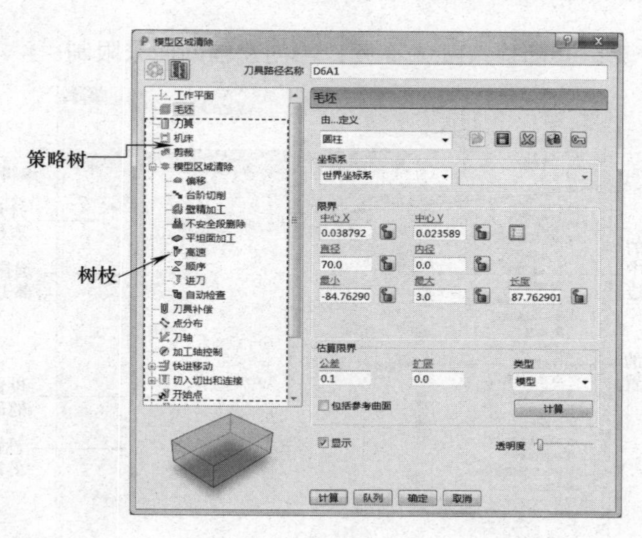

图 1-29

3. “刀具”选项

“刀具”选项的功能是查看当前计算刀具路径所使用的刀具及变更新的刀具以计算刀具路径。

在“模型区域清除”表格的策略树中，单击“刀具”树枝，调出“端铣刀”选项卡，如图 1-30 所示。

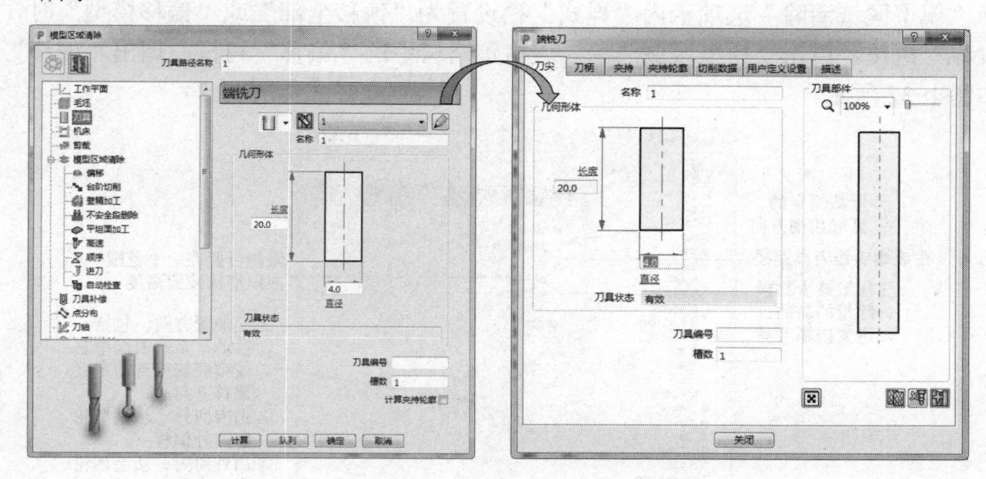

图 1-30

4. “剪裁”选项

“剪裁”选项的主要功能是通过创建或选择已有边界线来限制刀具路径在 XOY 平面上的加工范围。另外，还可以设置 Z 高度的限界值，以控制只在某一 Z 高度范围内生成刀具路径。

在“模型区域清除”表格的策略树中，单击“剪裁”树枝，调出“剪裁”选项卡，如图 1-31 所示。

边界线用于限制 XOY 平面的加工范围，Z 向加工深度的控制主要通过以下几种方法：

①Z 限界；②毛坯计算；③部件余量 Z 高度；④创建辅助面来限制。

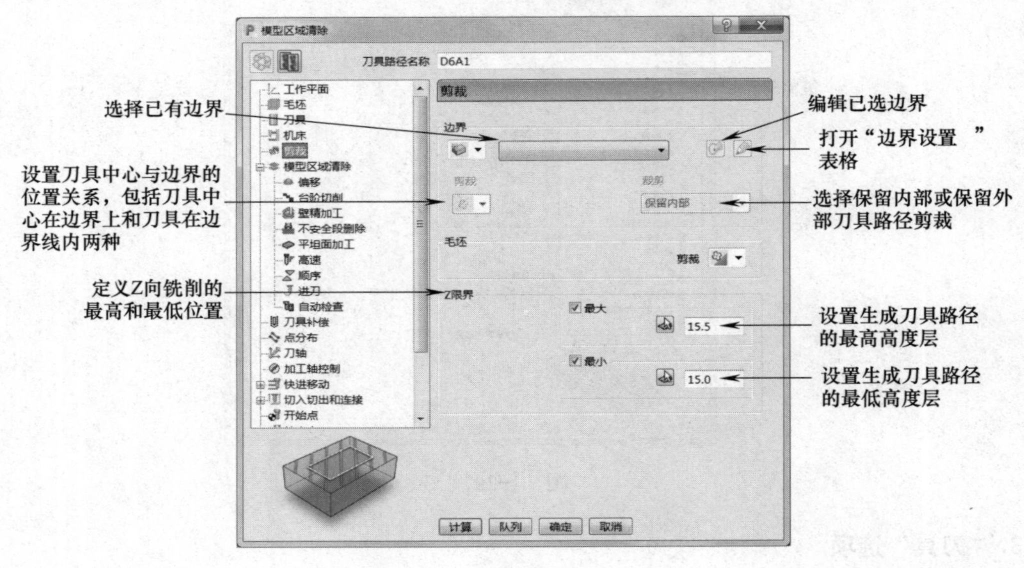

图 1-31

5.“偏移”选项

“偏移”选项的功能是设置偏置样式刀具路径的详细参数。

当“模型区域清除”选项卡内“样式”栏设置为“偏移全部”或“偏移模型”时，可调出“偏移”树枝。单击“模型区域清除”表格策略树中的“偏移”树枝，调出“偏移”选项卡，如图 1-32 所示。

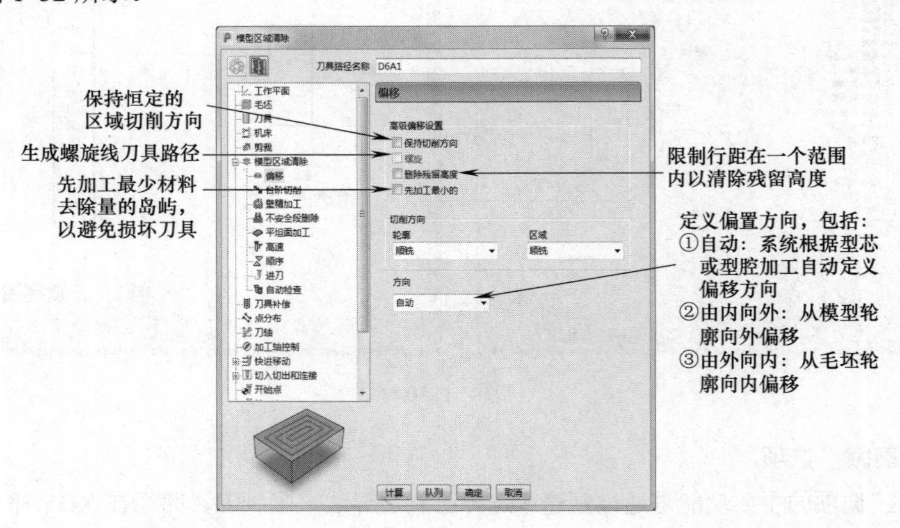

图 1-32

6.“平行”选项

“平行”选项的功能是设置平行样式刀具路径的详细参数。

当“模型区域清除”选项卡内“样式”栏设置为“平行”，系统会计算出平行线走势的加工刀具路径。此时，“模型区域清除”表格的策略树中出现“平行”树枝。单击“模型区域清除”策略树同名树枝中的“平行”树枝，调出“平行”选项卡，如图 1-33 所示。

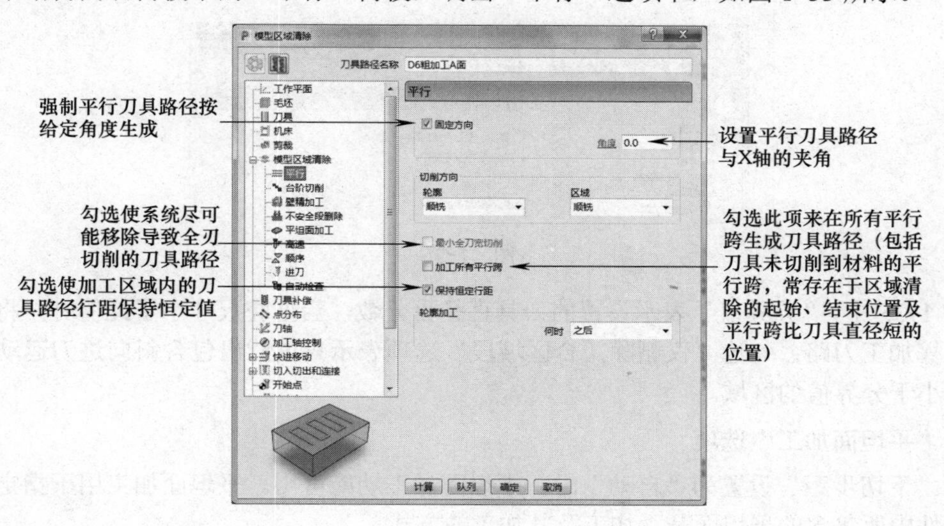

图 1-33

图 1-33 中“轮廓加工”选项区“何时”下拉列表包含以下四个选项，主要决定在设置平行区域清除时是否依零件的轮廓加工生成刀具路径。

① 无：表示不进行零件轮廓加工。

② 之前：刀具首先切削出零件轮廓，再做模型区域清除加工。

③ 之间：在进行模型区域清除的过程中遇到零件轮廓时，进行零件轮廓加工，然后接着进行模型区域清除。

④ 之后（默认）：刀具首先做区域清除加工，然后切削零件轮廓。

平行线粗加工刀具路径形状简单、计算速度快，适用于结构比较简单的零件粗加工。

7. “壁精加工”选项

“壁精加工”选项用于指定精加工侧壁的参数。单击“模型区域清除”策略树同名树枝中的“壁精加工”树枝，调出“壁精加工”选项卡，如图 1-34 所示。

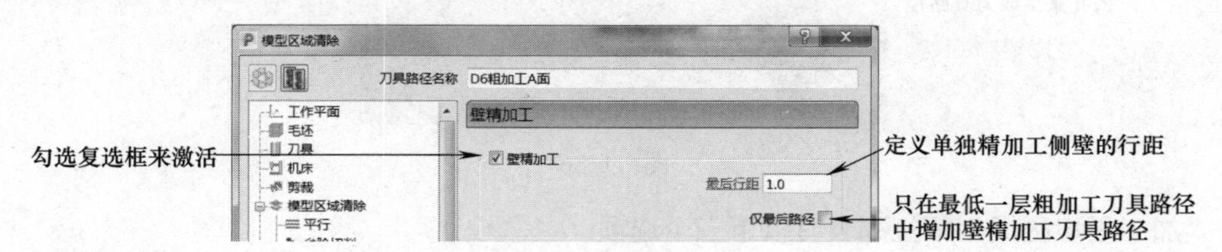

图 1-34

8. “不安全段删除”选项

“不安全段删除”选项用以分离某些小型腔，不对这些小型腔进行粗加工。多数情况下，粗加工使用装刀片的大直径牛鼻刀，这类刀具的特点是其中心不带切削刃。因此若此类刀具直接下切到小型腔里，即有可能造成刀具损坏。

单击“模型区域清除”策略树同名树枝中的“不安全段删除”树枝，调出“不安全段删除”选项卡，如图 1-35 所示。

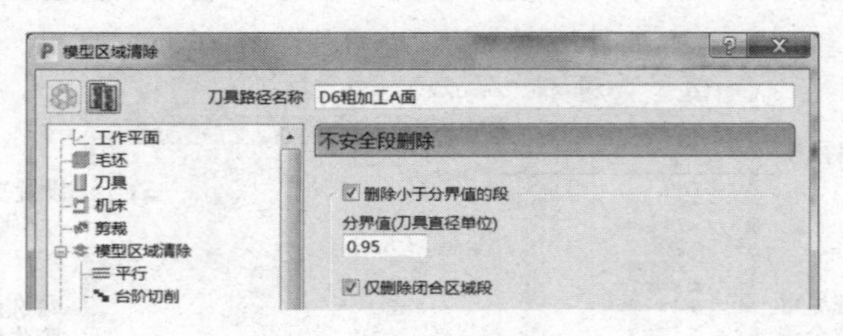

图 1-35

图 1-35 中，“分界值”表示设置的刀具直径百分数，当型腔尺寸小于此值时，将不对该型腔计算加工刀路；勾选“仅删除闭合区域段”选项表示只过滤出包含斜向进刀运动的、闭合的、小于分界值的区域。

9．“平坦面加工”选项

当“下切步距”设置为“自动”时，平坦面加工功能可用。平坦面加工用于指定在粗加工时零件中所包含的平坦面是否加工及其加工的方式。

单击“模型区域清除”策略树同名树枝中的“平坦面加工”树枝，调出“平坦面加工”选项卡，如图 1-36 所示。

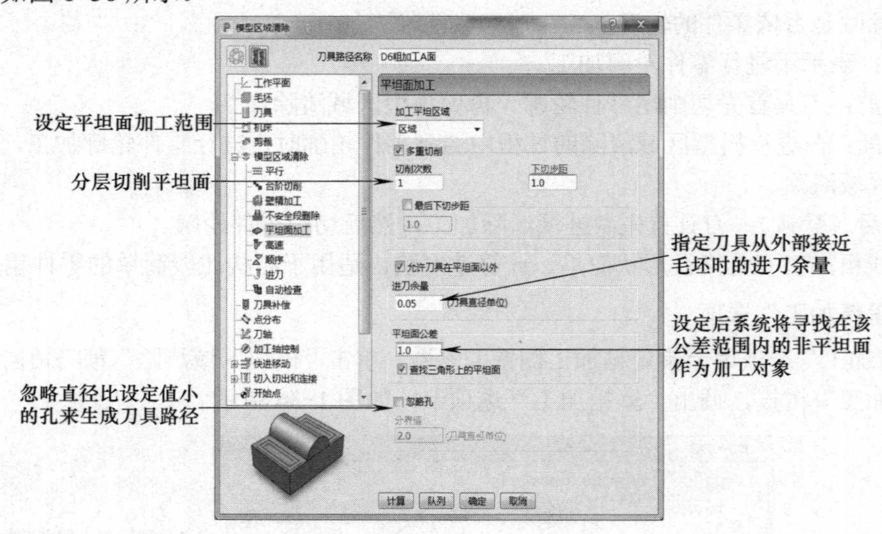

图 1-36

“加工平坦区域”下拉列表有以下三个选项：

① 层：加工零件中整个平坦面层，包括平坦面和空的区域。

② 区域：只加工平坦面区域，在此 Z 高度的空区域不生成刀具路径。

③ 关：不加工平坦面层。

10．“顺序”选项

“顺序”选项用于指定粗加工零件上各型腔的先后顺序。在“模型区域清除”策略树同名树枝中单击“顺序”树枝，调出“顺序”选项卡，如图 1-37 所示。

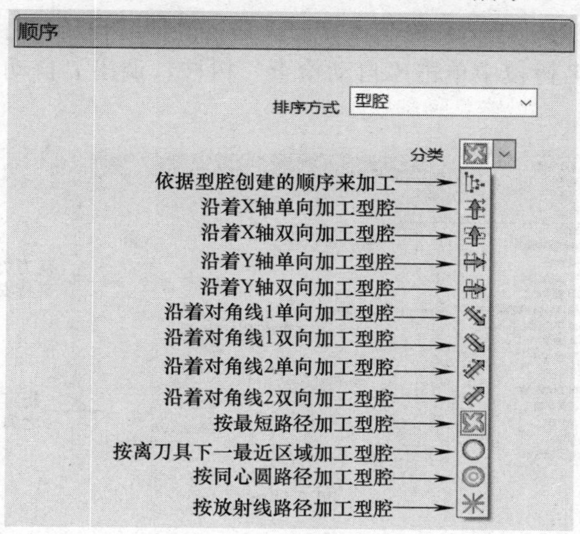

图 1-37

“排序方式”下拉列表有以下两个选项：

1）型腔：逐型腔加工。加工完一个型腔后，刀具移至另一个型腔进行加工。

2）层：逐层加工。全部型腔切削完一层后，再切削全部型腔的下一层，特别适用于加工薄壁零件，以防止零件在加工过程中变形。

“分类”下拉列表用于加工多型腔零件时进行各个型腔加工先后顺序的设定，指定刀具切削零件型腔或层的顺序。此下拉列表下可用的选项已在图 1-37 中列出。

11.“进刀”选项

“进刀”选项用于定义刀具接近毛坯的方式。在“模型区域清除”策略树同名树枝中单击“进刀”树枝，调出“进刀”选项卡，如图 1-38 所示。

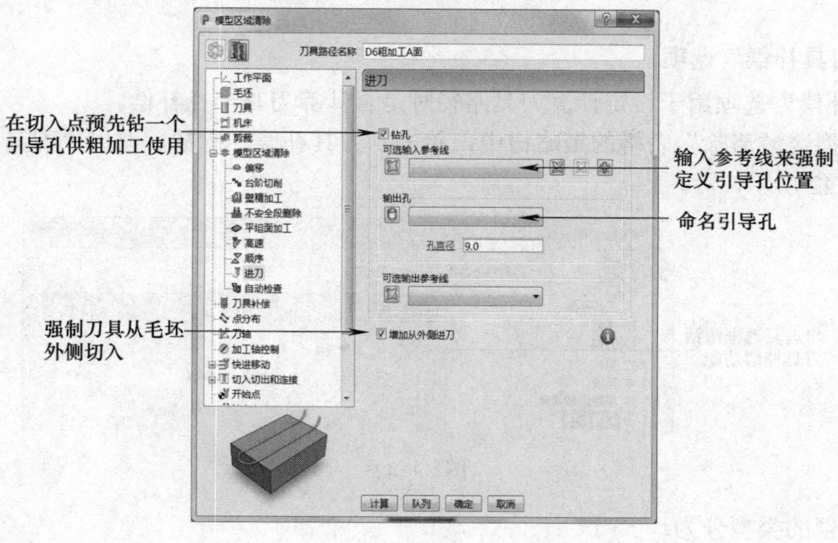

图 1-38

12. “自动检查”选项

“自动检查”选项用于定义系统在计算刀具路径的同时自动进行碰撞检查。在“模型区域清除”策略树同名树枝中单击“自动检查”树枝，调出“自动检查”选项卡，如图1-39所示。

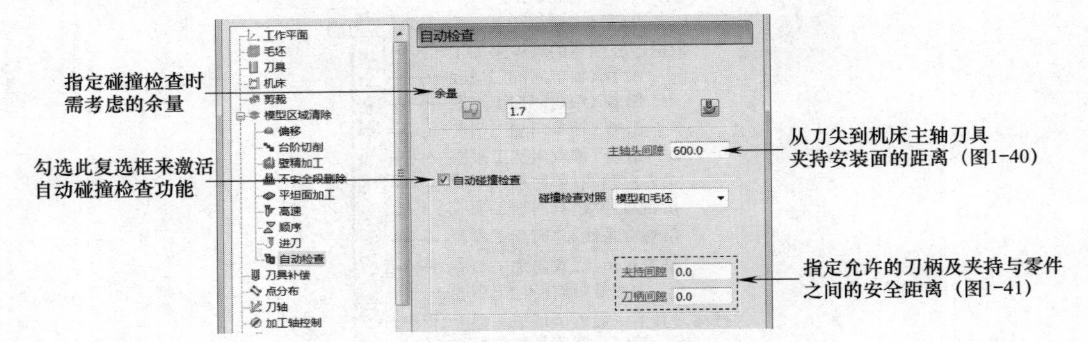

图 1-39

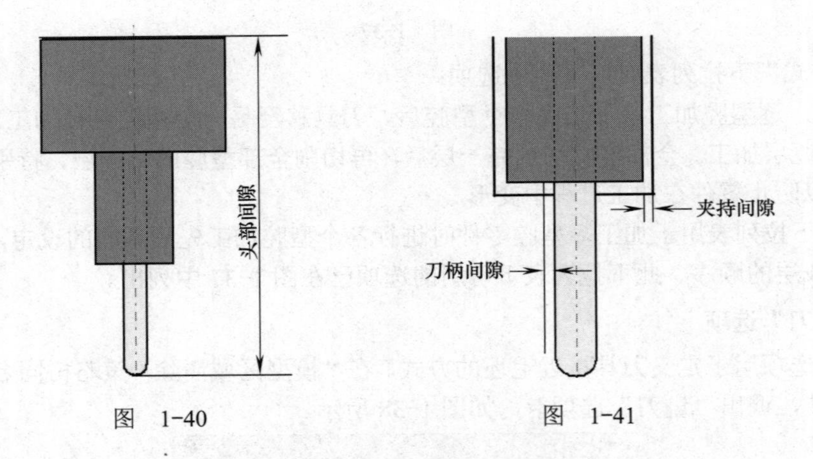

图 1-40　　　　图 1-41

13. “刀具补偿”选项

“刀具补偿”选项用于设定计算刀具路径时是否计算刀具半径补偿。

在“模型区域清除”表格的策略树中，单击“刀具补偿”树枝，调出“刀具补偿”选项卡，如图1-42所示。

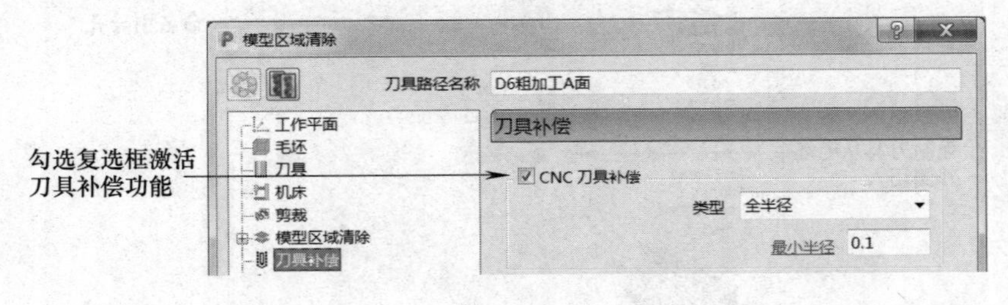

图 1-42

刀具补偿的类型分为：

① 全半径：系统计算刀具路径时执行刀具全半径补偿。

② 刀具磨损：系统计算刀具路径时，先按理论刀具半径执行刀具补偿，再由数控系统补偿实际刀具半径与理论刀具半径的偏差值，该功能与数控系统的刀具磨损补偿功能相联系。

14. “点分布”选项

“点分布”选项用于控制并调整刀具路径中刀位点的分布，主要应用于精加工刀具路径，通过合理调整刀位点的分布来优化精加工的质量与效率。

在“模型区域清除”表格的策略树中，单击“点分布”树枝，调出“点分布”选项卡，如图 1-43 所示。

图 1-43

15. “刀轴”选项

“刀轴”选项用于查看及编辑当前刀具轴线的指向。默认情况下刀轴指向是垂直的，即机床的 Z 轴垂直于 XOY 平面，用于三轴加工。在计算多轴加工刀具路径时，可根据需要指定刀轴方向。

在“模型区域清除”表格的策略树中，单击“刀轴”树枝，调出“刀轴”选项卡，如图 1-44 所示。在多轴加工时，往往会改变刀轴指向，以适应加工的需要。

在“刀轴”下拉列表中共有十个指向可供选择：①垂直（默认）；②前倾/侧倾；③朝向点；④自点；⑤朝向直线；⑥自直线；⑦朝向曲线；⑧自曲线；⑨固定方向；⑩叶盘。加工中为适应不同加工要求，可选择不同刀轴指向，此处不过多赘述。

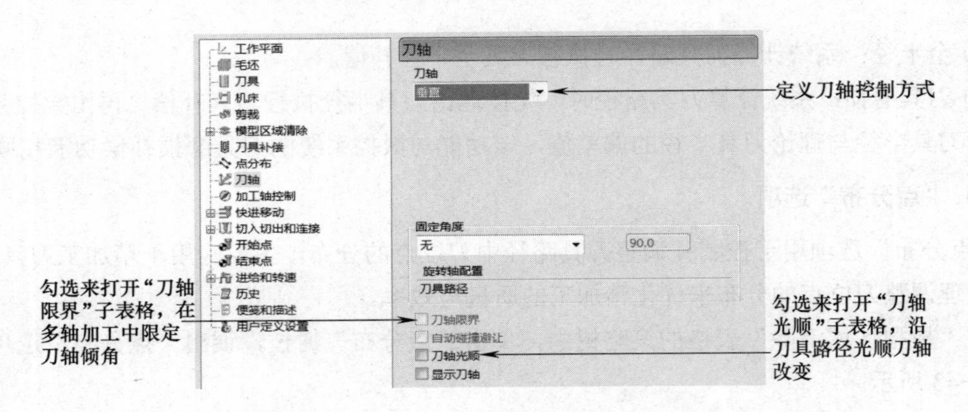

图 1-44

16.“快进移动”选项

“快进移动”选项用于查看及编辑当前刀具路径的安全区域、快进与下切高度等参数。快进移动与刀具进刀、抬刀高度及刀具路径连接高度有关，如果设置不当，在切削过程中会引起刀具与工件的碰撞，因此设置此选项必须多加注意。

在“模型区域清除”表格的策略树中，单击“快进移动”树枝，调出“快进移动”选项卡，如图 1-45 所示。

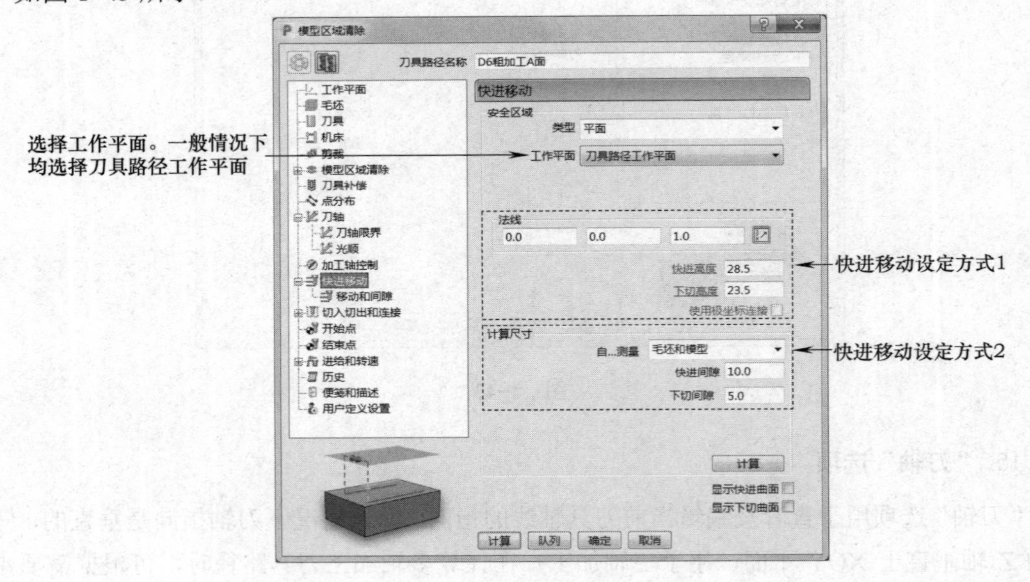

图 1-45

安全区域“类型”下拉列表中包含了快进移动发生的四种可能的空间位置：①平面，多用于固定三轴加工及 3+2 轴加工；②圆柱体，多用于旋转加工；③球，多用于旋转加工；④方框。

17.“切入切出和连接”选项

“切入切出和连接”选项用于设置粗加工刀具路径的切入、切出和连接方式。

粗加工时，必须注意刀具切入毛坯的方式。尤其是切削金属材料时，必须设置切入方式。在默认情况下 PowerMill 2018 粗加工刀具路径的切入方式：对于开放型腔，刀具从外部切入毛坯；对于封闭区域，刀具直接下切。为保护工具系统，大多数情况下不允许刀具直接扎入毛坯，而是设置切入方式为“斜向”。

在“模型区域清除”表格的策略树中，单击“切入切出和连接”树枝，调出“切入切出和连接摘要”选项卡。切入切出和连接的参数设定位于“切入切出和连接”树枝下的子标签中。

18．“开始点”选项和“结束点”选项

“开始点”选项和“结束点”选项用于查看及编辑当前刀具路径的开始点和结束点参数。

在“模型区域清除”表格的策略树中，单击“开始点”树枝或“结束点”树枝，分别调出“开始点”选项卡（图 1-46）或“结束点”选项卡。开始点和结束点的设置方法与过程相同。

图 1-46

19．“进给和转速”选项

“进给和转速”选项用于查看及编辑当前刀具路径的进给和转速参数。在“模型区域清除”表格的策略树中，单击“进给和转速”树枝，调出“进给和转速”选项卡，如图 1-47 所示，可对刀具路径加工的主轴转速、切削进给率、下切进给率、掠过进给率及冷却方式进行设定。

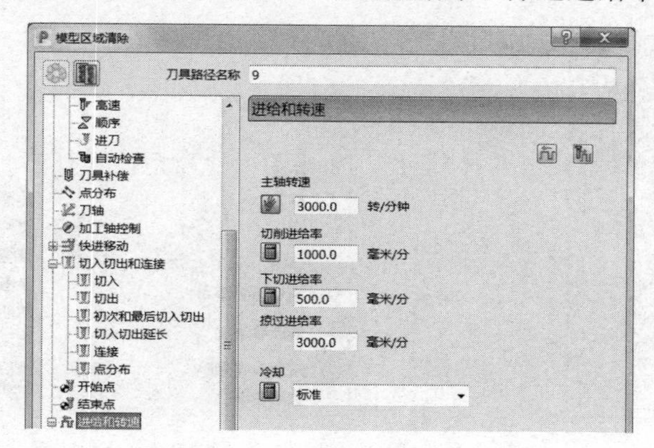

图 1-47

1.6.7 参考线

1. 参考线概述

（1）定义　参考线（Pattern）是一条或多条封闭或开放的用来辅助计算刀具路径的二维或三维线框。参考线也称为引导线，用来引导生成刀具路径，从而控制加工方向和顺序。

（2）作用　参考线具有以下几方面的作用：

1）作为引导线，引导系统计算出形如参考线样式的刀具路径。

2）参考线可以转换为边界。由于参考线具有比边界更丰富的创建和编辑命令，在某些情况下可以先做出参考线，再将它转换为边界。

3）参考线可以直接用作刀具路径。利用“Commit Patter”命令或使用参考线精加工策略，可以直接将参考线转换为刀具路径。

（3）参考线与边界　参考线与边界的异同见表 1-3。

表 1-3

项　目	参　考　线	边　界
不同点	线框可以是开放或封闭的	线框必须封闭
	主要用于引导计算刀具路径	主要用于限制刀具路径的径向范围
	线条可以被分离为单独的段，进而删除不需要的段	线条不能被分离
	参考线是有方向的，此方向在参考线转换为刀具路径后就是刀具的切削方向，可以通过编辑来改变其方向	边界没有方向
相同点	两者主要的创建方法、编辑方法相同；两者都可以是二维或三维线条	

2. 参考线的创建

在 PowerMill 2018 的资源管理器中，右击“参考线”树枝，弹出参考线快捷菜单，如图 1-48 所示。

在参考线快捷菜单中单击“创建参考线”，系统会在资源管理器的“参考线”树枝下生成一条新的参考线。双击“参考线”树枝展开参考线列表，可以看到该新建参考线的默认名称为“1”，内容为空。右击参考线“1”，弹出参考线 1 的快捷菜单；在参考线 1 的快捷菜单中单击“插入”，系统弹出参考线创建方法快捷菜单，用于参考线的创建，如图 1-49 所示。

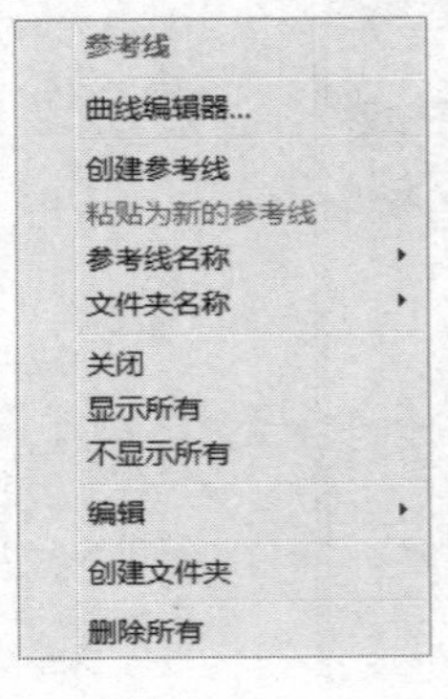

图　1-48

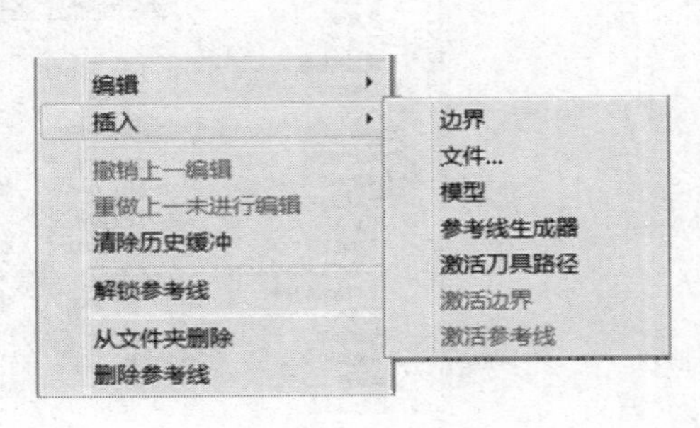

图　1-49

参考线的创建方法有以下几种：

1）边界：将已经创建出来的、激活的边界插入进来，生成参考线。该功能实际上是将边界直接转换为参考线。

2）文件：将线框图形文件（后缀名可以是.dgk、.prt、.pfm、.igs）插入系统，生成参考线。

3）模型：将选定曲面模型的边缘线直接转换为参考线。

4）参考线生成器：通过偏置已有线条（驱动曲线）自动生成新参考线。驱动曲线的数量可以是一条或两条，驱动曲线的形式可以是已经创建出来的参考线、曲线或者边界。在设置好偏移距离后，系统偏移出新的参考线。“参考线生成器”表格如图 1-50 所示。

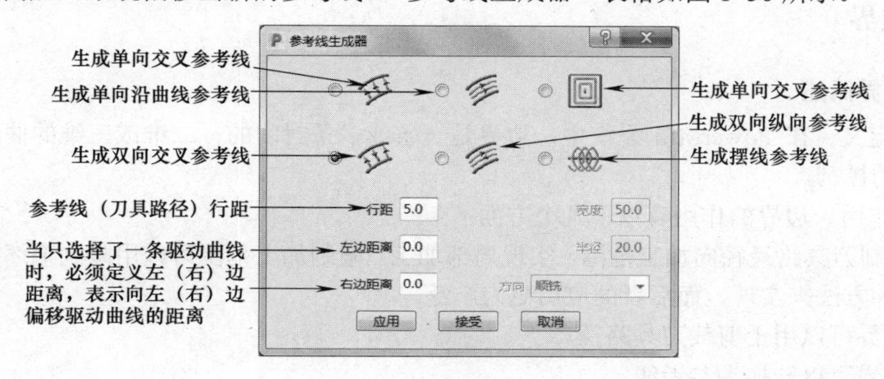

图　1-50

5）激活刀具路径：将当前激活的刀具路径直接转换为参考线。

6）激活参考线：将当前激活的参考线转换为新参考线，相当于复制了一条参考线。

3．参考线的编辑

在 PowerMill 2018 的资源管理器中双击“参考线”树枝展开参考线列表，右击某条已存在的参考线，在弹出的快捷菜单中单击“编辑”，即弹出编辑参考线快捷菜单，如图 1-51 所示。

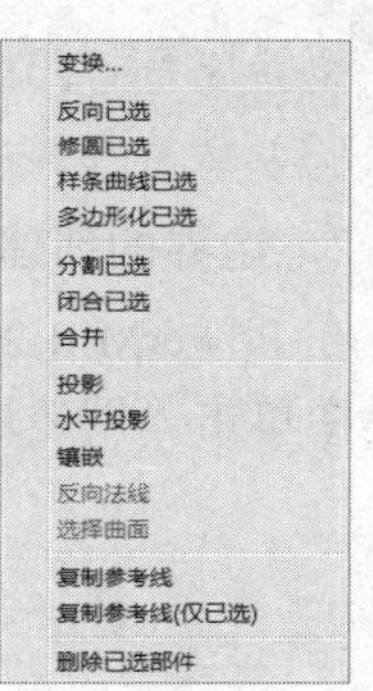

图　1-51

编辑参考线快捷菜单中与边界编辑不同的命令包括：

1）反向已选：由于参考线是具有方向的，故此选项的功能是将参考线的方向反转。选取参考线后单击“编辑”→“反向已选”，即可将参考线反向。

2）分割已选：该功能将参考线分割为若干段直线。参考线被分割后，不需要的段可被删除。

3）合并：该功能是“分割已选”操作的逆操作，它将被分割的参考线或原本包括多段的参考线合并成一条参考线。

4）闭合已选：将开放的参考线闭合。选取开放的参考线后执行“闭合已选”命令，可闭合参考线。

5）投影：将参考线沿刀轴方向投影到模型曲面上。注意：由于在投影参考线时要计算刀具半径，因此在投影参考线之前，必须存在已激活的刀具。

6）镶嵌：将现有参考线沿刀轴方向投影到模型曲面上，并保证镶嵌后参考线上的各点均在模型曲面上，主要应用于镶嵌参考线精加工策略。执行“镶嵌”命令时，会打开“镶嵌参考线”表格，如图 1-52 所示。

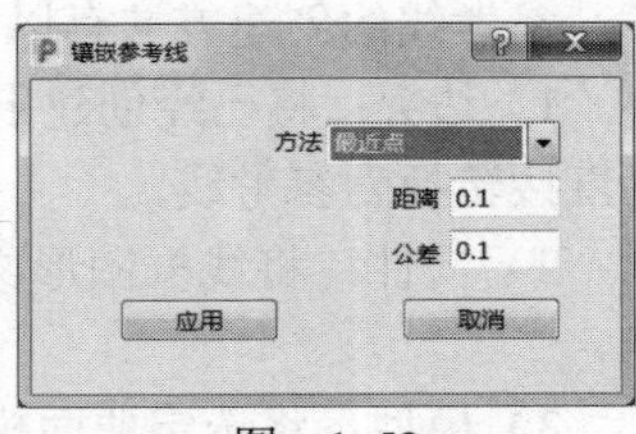

图 1-52

① 镶嵌有两种方法：

最近点：将参考线嵌入最近点，一般用于将已经投影到曲面上的参考线转换为镶嵌参考线。

投影：将参考线投影并嵌入模型曲面上。它相当于执行了“投影”和“嵌入”两个命令。

②“距离”指原始点与嵌入点间的最大间隔，“公差”为嵌入参考线的公差。

1.6.8 边界

1. 边界概述

（1）定义　在 PowerMill 系统中，边界是一条或多条封闭的、二维或三维的曲线，用于加工范围的控制。

（2）作用　边界的作用有以下几个方面：

1）限制刀具路径径向加工范围，实现局部加工。限制加工范围可以用限制毛坯大小及使用边界两种方法来实现，而后者的应用更为广泛。

2）边界可以用于剪裁刀具路径。

3）边界可以转换为参考线。

注意

边界应是封闭的，开放的曲线不可用作边界。

（3）边界与参考线　具体请参见“1.6.7 参考线”的阐述。

2. 边界的创建

在 PowerMill 2018 的资源管理器中右击“边界”树枝，弹出边界快捷菜单。在边界快捷菜单中单击“创建边界”，弹出图 1-53 所示子菜单，显示出创建边界的 11 种方法。

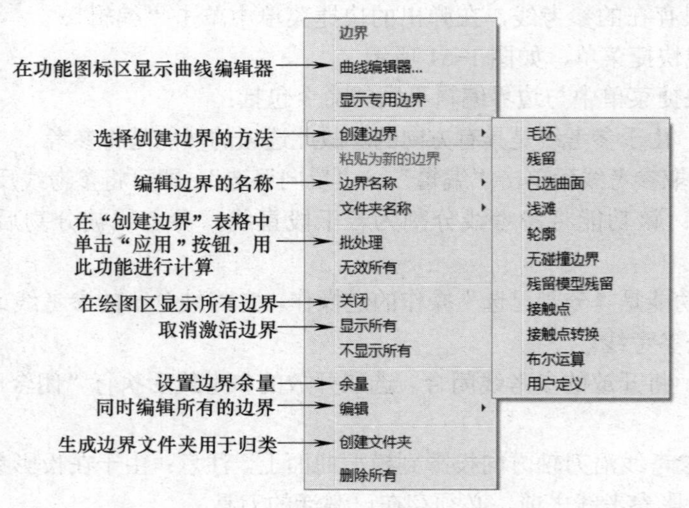

图 1-53

创建边界的方法包括：

（1）毛坯边界　计算毛坯在 XOY 平面上的轮廓线边界，边界的形状和尺寸大小取决于毛坯的形状和尺寸。在创建边界子菜单中选择“毛坯”，打开“毛坯边界”表格，如图 1-54 所示。

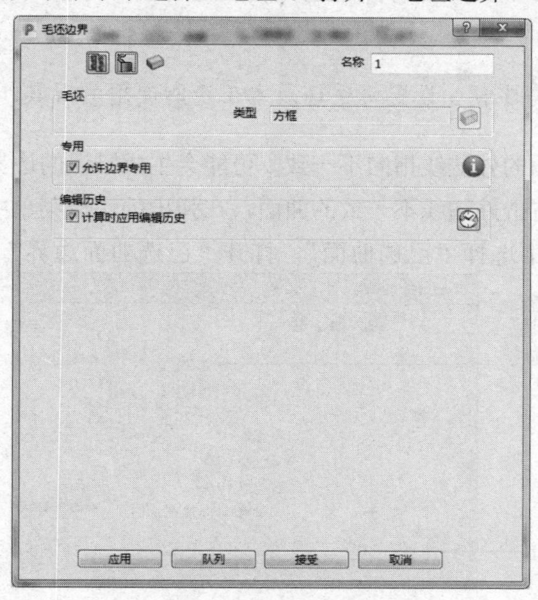

图　1-54

（2）残留边界　残留边界是上一工步中使用大刀具无法加工的那些区域的轮廓线。要计算出残留边界，应设定好上一工步所使用的刀具和本工步用刀具以及公差和余量等参数。并且，计算残留模型前必须定义毛坯和本工步所使用的刀具。在创建边界子菜单中选择“残留”，打开“残留边界”表格，如图 1-55 所示。

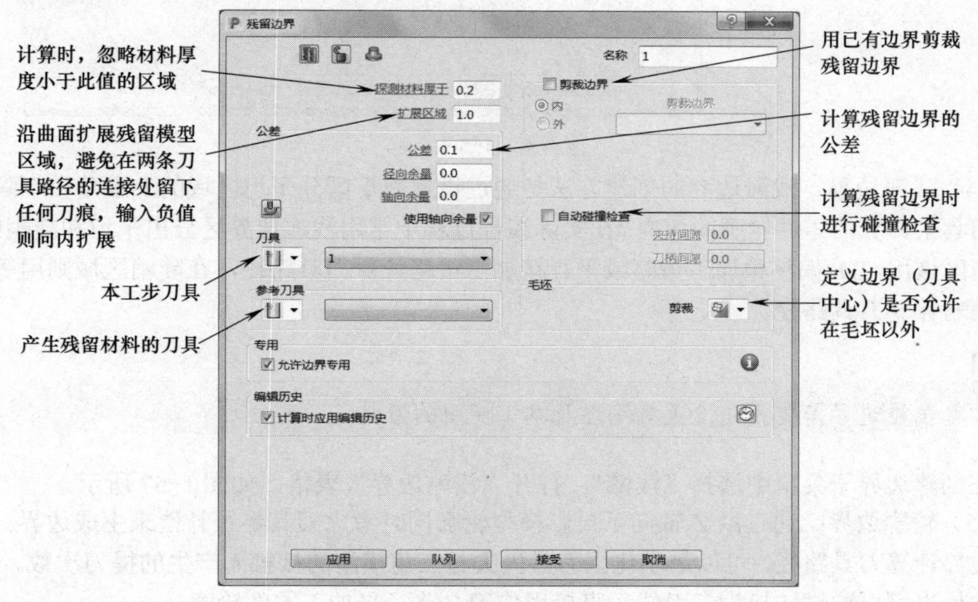

图　1-55

（3）已选曲面边界　选取待加工的曲面并激活刀具后，系统计算刀具在所选曲面边缘生成的边界即为已选曲面边界。这种边界创建方法可以严格限制刀具只加工所选曲面而不致切削到相邻的、未选取的曲面，从而有效地避免发生过切。

注意

计算已选曲面边界需要预先设置好毛坯及本工步所使用的刀具。

另外，如果所选曲面的外法线指向不一致，可能会生成错误的边界，此时应首先调整曲面的外法线指向：选择并右击外法线不一致的曲面，在弹出的快捷菜单中选择“反向已选”。

在创建边界子菜单中选择“已选曲面”，打开“已选曲面边界”表格，如图 1-56 所示。

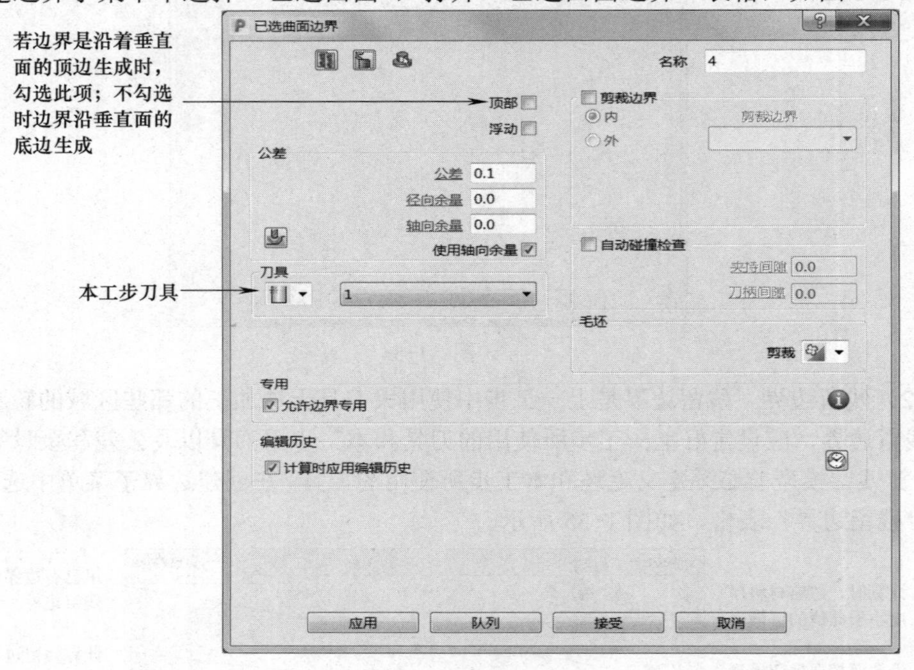

图　1-56

（4）浅滩边界　浅滩边界的创建方法是通过设置用于区分平坦区域的上限角和下限角及加工刀具来计算沿零件轮廓的边界。在实际编程过程中常用浅滩边界区分出平坦和陡峭区域，在平坦区域用 3D 偏移精加工策略或平行精加工策略计算刀具路径，在陡峭区域则用等高精加工策略计算刀具路径。

注意

计算浅滩边界需要预先设置好毛坯及本工步用的刀具。

在创建边界子菜单中选择“浅滩”，打开“浅滩边界”表格，如图 1-57 所示。

（5）轮廓边界　通过沿 Z 轴向下投影模型轮廓同时考虑刀具半径补偿来生成边界。使用这种边界计算刀具路径，可以最小化因刀具失去与三角模型的接触而产生的提刀次数。同时，轮廓边界也可以通过转换为参考线后直接用作刀具路径来加工零件轮廓。

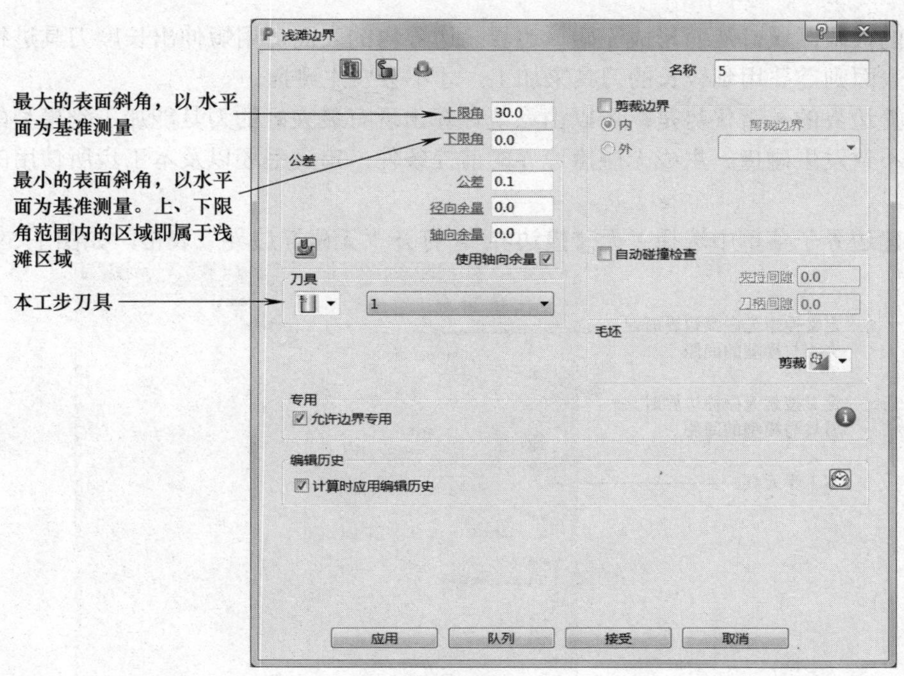

图 1-57

注意

生成轮廓边界时需要定义毛坯以及本工步所使用的刀具。

在创建边界子菜单中选择“轮廓”，打开“轮廓边界”表格，如图 1-58 所示。

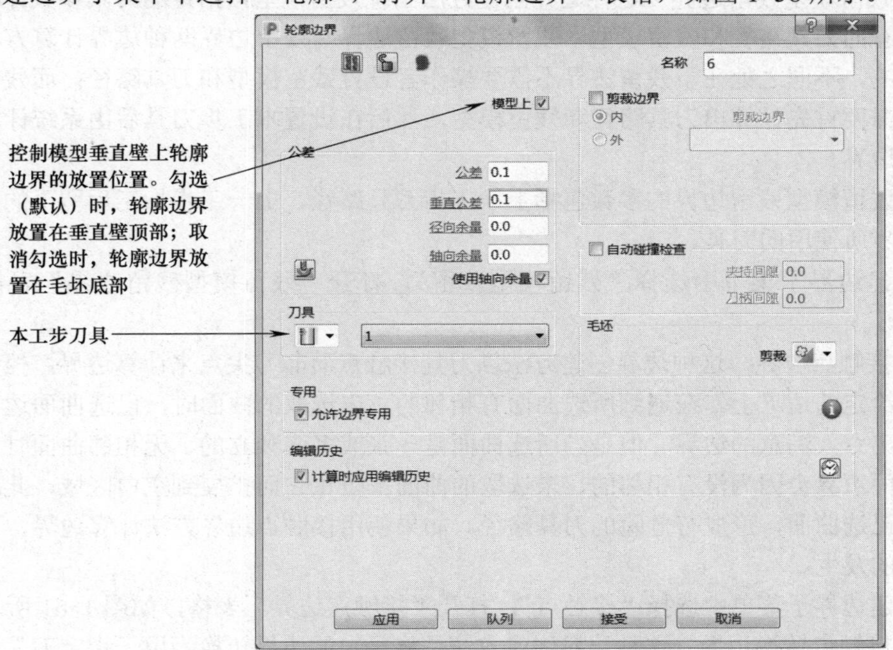

图 1-58

（6）无碰撞边界　通过设置现有刀具、夹持的长度和直径参数来计算加工时不会与模型发生碰撞的极限区域，从而形成无碰撞边界。边界内的表面可用短伸出长度刀具进行加工，边界外的表面则需要用到较长的刀具来加工，才不会发生碰撞。

无碰撞边界的显著优势是，可以由系统计算出现有装夹好的刀具能加工到模型的最大深度部位而不致发生碰撞。生成无碰撞边界的前提条件：定义毛坯以及本工步所使用的刀具、夹头参数。

在创建边界子菜单中选择“无碰撞边界”，打开“无碰撞边界”表格，如图 1-59 所示。

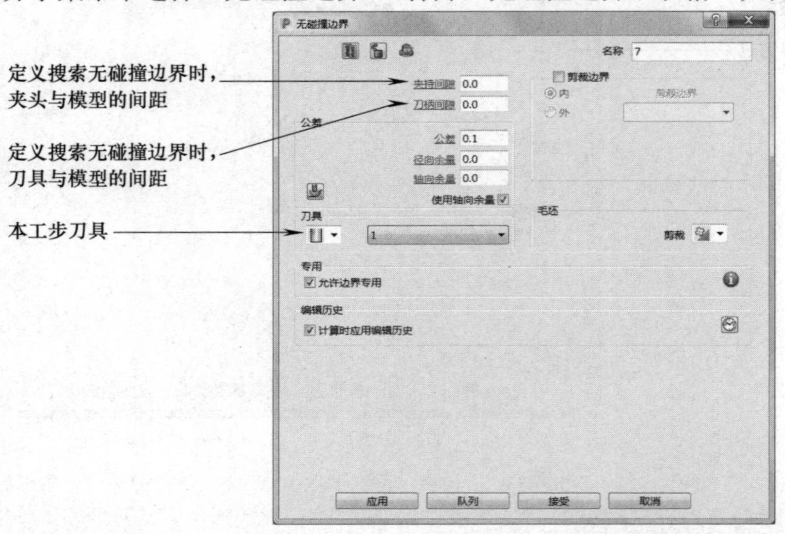

图　1-59

（7）残留模型残留边界　这种边界创建方法围绕残留模型按指定的刀具参数计算边界，依赖于已有的刀具路径和残留模型。残留模型残留边界与残留边界两种边界计算方法在本质上是一致的，不同之处在于残留边界不需要操作者设置残留模型和刀具路径；而残留模型残留边界则需要首先计算出刀具路径和残留模型，然后在设置本工步刀具后由系统计算出残留模型残留边界。

计算残留模型残留边界的参数包括上一工步刀具路径、上一工步加工后留下的残留模型以及本工步所使用的刀具。

在创建边界子菜单中选择“残留模型残留”，打开“残留模型残留边界”表格，如图 1-60 所示。

（8）接触点边界　这种边界创建方法以刀具接触点而非刀尖点来计算边界，控制刀具的接触点在给定的边界上。在遇到所选曲面有相邻的、未选取的曲面时，已选曲面边界创建方法能创建出令人满意的边界。但是当所选曲面是一张或多张独立的、无相邻曲面时，创建出的已选曲面边界会因为没有相邻的、未选取的曲面来阻止它而扩展到空白区域，此时刀具路径将超出已选曲面，形成有危险的刀具路径。如果使用接触点边界方法计算边界，可以避免此种情况的发生。

在创建边界子菜单中选择“接触点”，打开“接触点边界”表格，如图 1-61 所示。

（9）接触点转换边界　这种边界创建方法是将已知的边界转换为用于指定刀具加工的边界。它与接触点边界的区别在于，接触点边界与刀具无关且按接触点来计算边界，而接触点转换边界是按指定刀具计算，且将该刀具的刀尖点作为从已有边界计算接触点的依据。

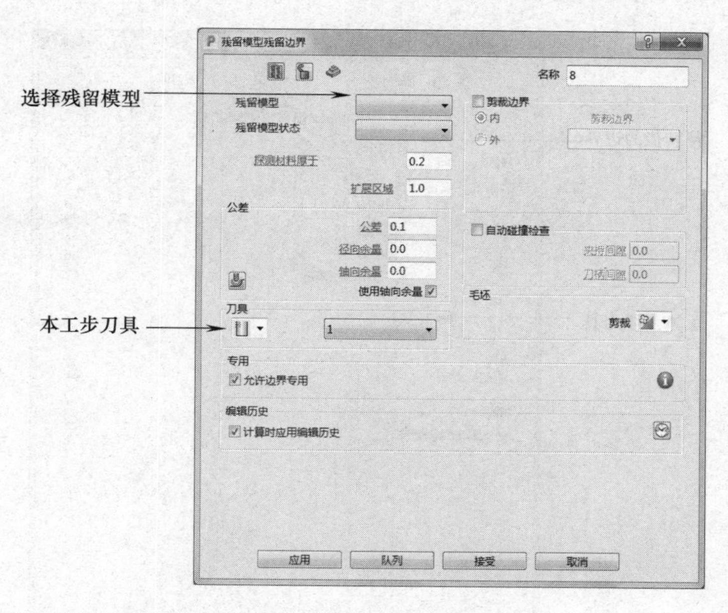

图 1-60

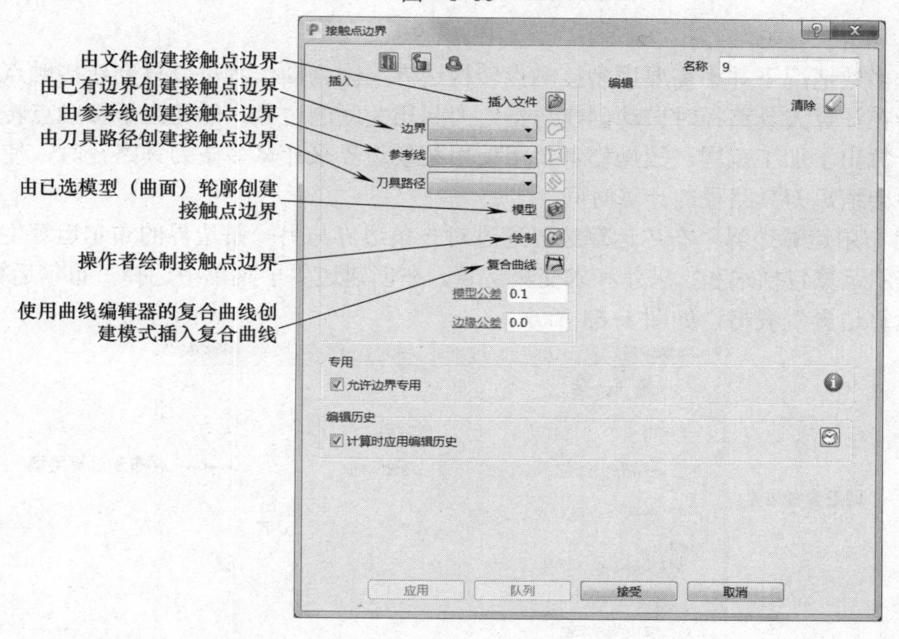

图 1-61

注意

创建接触点转换边界需要的条件是已有边界（可以是用其他各种方法创建出来的边界）和本工步所用到的刀具。

在创建边界子菜单中选择“接触点转换”，打开“由接触点转换的边界”表格，如图 1-62 所示。

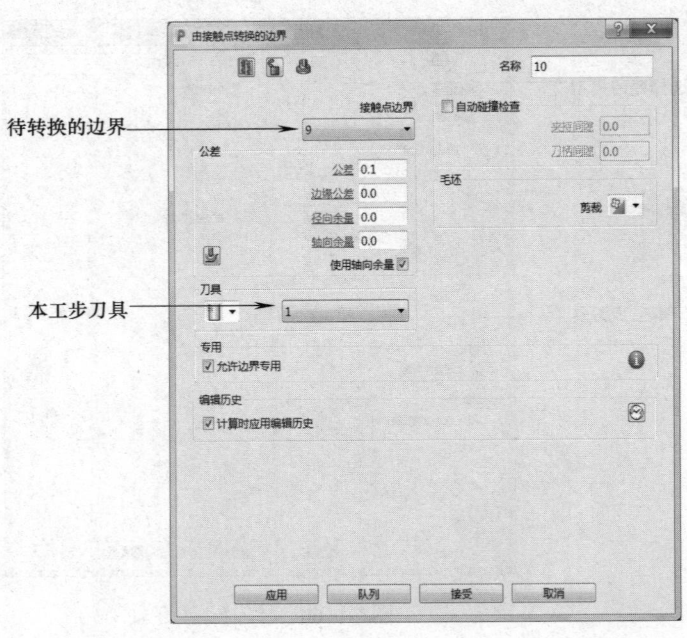

图 1-62

在大多数情况下并不需要用到接触点转换边界，因为操作者可以只创建接触点边界，然后系统会在计算刀具路径时自动创建与指定刀具相关联的边界。然而由于接触点转换边界已经提前计算出了加工范围，故操作者希望使用某条边界来计算多条刀具路径时，使用接触点转换边界会缩短刀具路径的计算时间。

(10)布尔运算边界　布尔运算边界通过对一条边界与另一条边界的布尔运算生成一条新边界。布尔运算包括求和、求差和求交集运算。在创建边界子菜单中选择“布尔运算”，打开“布尔运算边界”表格，如图 1-63 所示。

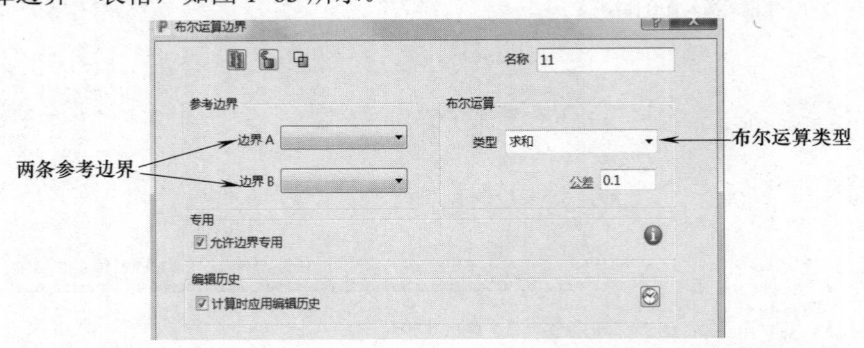

图 1-63

(11) 用户定义边界　用户定义边界是一种常用的边界创建方法。该选项内包括多种边界创建方法：由图形文件插入得到新边界、将已有边界转换为新边界、将参考线转换为边界、将刀具路径转换为边界、由已选模型（曲面）轮廓创建边界、操作者手工绘制边界以及使用曲线编辑器的复合曲线创建模式插入曲线创建边界。其中手工绘制边界是最常用的边界创建方法。

在创建边界子菜单中选择“用户定义”，打开“用户定义边界”表格，如图 1-64 所示。

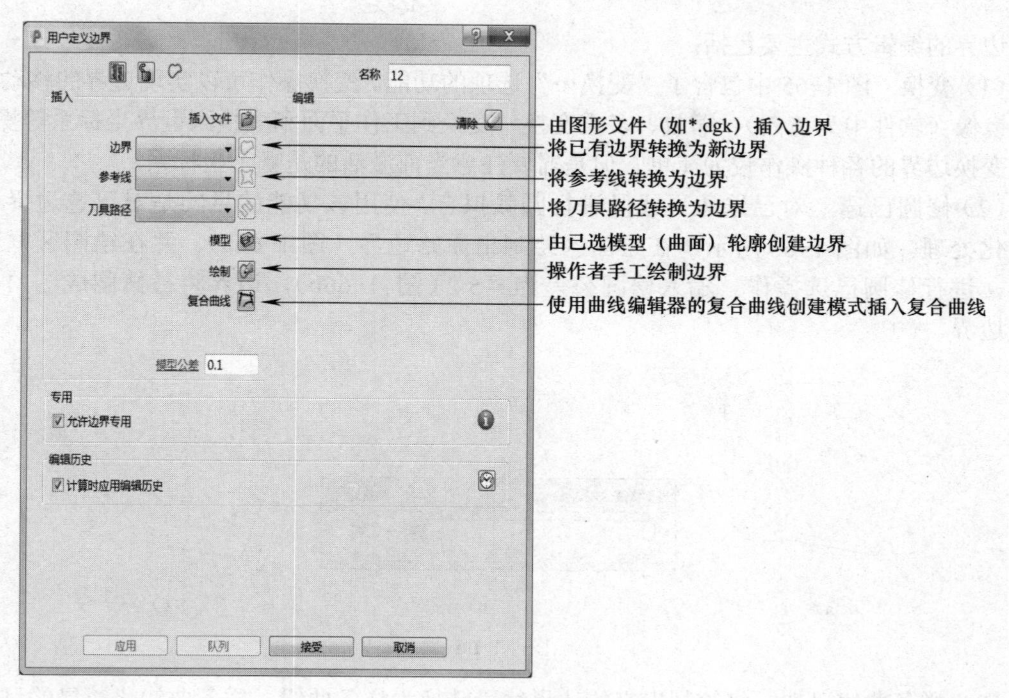

图 1-64

3. 边界的编辑

在 PowerMill 2018 的资源管理器中双击“边界”树枝展开边界列表，右击某条已经存在的边界，在弹出的快捷菜单中单击“编辑”，即弹出编辑边界快捷菜单，如图 1-65 所示。

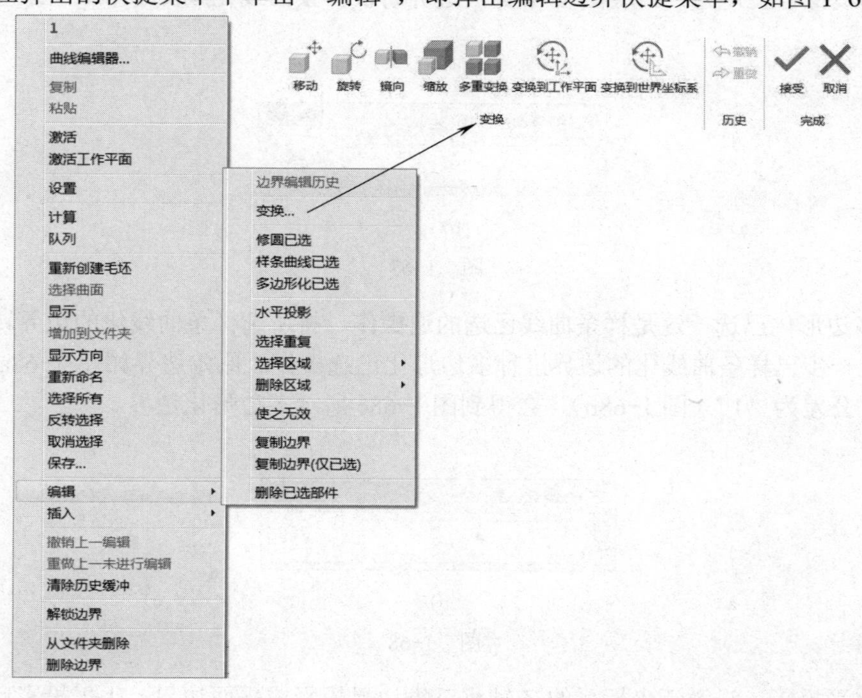

图 1-65

边界的编辑方式主要包括：

（1）变换　图 1-65 中包含了“变换…”选项的功能。变换操作可以实现边界的移动、旋转、镜像（软件中为镜向）、缩放、多重变换、变换到工作平面和变换到世界坐标系等操作。

变换边界的各种操作较为简单，但是需要注意当前激活的是哪个坐标系。

（2）修圆已选　对已选边界线段进行圆弧拟合，使用该功能的目的是对已选边界进行光顺化处理。如图 1-66 所示，在绘图区绘制出原始边界（图 1-66a），并在绘图区框选该边界，进行修圆已选操作。输入修圆公差为“5”（图 1-66b），边界将被修圆成图 1-66c 所示边界。

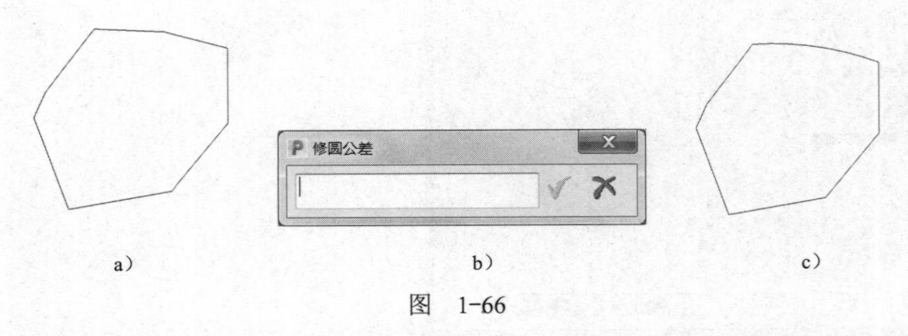

a）　b）　c）

图　1-66

（3）样条曲线已选　将绘制出来的边界线段转换为样条曲线，样条曲线化边界的目的也是光顺所选边界。系统弹出图 1-67b 所示“样条曲线拟合公差”表格，要求操作者填写样条拟合公差值。

在绘图区绘制出原始边界（图 1-67a），并在绘图区框选该边界，进行样条曲线已选操作。输入样条曲线拟合公差为“1”（图 1-67b），边界将被样条曲线化成图 1-67c 所示边界。

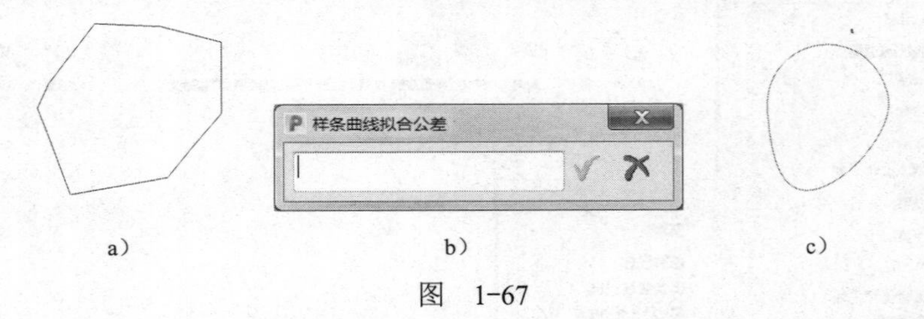

a）　b）　c）

图　1-67

（4）多边形化已选　这是样条曲线已选的逆操作，将所选样条曲线化的边界转换为直线段。使用上一步已样条曲线化的边界进行多边形化已选操作。原始边界如图 1-68a 所示，输入多边形化公差为“1”（图 1-68b），会得到图 1-68c 所示多边形化边界。

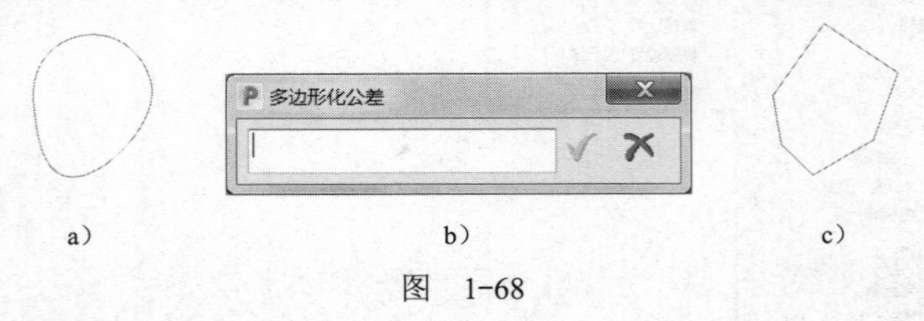

a）　b）　c）

图　1-68

（5）水平投影　沿激活坐标系的 Z 轴将三维边界投影成平面边界。水平投影可以将较为凌乱的边界清晰化，同时不会影响该边界的范围。

（6）选择重复　选取边界中存在的全部重复段。

（7）选择区域　按区域的方式选取边界，有大于和小于两个选项，区域的大小用刀具区域比率来衡量。

（8）删除区域　删除区域给定值（大于或小于）的范围。

（9）使之无效　使边界无效。

（10）复制边界　复制已选边界，系统会自动粘贴出一个新的边界。

（11）复制边界（仅已选）　复制当前边界的已选部分，系统将这一部分自动粘贴出一个新的边界。

（12）删除已选部件　将已选边界段删除。

1.6.9　图层和组合的操作

图层作为一种管理图素的工具，是大多数图形、图像处理软件都具备的功能。合理地使用图层，能减少绘图区内显示的图素，从而减少占用显存的空间，方便操作者识别和选择图素。

为了更好地管理图素，PowerMill 还提出了组合的概念。组合的功能及其操作与图层基本一致，它们的区别在于：

1）对层来说，一个几何图形只能位于一个层中，相同几何图形不能位于不同层。当几何图形获取到层后，该层不可删除。

2）和层不一样的是，一个几何图形可分别位于不同的组合中，不同组合中可以有相同的几何图形。当几何图形分配到组合后，组合可被删除。

因组合的操作与图层完全相同，故此处只讲解图层的相关操作。

1．新建图层

在 PowerMill 2018 的资源管理器中右击“层和组合”树枝，弹出“层和组合”快捷菜单。选择“创建层”选项，系统即创建一个新层，名称自动命名为“1”，如图 1-69 所示。

2．重命名图层

右击新建的图层“1”，弹出图 1-70 所示快捷菜单。选择“重新命名”，然后输入新图层名称，按回车键后完成图层重命名操作。

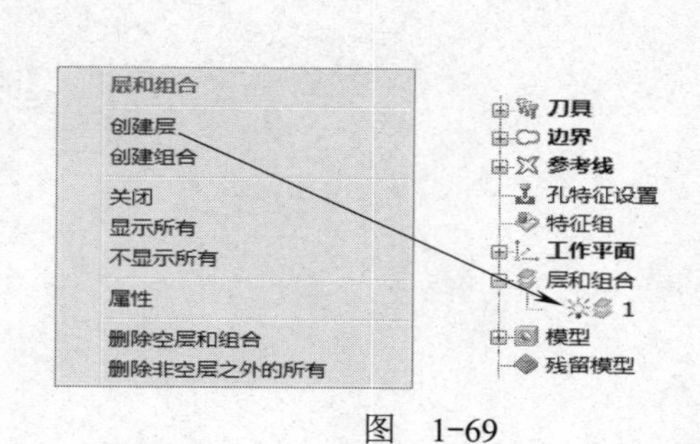

图　1-69

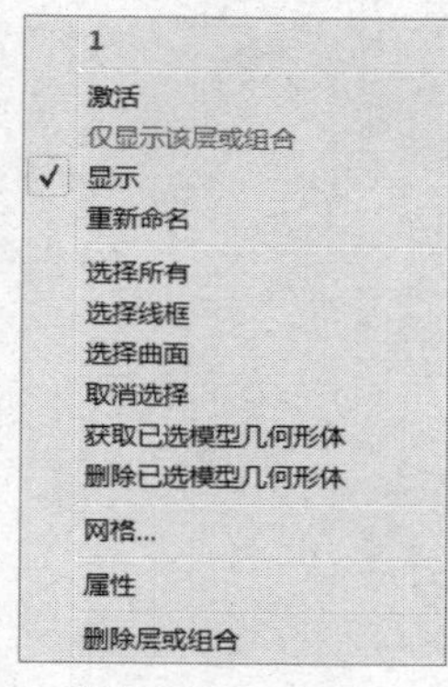

图　1-70

3．向图层内添加图素

新建立的图层是空层，里面没有任何内容。向图层内添加图素的步骤如下：

1）在绘图区选定某一图素，如果有多个图素要选择，可以按下〈Shift〉键后再去选择；如果要撤销选择某图素，可以按下〈Ctrl〉键后再单击该图素。

2）右击新建立的图层，在弹出的快捷菜单中单击“获取已选模型几何形体”选项，系统就会将选定的图素添加到指定的图层中。

4．隐藏和显示图层

单击图层前的灯泡，使灯泡熄灭，即可隐藏该图层；再次单击该灯泡使其点亮，可显示该图层。

5．删除图层

右击选定的图层，在弹出的快捷菜单中单击“删除空层或组合”选项即可删除该层。注意：如果图层内有图素，则该层不可被删除，PowerMill 会提示“层不为空”的错误。

第2章 无人机上壳的四轴加工

2.1 加工任务概述

图 2-1 所示为无人机上壳零件（成品及毛坯），要求在ϕ32mm 的端面加工孔，以及加工圆弧倒角，并在圆柱侧面加工一个圆孔，长度为 44mm，材质为硬铝 2A12。

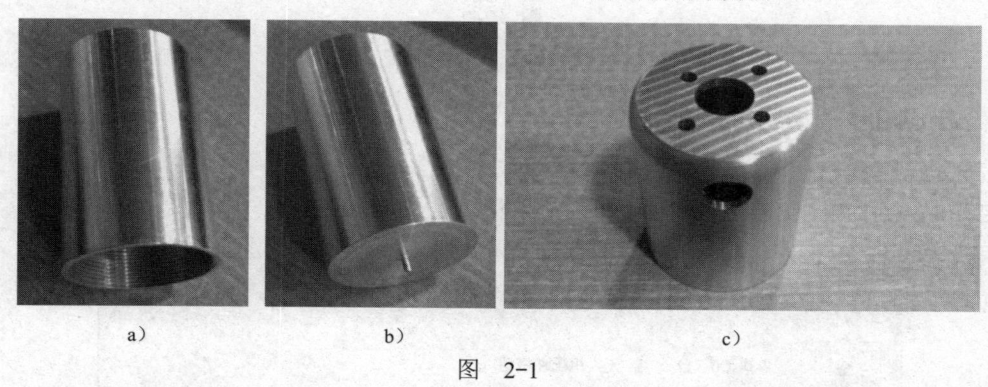

a） b） c）

图 2-1

2.2 工艺方案分析

无人机上壳的加工工艺方案见表 2-1。

表 2-1

工 序 号	加 工 内 容	加 工 方 式	机 床	刀 具
1	下料ϕ32mm×44.5mm	车削（内螺纹配作）	数控车	
2	加工端面（加工长度到 44mm）	面铣削	UCAR-DPCNC4S150	ϕ6mm 立铣刀
3	粗加工ϕ10mm 的孔及圆弧倒角	等高精加工	UCAR-DPCNC4S150	ϕ6mm 立铣刀
4	精加工ϕ10mm 的孔	等高精加工	UCAR-DPCNC4S150	ϕ6mm 立铣刀
5	精加工圆弧倒角	优化等高精加工	UCAR-DPCNC4S150	ϕ6mm 球头刀
6	加工端面 4 个ϕ3mm 的孔	等高精加工	UCAR-DPCNC4S150	ϕ2mm 立铣刀
7	加工侧面ϕ8mm 的孔	等高精加工	UCAR-DPCNC4S150	ϕ6mm 立铣刀

此类零件装夹比较简单，可利用自定心卡盘和特定工装装夹，装夹设计方案如图 2-2 所示。

图 2-2

2.3 准备加工模型

启动 PowerMill 2018，进入主界面，输入模型，步骤如下：

单击“文件”→“输入”→“模型”，选择文件路径打开，如图 2-3 所示。

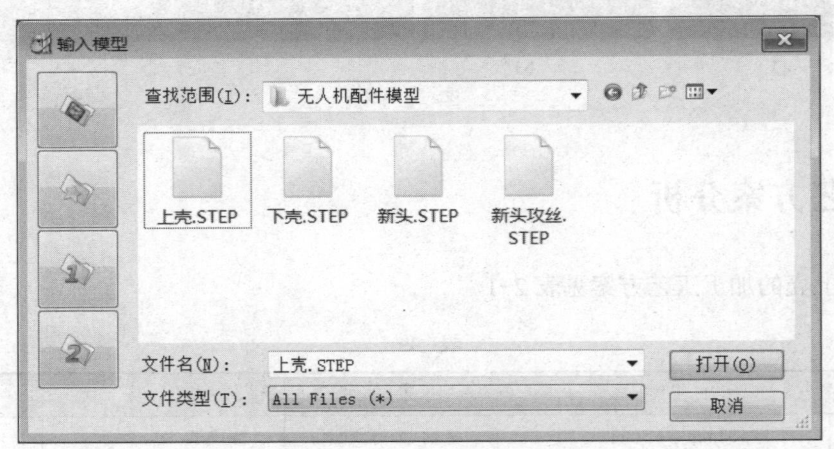

图 2-3

2.4 毛坯的设定

进入“毛坯”表格：单击选择“圆柱”→“计算”，显示“毛坯”表格，如图 2-4 所示。

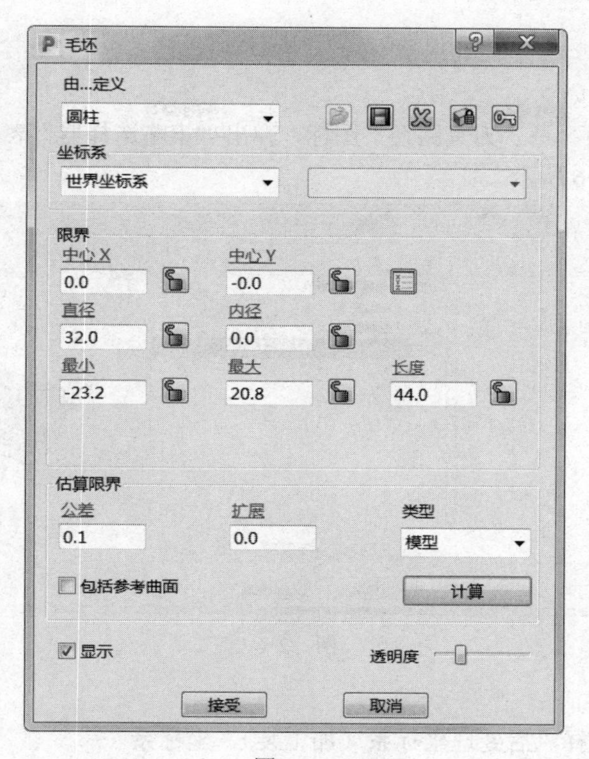

图 2-4

2.5 编程详细操作步骤

根据表 2-1 依次制订工序 2～7 的刀具路径。

创建坐标系：在左边资源管理器中右击“工作平面”，在“创建并定向工作平面”的子菜单中选择“使用毛坯定位工作平面”选项，如图 2-5 所示，并将创建的坐标系重命名为“后处理坐标系（加工装）”。

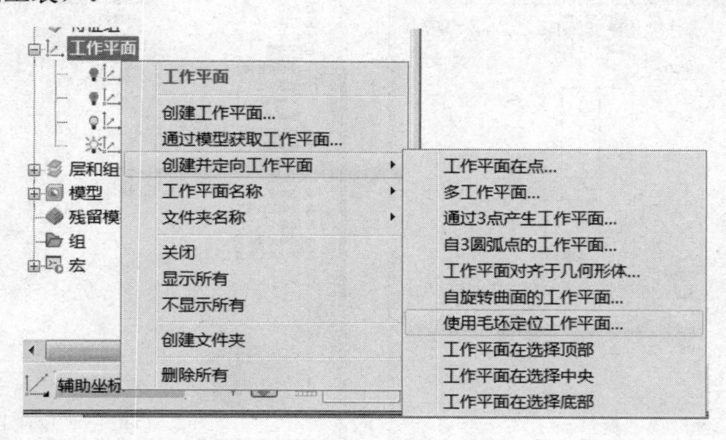

图 2-5

2.5.1 加工端面

步骤：单击“主页”→“刀具路径”图标，弹出“策略选择器”表格，单击“曲线加工”→“面铣削”，如图 2-6 所示。

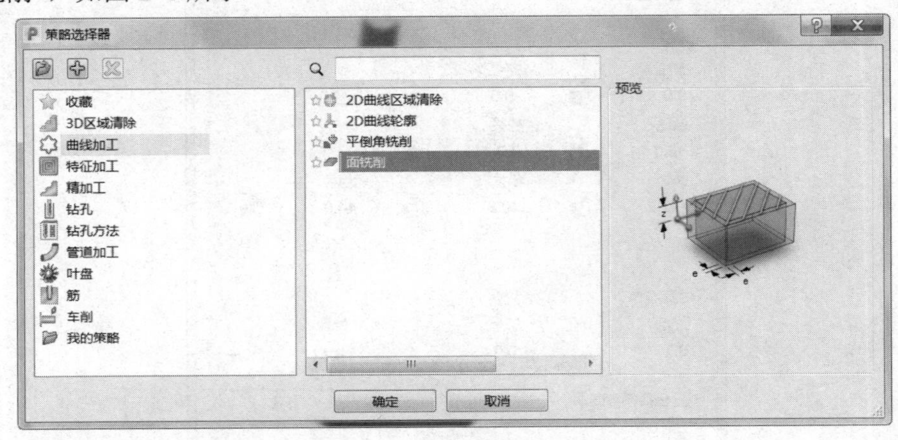

图 2-6

需要设定的参数如下：

1）工作平面：选择“后处理坐标系（加工装）”坐标系。

2）毛坯：选择要加工的曲面 A 计算即可。

3）刀具：选择“ϕ6 立铣刀”，伸出 30mm 即可。（图 2-7）

4）面铣削：设定面 Z 位置“0.0”，XY 延长“0.0”，下刀进给率为 100%，公差“0.02”，样式“双向”，行距“4.0”。（图 2-8）

5）快进移动：安全区域类型选择“平面”，工作平面选择“刀具路径工作平面”，法线设定为（0.0，0.0，1.0），设定快进间隙“10.0”、下切间隙“5.0”，然后单击“计算”按钮。

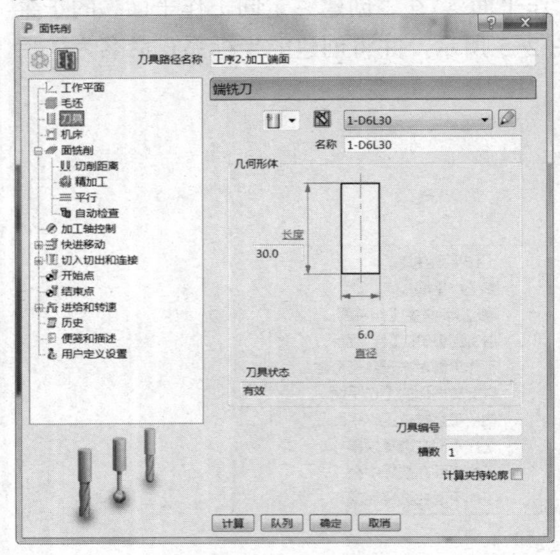

图 2-7

图 2-8

6）切入切出和连接：切入“无”，切出“无”，第一连接“直”，第二连接“掠过”，重叠距离（刀具直径单位）“0.0”，勾选“允许移动开始点”及“刀轴不连续处增加切入切出”，角度分界值“90.0”。（图 2-9）

a）

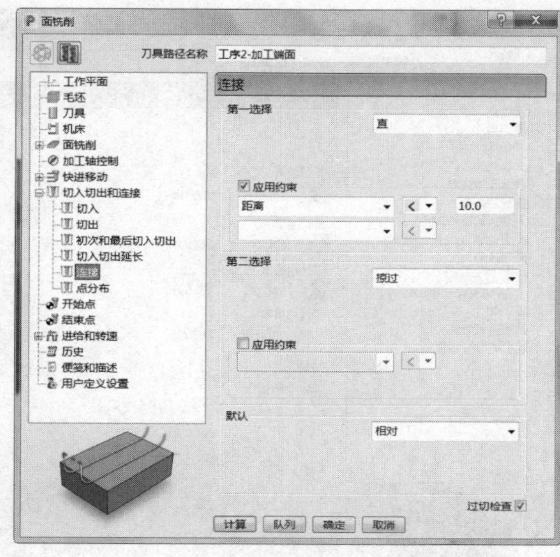

b）

图 2-9

7）开始点和结束点：开始点选择“第一点”，结束点选择“最后一点”。勾选“相对下切”“单独进刀”及“单独退刀”，设定进刀距离“10.0”、相对下切距离“1.0”、退刀距离“10.0”，沿刀轴进刀与退刀。（图 2-10）

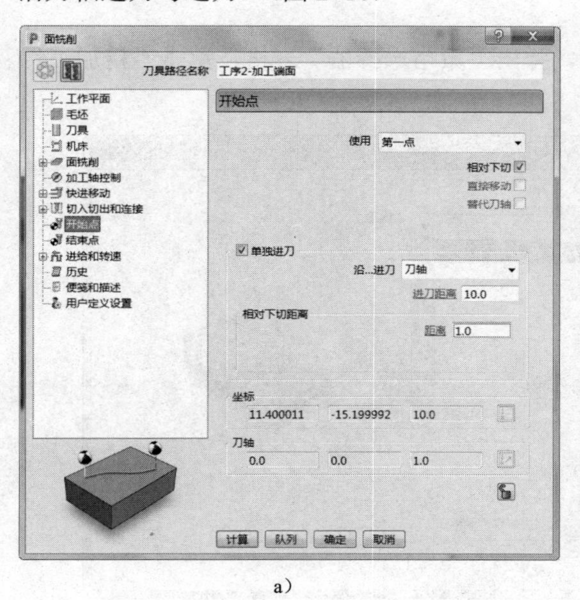

a）

b）

图 2-10

8）进给和转速：设定主轴转速 12000.0r/min、切削进给率 600.0mm/min、下切进给率 600.0mm/min、掠过进给率 3000.0mm/min，标准冷却。（图 2-11）

9）单击图 2-11 中的“计算”按钮，刀具路径如图 2-12 所示。

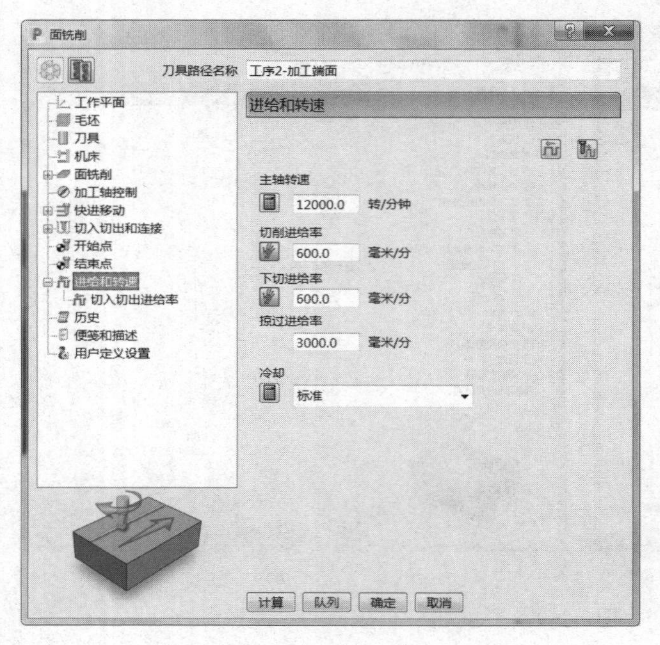

图 2-11

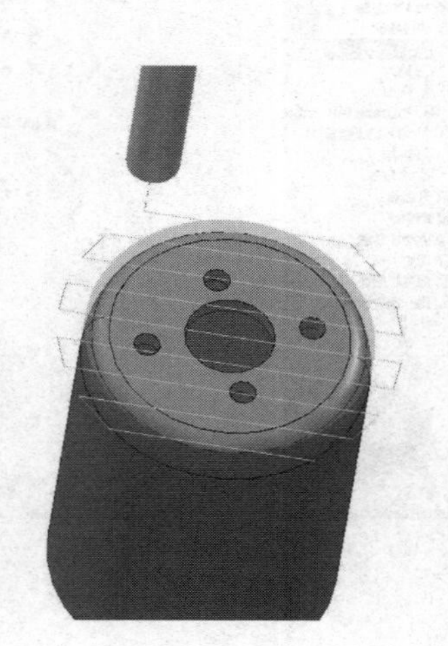

图 2-12

2.5.2 粗加工ϕ10mm 的孔及圆弧倒角

步骤：单击“主页”→“刀具路径”图标，弹出“策略选择器”表格，单击“精加工”→“等高精加工”，如图 2-13 所示。

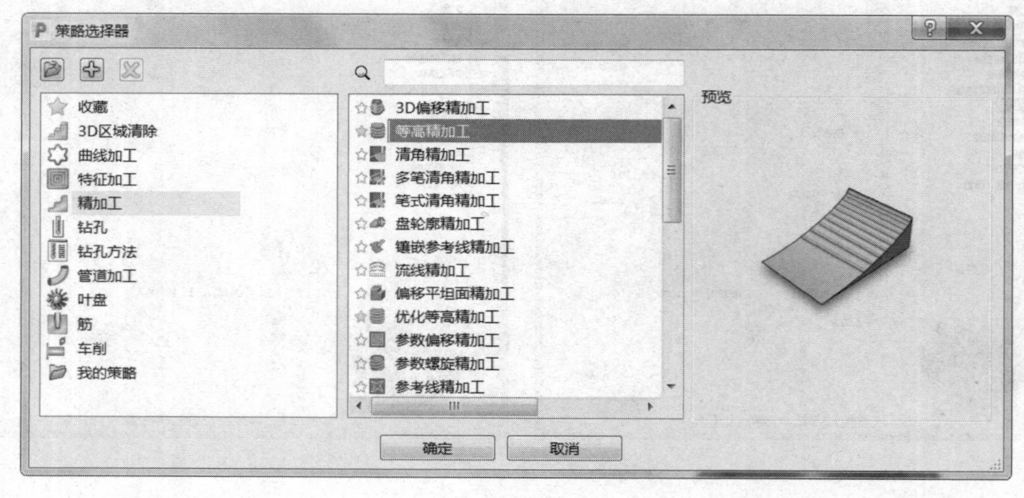

图 2-13

需要设定的参数如下：

1）工作平面：选择“后处理坐标系（加工装）”坐标系。

2）毛坯：选择要加工的曲面计算即可。

3）刀具：选择“ϕ6 立铣刀”，伸出 30mm 即可。（图 2-14）

4）等高精加工：排序方式选择“区域”，设定其它毛坯“0.3”，勾选“螺旋”；设定公差“0.02”、切削方向“顺铣”、余量“0.2”、最小下切步距“0.05”。（图 2-15）

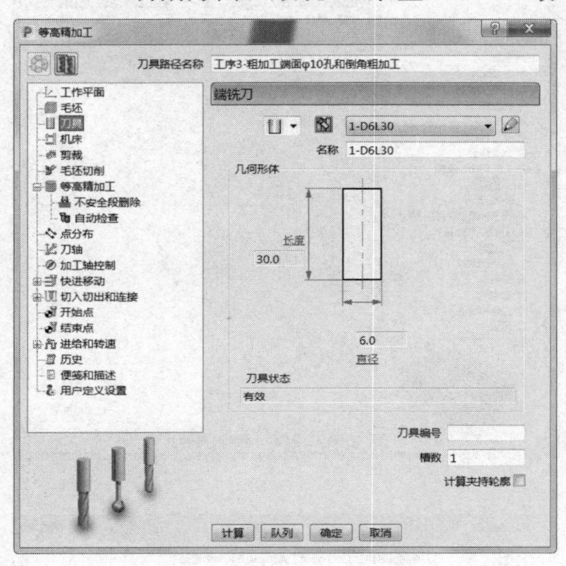

图 2-14

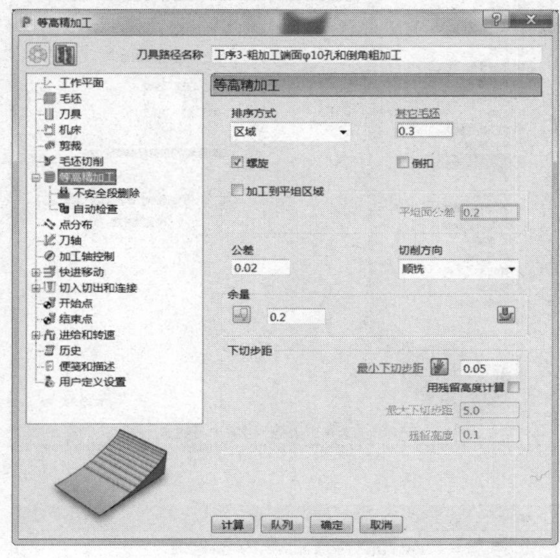

图 2-15

5）刀轴：垂直。（图 2-16）

6）快进移动：安全区域类型选择“平面”，工作平面选择“刀具路径工作平面”，法线设定为（0.0，0.0，1.0），设定快进间隙“10.0”、下切间隙“5.0”，然后单击“计算”按钮。（图 2-17）

图 2-16

图 2-17

7）切入切出和连接：切入“水平圆弧”，切出“水平圆弧”，第一连接“掠过”，第二连接“掠过”，重叠距离（刀具直径单位）“0.0”，勾选“允许移动开始点”及“刀轴不连续处增加切入切出”，角度分界值“90.0”。（图 2-18）

a）

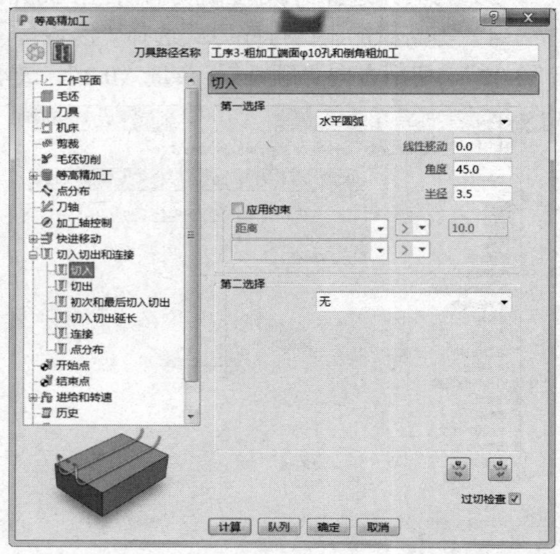

b）

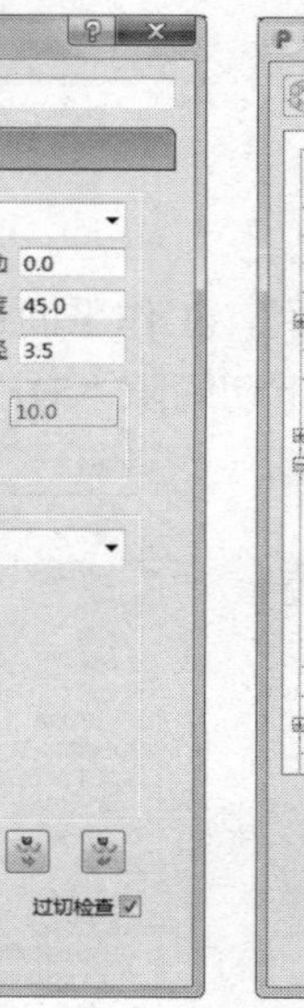

c）

d）

图 2-18

8）开始点和结束点：开始点选择“第一点”，结束点选择“最后一点”。勾选“相对下切”“单独进刀”及“单独退刀”，设定进刀距离“10.0”、相对下切距离“1.0”、退刀距离“10.0”，沿刀轴进刀与退刀。（图 2-19）

a）

b）

图 2-19

9）进给和转速：设定主轴转速 12000.0r/min、切削进给率 600.0mm/min、下切进给率 600.0mm/min、掠过进给率 3000.0mm/min，标准冷却。（图 2-20）

10）单击图 2-20 中的“计算”按钮，刀具路径如图 2-21 所示。

图 2-20

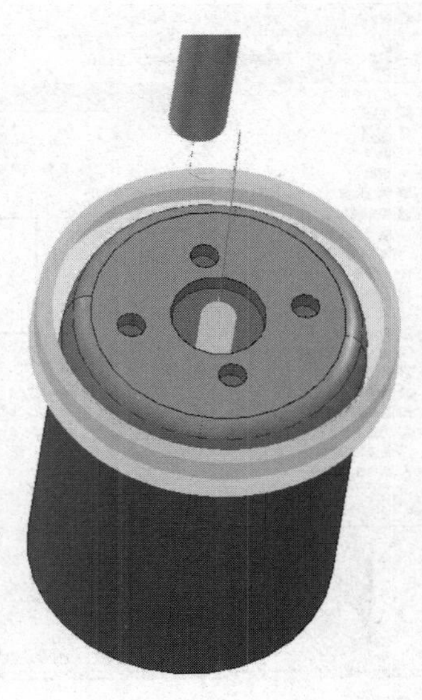

图 2-21

2.5.3 精加工ϕ10mm 的孔

步骤：单击“主页”→“刀具路径”图标，弹出“策略选择器”表格，单击“精加工”→“等高精加工”，如图 2-22 所示。

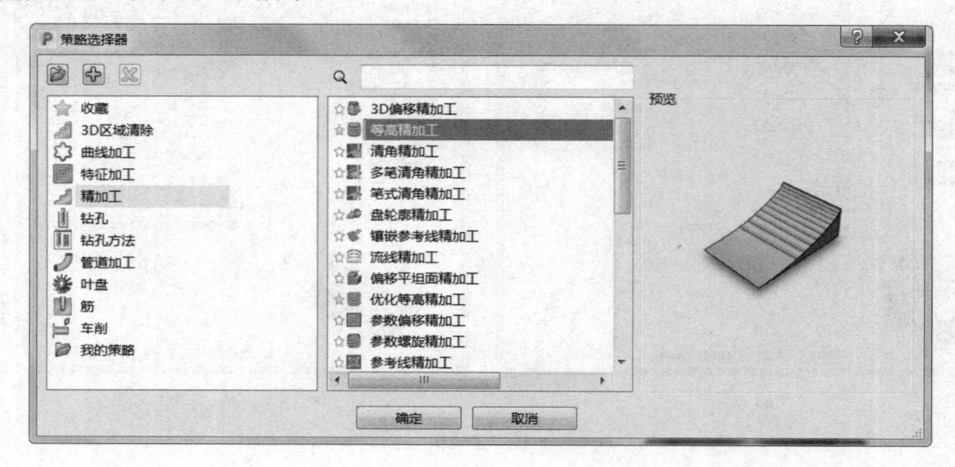

图 2-22

需要设定的参数如下：

1）工作平面：选择“后处理坐标系（加工装）”坐标系。

2）毛坯：选择要加工的曲面计算即可。

3）刀具：选择“ϕ6 立铣刀”，伸出 30mm 即可。（图 2-23）

4）等高精加工：排序方式选择“区域”，设定其它毛坯“0.3”，勾选“螺旋”，设定公差“0.01”、切削方向“顺铣”、余量“0.0”、最小下切步距“0.05”。（图 2-24）

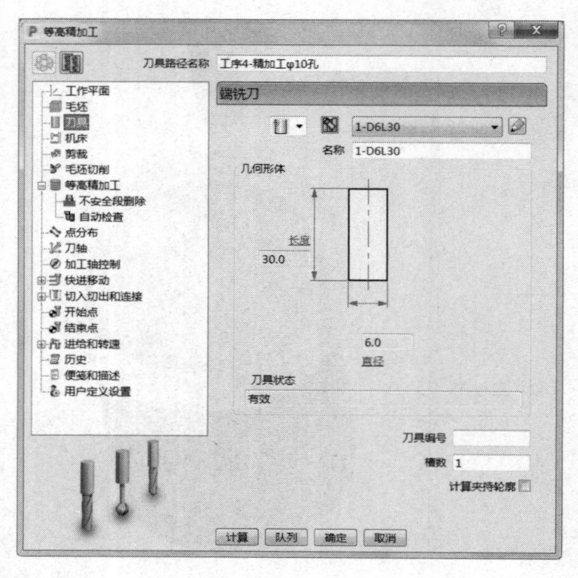

图 2-23

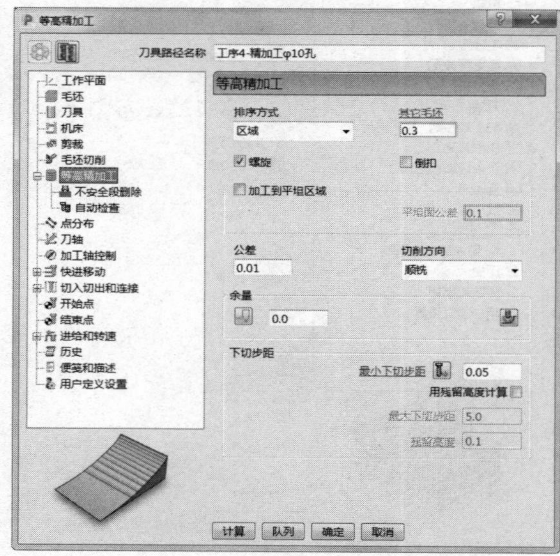

图 2-24

5）刀轴：垂直。（图 2-25）

6）快进移动：安全区域类型选择“平面”，工作平面选择“刀具路径工作平面”，法线设定为（0.0，0.0，1.0），设定快进间隙“10.0”、下切间隙“5.0”，然后单击“计算”按钮。（图 2-26）

图 2-25

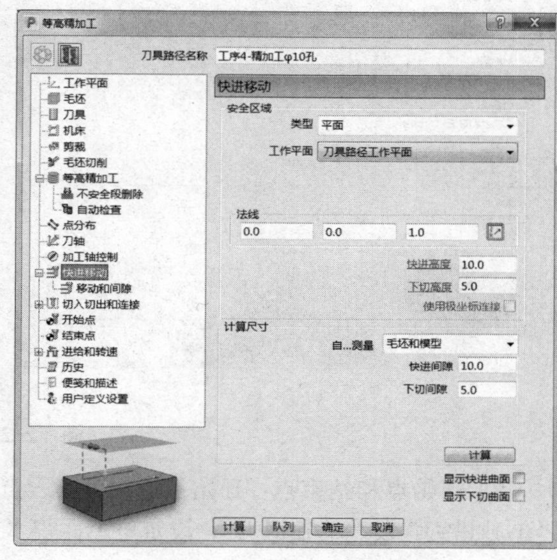

图 2-26

7）切入切出和连接：切入“斜向”，切出“无”，第一连接“掠过”，第二连接“掠过”，重叠距离（刀具直径单位）“0.0”，勾选“允许移动开始点”及“刀轴不连续处增加切入切出”，角度分界值“90.0”。（图 2-27）

a）

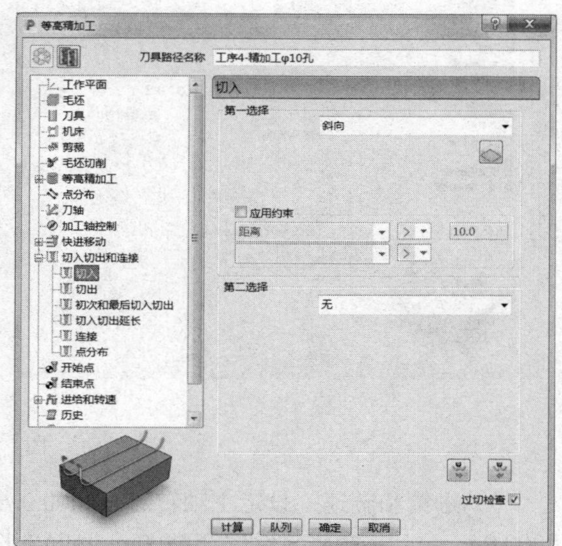

b）

图 2-27

c）

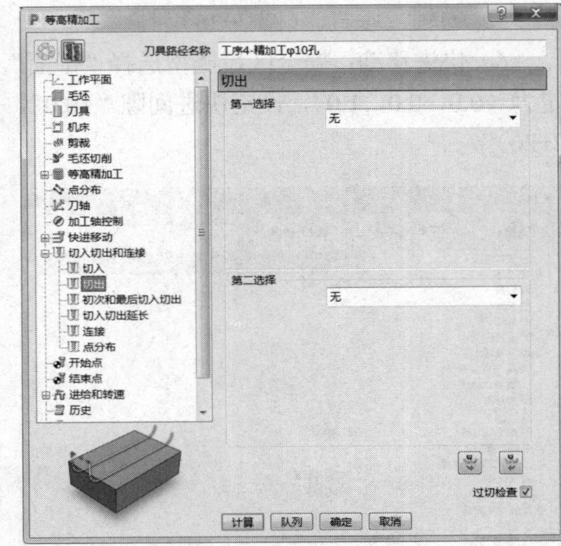
d）

图 2-27（续）

8）开始点和结束点：开始点选择“第一点”，结束点选择“最后一点”。勾选“相对下切”“单独进刀”及“单独退刀”，设定进刀距离“10.0”、相对下切距离“1.0”、退刀距离“10.0”，沿刀轴进刀与退刀。（图 2-28）

a）

b）

图 2-28

9）进给和转速：设定主轴转速 12000.0r/min、切削进给率 2000.0mm/min、下切进给率 2000.0mm/min、掠过进给率 3000.0mm/min，标准冷却。（图 2-29）

10）单击图 2-29 中的“计算”按钮，刀具路径如图 2-30 所示。

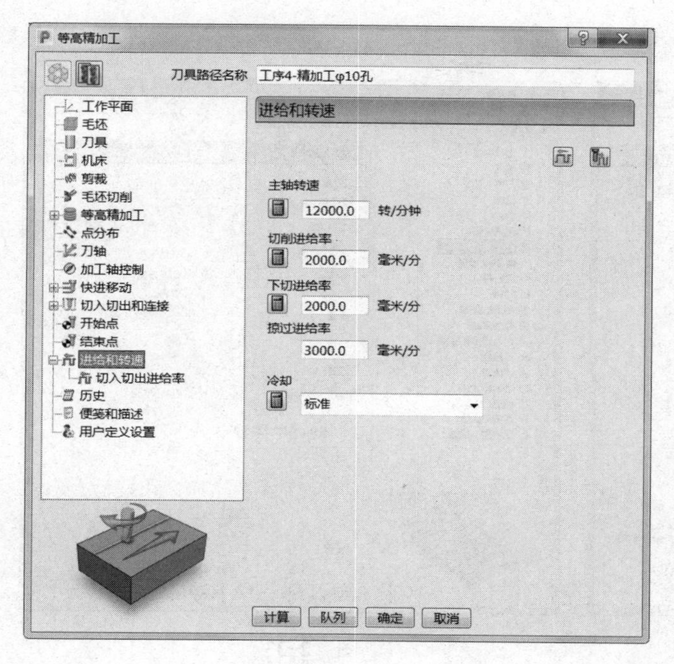

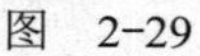

图 2-29

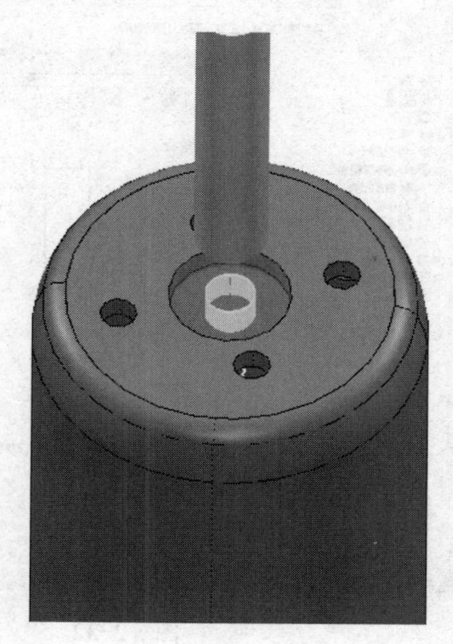

图 2-30

2.5.4 精加工圆弧倒角

步骤：单击“主页”→“刀具路径”图标，弹出“策略选择器”表格，单击“精加工”→“优化等高精加工”，如图 2-31 所示。

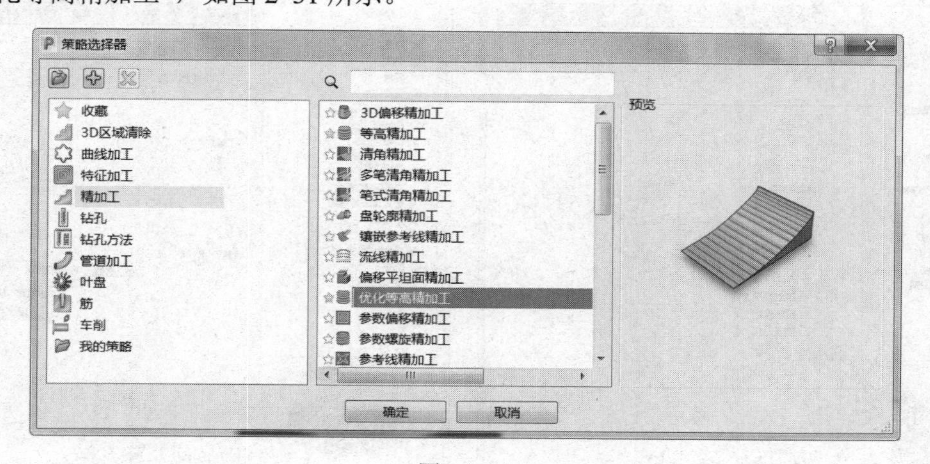

图 2-31

需要设定的参数如下：

1）工作平面：选择“后处理坐标系（加工装）”坐标系。

2）毛坯：选择要加工的曲面计算即可。

3）刀具：选择“ϕ6 球头刀”，伸出 30mm 即可。（图 2-32）

4）优化等高精加工：选择“螺旋”，设定公差“0.01”、切削方向“顺铣”、余量“0.0”、

行距“0.03”。（图 2-33）

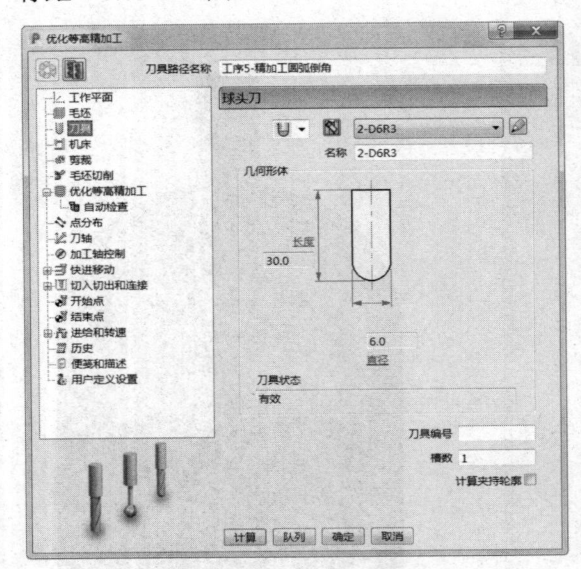

图　2-32

图　2-33

5）刀轴：垂直。（图 2-34）

6）快进移动：安全区域类型选择“平面”，工作平面选择“刀具路径工作平面”，法线设定为（0.0，0.0，1.0），设定快进间隙“10.0”、下切间隙“5.0”，然后单击“计算”按钮。（图 2-35）

图　2-34

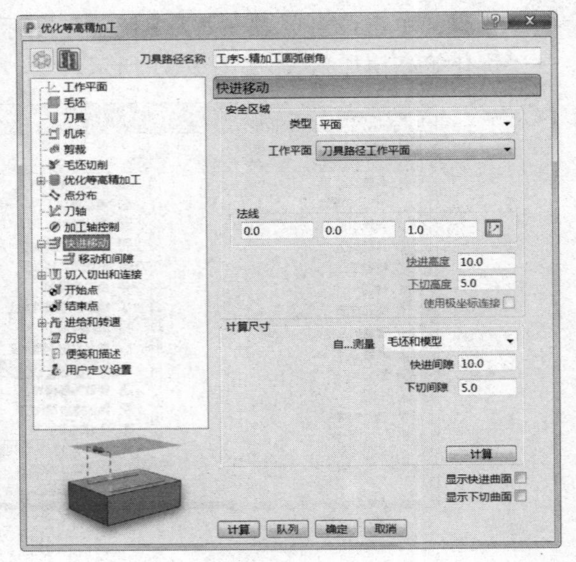

图　2-35

7）切入切出和连接：切入“水平圆弧”，切出“水平圆弧”，第一连接“掠过”，第二连接“掠过”，重叠距离（刀具直径单位）“0.0”，勾选“允许移动开始点”及“刀轴不连续处增加切入切出”，角度分界值“90.0”。（图 2-36）

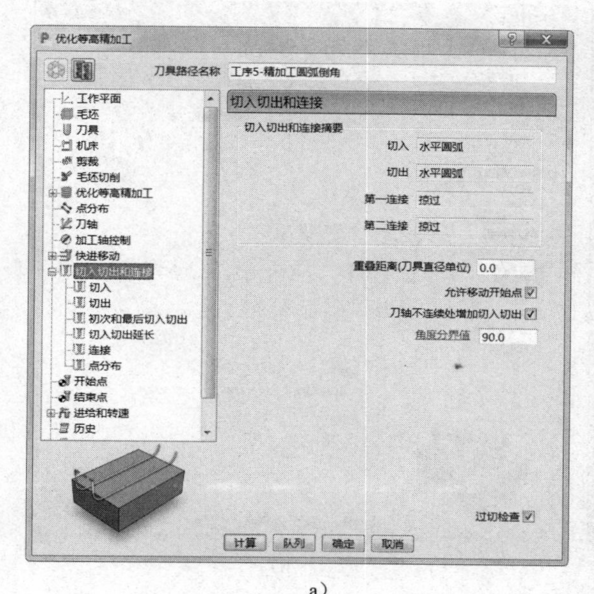

a)

b)

c)

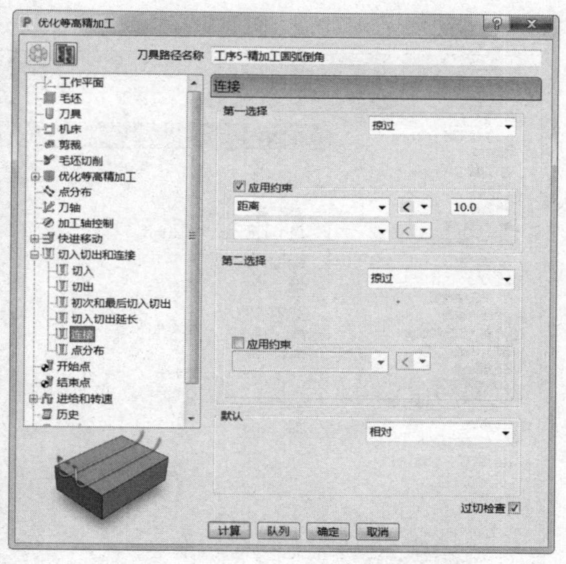

d)

图 2-36

8）开始点和结束点：开始点选择“第一点”，结束点选择“最后一点”。勾选“相对下切”“单独进刀”及“单独退刀”，设定进刀距离“10.0”、相对下切距离“1.0”、退刀距离“10.0”，沿刀轴进刀与退刀。（图 2-37）

9）进给和转速：设定主轴转速 12000.0r/min、切削进给率 2000.0mm/min、下切进给率 2000.0mm/min、掠过进给率 3000.0mm/min，标准冷却。（图 2-38）

10）单击图 2-38 中的“计算”按钮，刀具路径如图 2-39 所示。

a）

b）

图 2-37

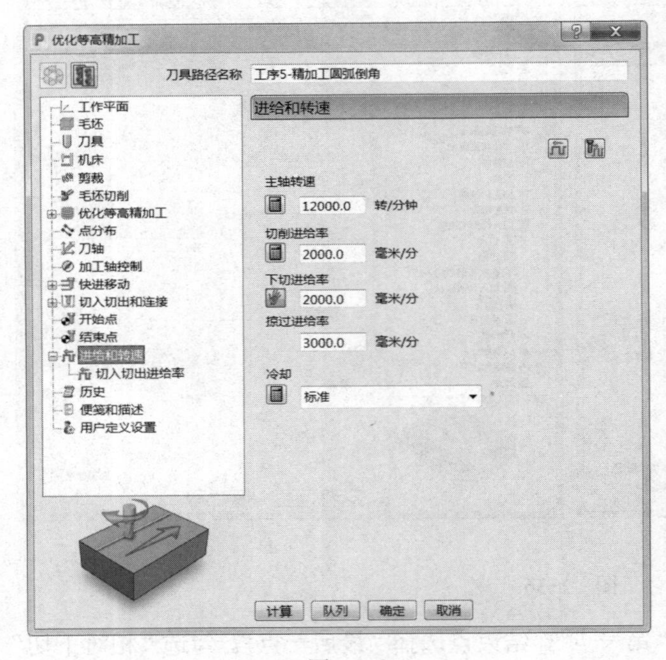

图 2-38

图 2-39

2.5.5 加工端面 4 个 ϕ3mm 的孔

步骤：单击“主页”→“刀具路径”图标，弹出“策略选择器”表格，单击“精加工”→“等高精加工”，如图 2-40 所示。

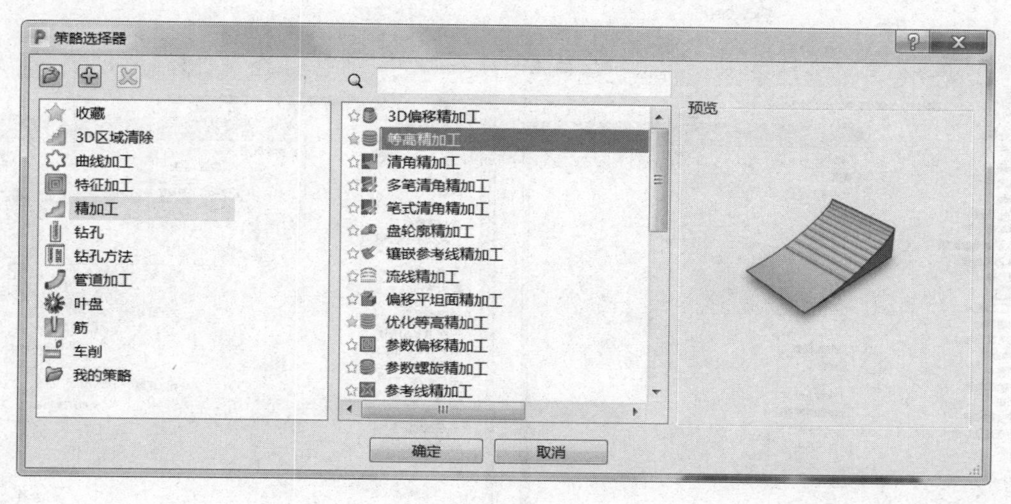

图 2-40

需要设定的参数如下：

1）工作平面：选择“后处理坐标系（加工装）”坐标系。

2）毛坯：选择要加工的曲面计算即可。

3）刀具：选择“$\phi 2$ 立铣刀”，伸出 30mm 即可。（图 2-41）

4）等高精加工：排序方式选择“区域”，设定其它毛坯“0.1”，勾选“螺旋”，设定公差“0.01”、切削方向“顺铣”、余量“0.0”、最小下切步距“0.05”。（图 2-42）

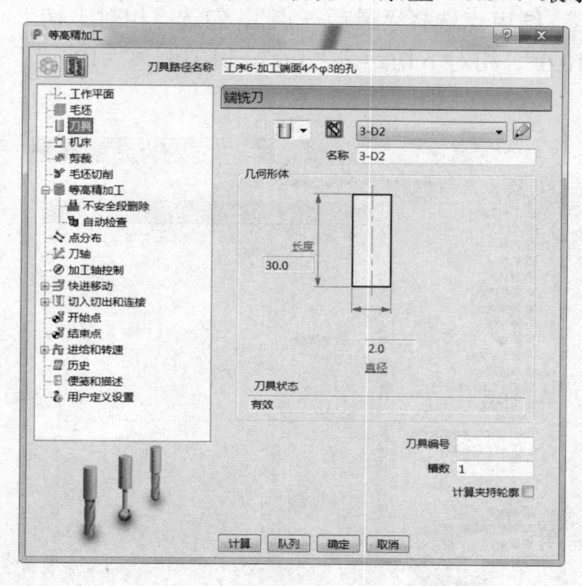

图 2-41

图 2-42

5）刀轴：垂直。（图 2-43）

6）快进移动：安全区域类型选择“平面”，工作平面选择“刀具路径工作平面”，法线设定为（0.0，0.0，1.0），设定快进间隙“10.0”、下切间隙“5.0”，然后单击“计算”按钮。（图 2-44）

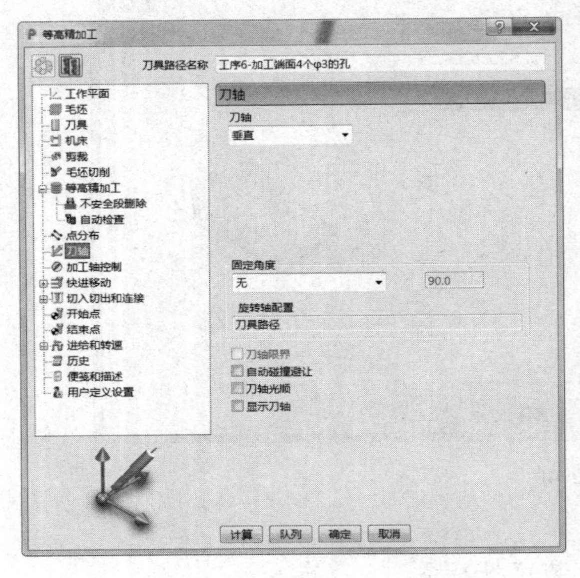

图 2-43

图 2-44

7）切入切出和连接：切入“斜向”，切出“无”，第一连接“掠过”，第二连接“掠过”，重叠距离（刀具直径单位）“0.0”，勾选“允许移动开始点”及“刀轴不连续处增加切入切出”，角度分界值“90.0”。（图 2-45）

8）开始点和结束点：开始点选择“第一点”，结束点选择“最后一点”。勾选“相对下切”“单独进刀”及“单独退刀”，设定进刀距离“10.0”、相对下切距离“1.0”、退刀距离“10.0”，沿刀轴进刀与退刀。（图 2-46）

a）

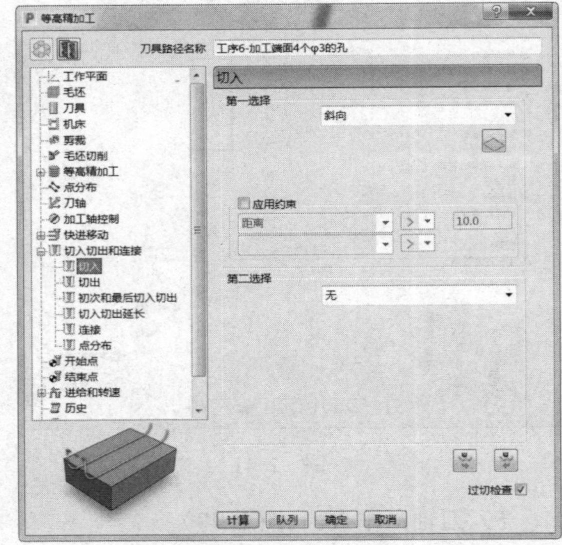

b）

图 2-45

c）

d）

图　2-45（续）

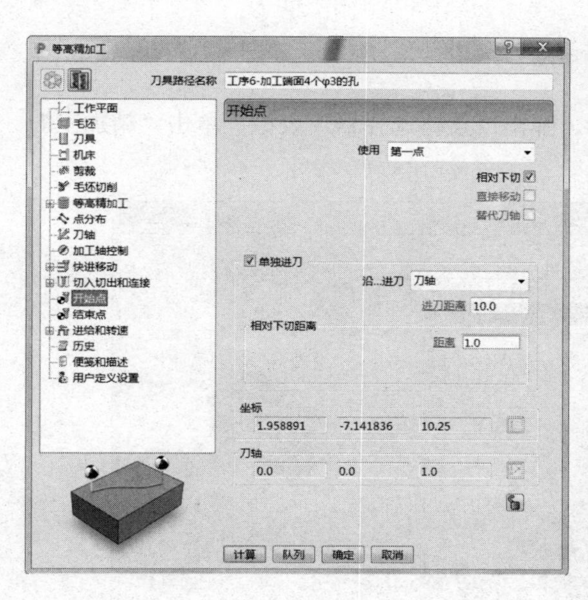

a）

b）

图　2-46

9）进给和转速：设定主轴转速 12000.0r/min、切削进给率 600.0mm/min、下切进给率 600.0mm/min、掠过进给率 3000.0mm/min，标准冷却。（图 2-47）

10）单击图 2-47 中的“计算”按钮，刀具路径如图 2-48 所示。

图 2-47

图 2-48

2.5.6 加工侧面ϕ8mm 的孔

步骤：单击“主页”→“刀具路径”图标，弹出“策略选择器”表格，单击“精加工”→“等高精加工”，如图 2-49 所示。

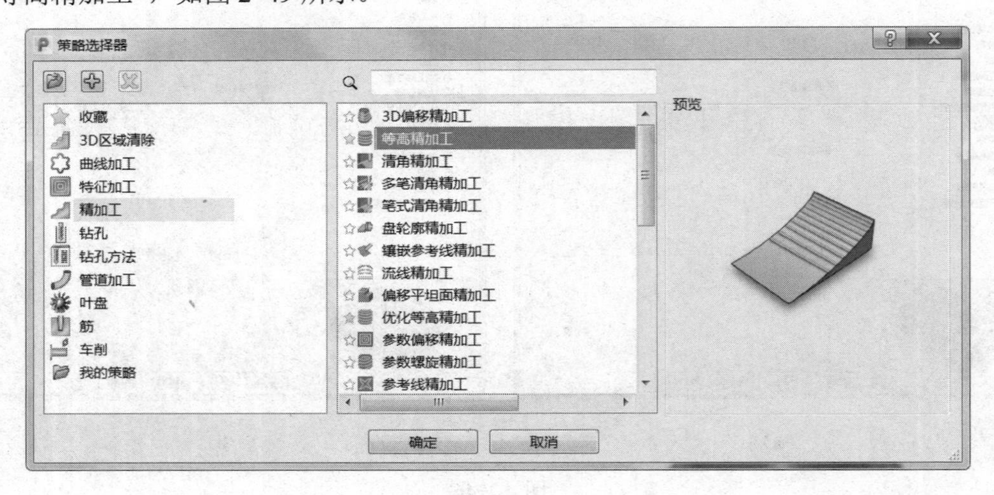

图 2-49

需要设定的参数如下：

1）工作平面：选择“辅助坐标”坐标系。

2）毛坯：选择要加工的曲面计算即可。

3）刀具：选择“ϕ6 立铣刀”，伸出 30mm 即可。（图 2-50）

4）等高精加工：排序方式选择“区域”，设定其它毛坯“0.3”，勾选“螺旋”，设定公差“0.01”、切削方向“顺铣”、余量“0.0”、最小下切步距“0.03”。（图 2-51）

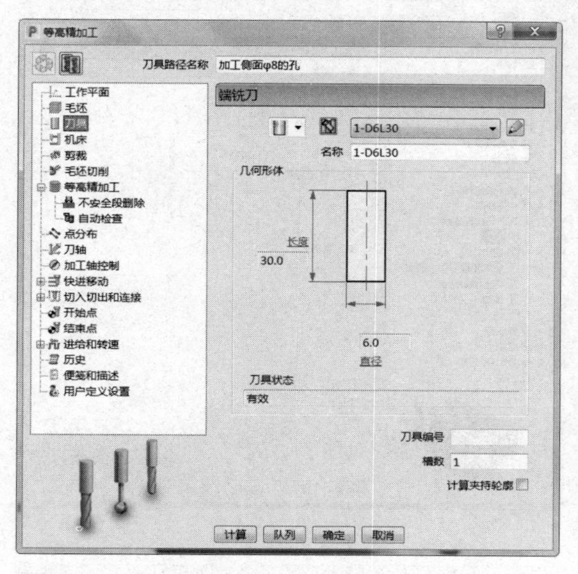

图 2-50

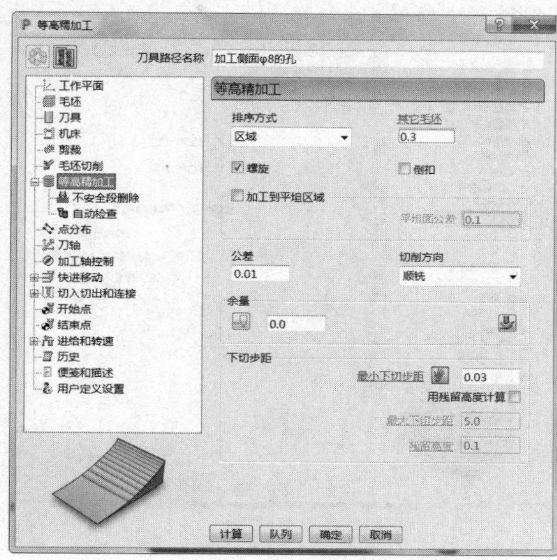

图 2-51

5）刀轴：垂直。（图 2-52）

6）快进移动：安全区域类型选择“平面”，工作平面选择“刀具路径工作平面”，法线设定为（0.0，0.0，1.0），设定快进间隙“10.0”、下切间隙“5.0”，然后单击“计算”按钮。（图 2-53）

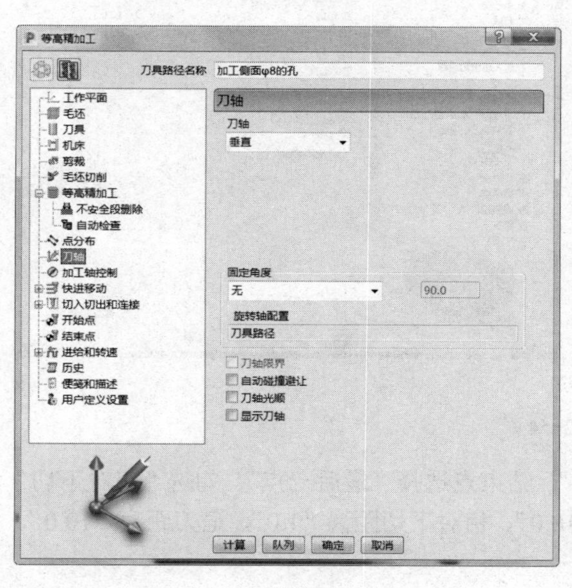

图 2-52

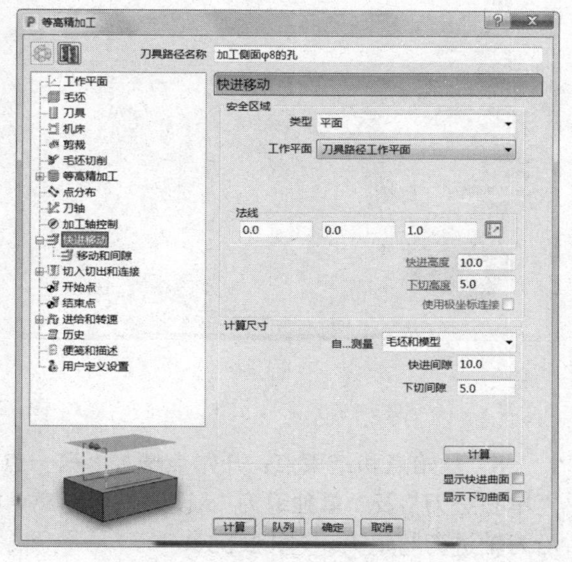

图 2-53

7）切入切出和连接：切入“斜向”，切出“无”，第一连接“掠过”，第二连接“掠过”，

重叠距离（刀具直径单位）“0.0”，勾选“允许移动开始点”及“刀轴不连续处增加切入切出”，角度分界值“90.0”。（图 2-54）

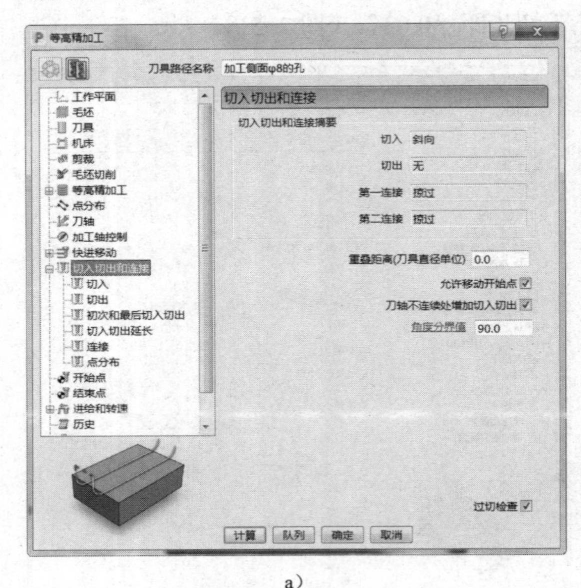

a）

b）

c）

d）

图 2-54

8）开始点和结束点：开始点选择“第一点”，结束点选择“最后一点”。勾选“相对下切”“单独进刀”及“单独退刀”，设定进刀距离“10.0”、相对下切距离“1.0”、退刀距离“10.0”，沿刀轴进刀与退刀。（图 2-55）

9）进给和转速：设定主轴转速 12000.0r/min、切削进给率 600.0mm/min、下切进给率 600.0mm/min、掠过进给率 3000.0mm/min，标准冷却。（图 2-56）

10）单击图 2-56 中的“计算”按钮，刀具路径如图 2-57 所示。

a）

b）

图 2-55

图 2-56

图 2-57

2.6 NC 程序仿真及后处理

2.6.1 NC 程序仿真

以“加工端面”刀具路径为例：

1）打开主界面的“仿真”标签，单击开关使之处于打开状态。

2）在“条目”下拉菜单中单击选择要进行仿真的刀具路径。

3）单击“运行”按钮来查看仿真。在“仿真控制”栏中可对仿真过程进行暂停、回退等操作。

4）单击“退出 ViewMill”按钮来终止仿真。仿真效果如图 2-58 所示。

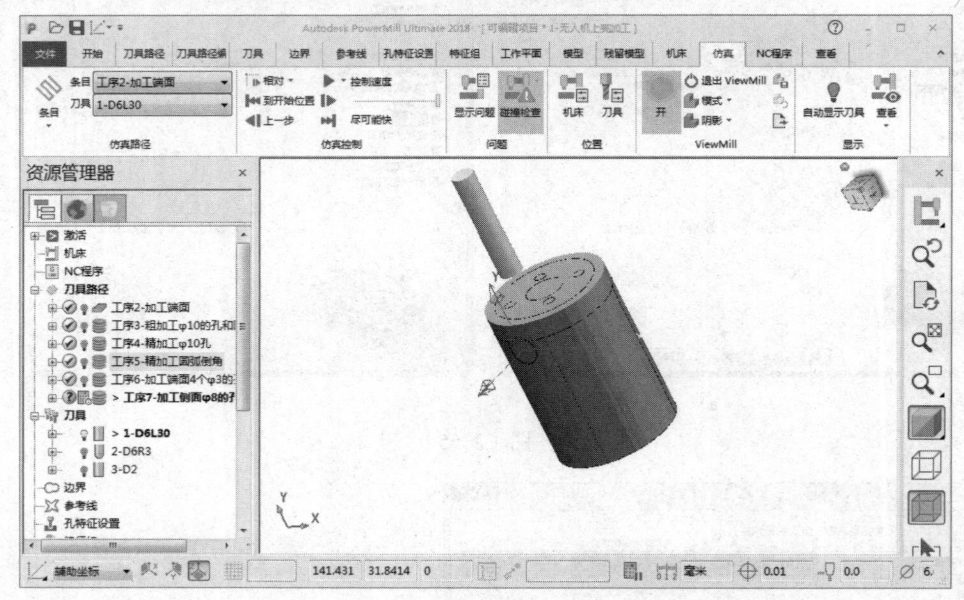

图 2-58

2.6.2 NC 程序后处理

1）在资源管理器中右击要产生 NC 程序的刀具路径名称，选择“创建独立的 NC 程序”。

2）在资源管理器中“NC 程序”标签下找到与刀具路径同名的 NC 程序，右击程序名，在菜单中选择“编辑已选”，弹出“编辑已选 NC 程序”表格，如图 2-59 所示。

3）在输出文件名后键入文件后缀，例如键入“.nc”，输出的程序文件后缀名即为“.nc”。

4）选择机床选项文件，单击相应的机床后处理文件。

5）输出工作平面选择相应的后处理工作平面，单击“应用”及“接受”按钮。

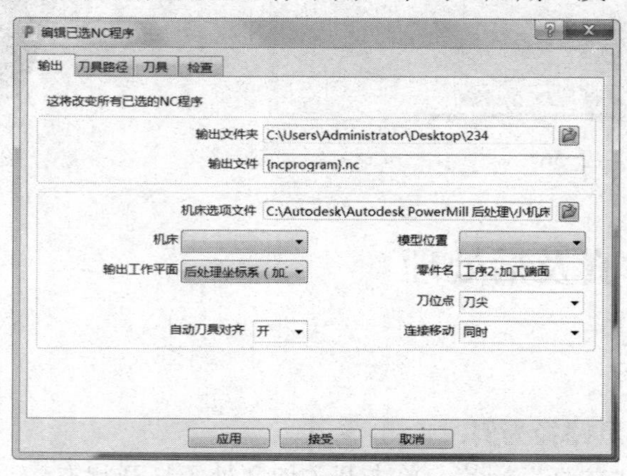

图 2-59

2.6.3 生成 G 代码

在 PowerMill 2018 的资源管理器中右击“NC 程序”标签下要生成 G 代码的程序文件，在菜单中选择“写入”，弹出“信息”表格。后处理完成后信息如图 2-60 所示，并可以在相应路径找到生成的 NC 文件（G 代码）。

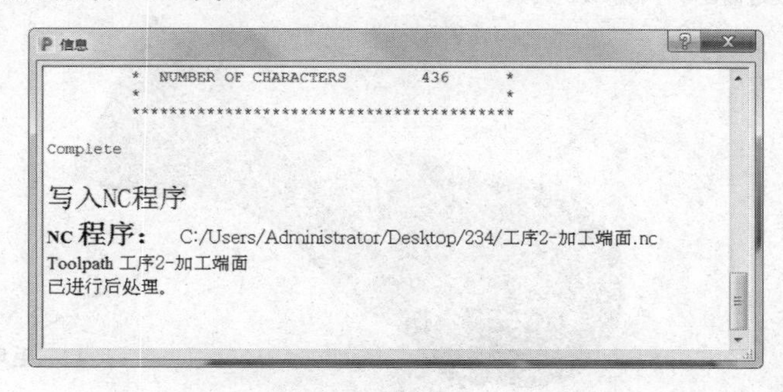

图 2-60

2.7 经验点评及重点策略说明

本章介绍了面铣削、等高精加工、优化等高精加工等操作，此零件是典型的四轴定向加工零件，通过定义一个输出程序的坐标为所有程序输出程序的坐标，从而实现四轴加工程序的输出。在加工此类零件时要根据零件要求做相应的工装来便于零件加工，工装的设计制作需要满足一次装夹尽可能完成零件的所有加工。使用户能够对 PowerMill 2018 的常用加工有一个基本了解，从而为以后四轴联动加工打下初步的基础。

模型区域清除加工是三维零件粗加工时最常用的刀具路径计算方法，也是学习的重点。在 PowerMill 2018 主界面功能图标区“刀具路径”选项卡下选择“刀具路径”，打开图 2-61 所示“策略选择器”表格，选择“3D 区域清除”选项卡，在该选项卡内选择“模型区域清除”，然后单击“确定”按钮，即可打开“模型区域清除”表格。

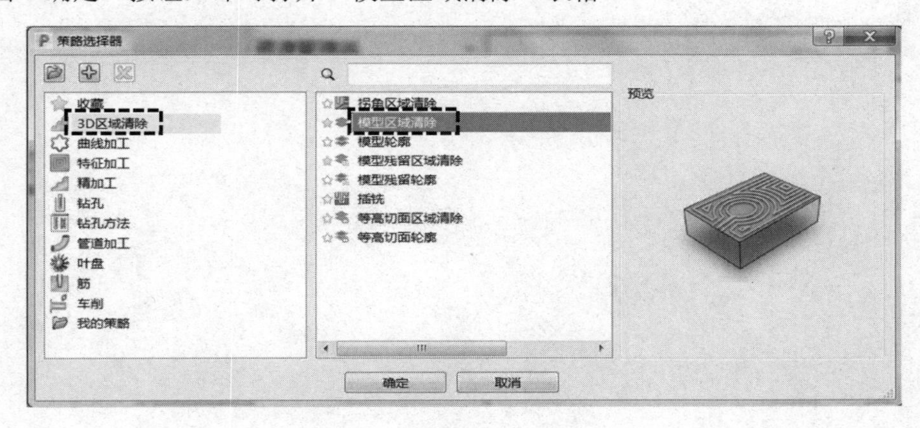

图 2-61

模型区域清除刀具路径策略通过毛坯和模型在 Z 方向上横截面轮廓线来计算刀具路径，如图 2-62 所示。

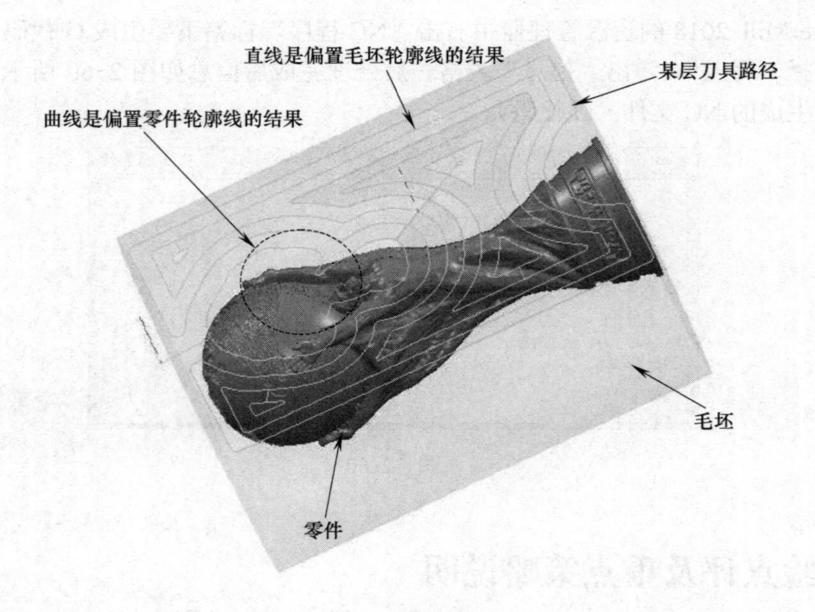

图 2-62

第3章 分纸杯上从动轮的四轴加工

3.1 加工任务概述

图 3-1 所示为从动轮模型，要求直径为ϕ37mm，长度为 15.25mm，材质为工程塑料（POM-C，又名赛钢）。

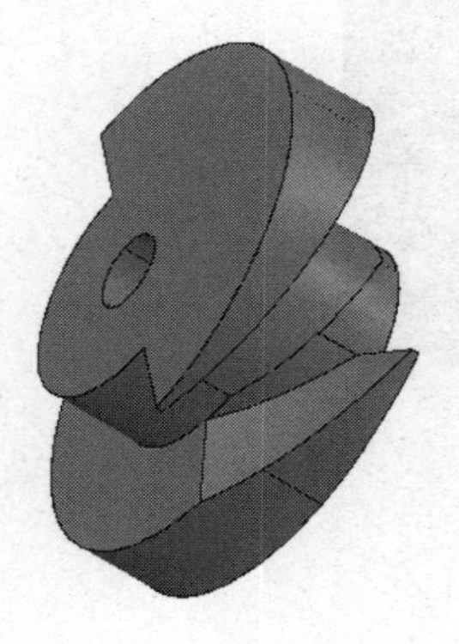

图 3-1

3.2 工艺方案分析

从动轮的加工工艺方案见表 3-1。

表 3-1

工序号	加工内容	加工方式	机床	刀具
1	下料ϕ37mm×15.3mm			
2	钻，铰ϕ6mm 通孔	钻、铰	立式加工中心	ϕ5.8mm 钻头、ϕ6mm 铰刀
3	加工凸台到尺寸	参考线精加工	UCAR-DPCNC4S150	ϕ4mm 立铣刀
4	加工ϕ36mm 外径到尺寸	直线投影精加工	UCAR-DPCNC4S150	ϕ4mm 立铣刀
5	粗加工（A、B 面）	模型区域清除	UCAR-DPCNC4S150	ϕ4mm 立铣刀
6	精加工底面	直线投影精加工	UCAR-DPCNC4S150	ϕ4mm 立铣刀

（续）

工 序 号	加 工 内 容	加 工 方 式	机 床	刀 具
7	精加工侧面 1	参考线精加工	UCAR-DPCNC4S150	ϕ4mm 立铣刀
8	精加工侧面 2	参考线精加工	UCAR-DPCNC4S150	ϕ4mm 立铣刀
9	精加工侧面 3	参考线精加工	UCAR-DPCNC4S150	ϕ4mm 立铣刀
10	精加工清角 1	等高精加工	UCAR-DPCNC4S150	ϕ4mm 立铣刀
11	精加工清角 2	等高精加工	UCAR-DPCNC4S150	ϕ4mm 立铣刀
12	精加工清角 3	等高精加工	UCAR-DPCNC4S150	ϕ4mm 立铣刀

此类零件装夹比较简单，利用自定心卡盘夹持工装轴即可，装夹设计方案如图 3-2 所示。

图 3-2

3.3 准备加工模型

启动 PowerMill 2018，进入主界面，输入模型，步骤如下：

单击“文件”→“输入”→“模型”，选择文件路径打开，如图 3-3 所示。

图 3-3

3.4 毛坯的设定

进入“毛坯”表格：单击选择“圆柱”→“计算”，显示“毛坯”表格，如图 3-4 所示。

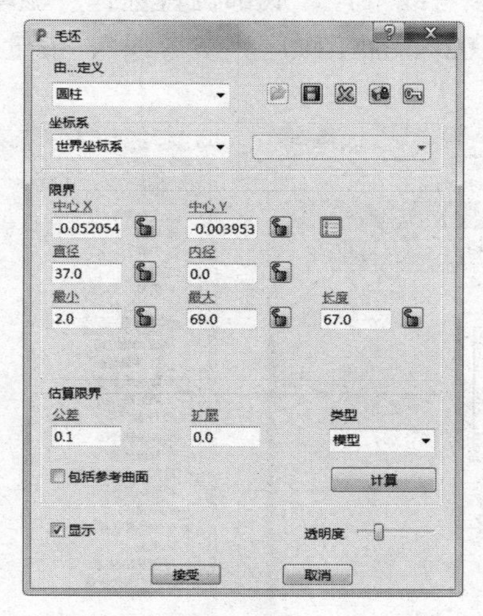

图 3-4

3.5 编程详细操作步骤

根据表 3-1 依次制订工序 3～12 的刀具路径。

3.5.1 加工凸台到尺寸

步骤：单击“主页”→“刀具路径”图标，弹出“策略选择器”表格，单击“精加工”→“参考线精加工”，如图 3-5 所示。

图 3-5

需要设定的参数如下：

1）工作平面：选择“后处理坐标”坐标系。

2）毛坯：选择要加工的曲面计算即可。

3）刀具：选择“ϕ4 立铣刀”，伸出 20mm。（图 3-6）

4）参考线精加工：选择参考线“1”，底部位置选择“驱动曲线”，轴向偏移“0.0”，勾选“过切检查”，设定公差“0.02”、加工顺序“参考线”、余量“0.0”、最大下切步距“0.3”。（图 3-7）

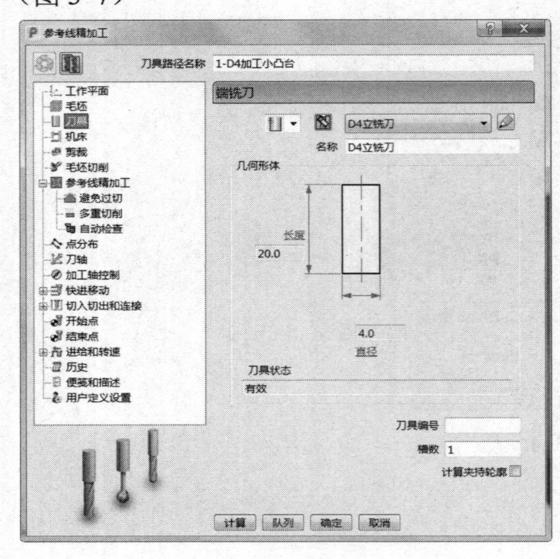

图 3-6

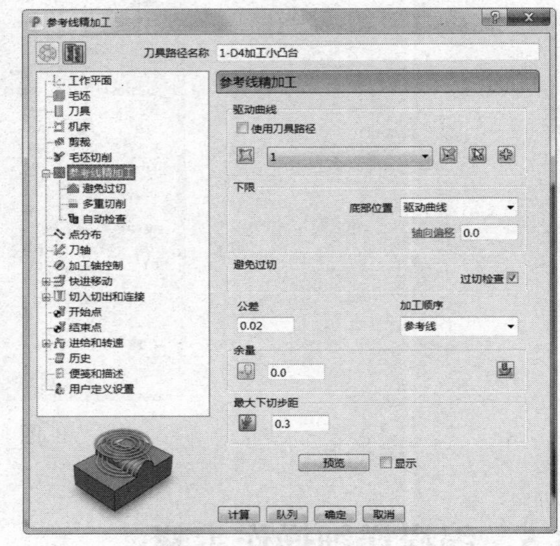

图 3-7

5）刀轴：选择“朝向直线”；设定点坐标为（0.0，0.0，0.0），方向坐标为（0.0，1.0，0.0），固定角度选择“无”。（图 3-8）

6）快进移动：安全区域类型选择“平面”，工作平面选择“刀具路径工作平面”，法线设定为（0.0，0.0，1.0），设定快进间隙“10.0”、下切间隙“5.0”，然后单击“计算”按钮。（图 3-9）

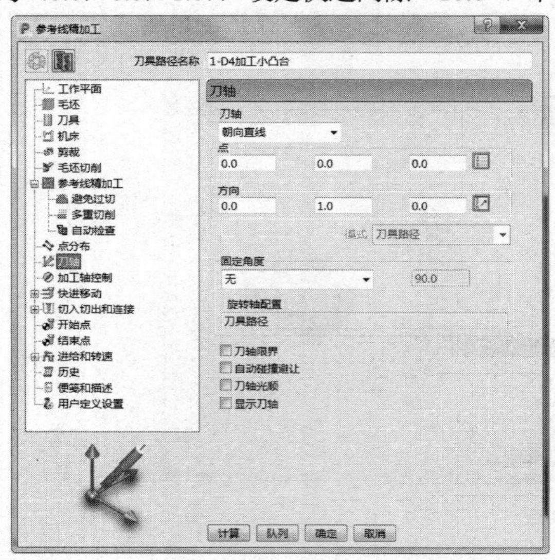

图 3-8

图 3-9

7）切入切出和连接：切入“无”，切出“无”，第一连接“直”，第二连接“安全高度”，重叠距离（刀具直径单位）“0.0”，勾选“允许移动开始点”及“刀轴不连续处增加切入切出”，角度分界值“90.0”。（图 3-10）

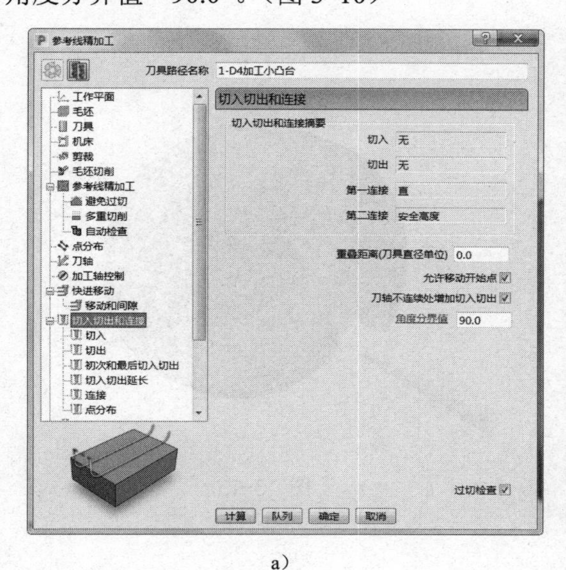

a）

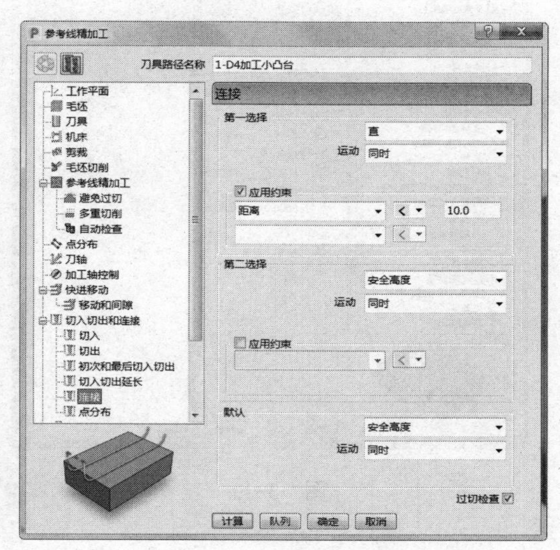

b）

图 3-10

8）开始点和结束点：开始点选择“第一点”，结束点选择“最后一点”。勾选“单独进刀”及“单独退刀”，设定进刀距离“10.0”、退刀距离“10.0”，沿刀轴进刀与退刀。（图 3-11）

a）

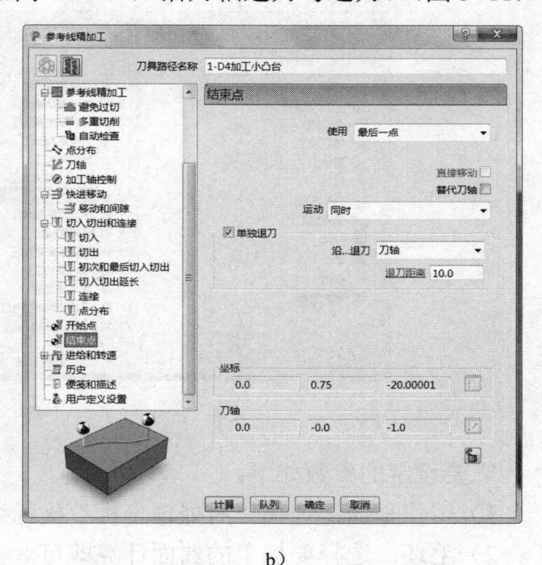

b）

图 3-11

9）进给和转速：设定主轴转速 10000.0r/min、切削进给率 3000.0mm/min、下切进给率 3000.0mm/min、掠过进给率 8000.0mm/min，标准冷却。（图 3-12）

10）单击图 3-12 中的“计算”按钮，刀具路径如图 3-13 所示。

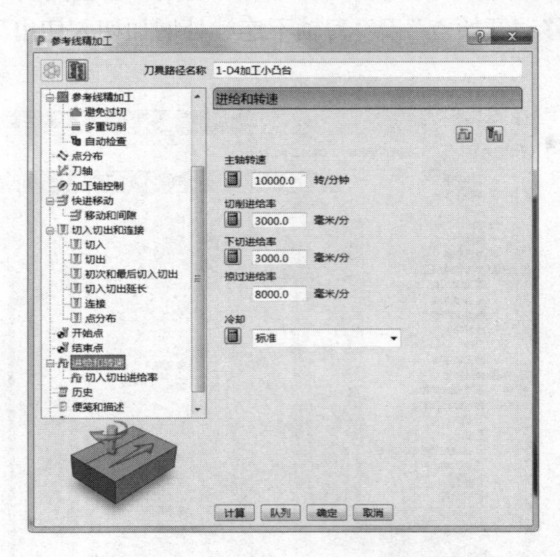

图 3-12　　　　图 3-13

3.5.2　加工ϕ36mm 外径到尺寸

步骤：单击“主页”→“刀具路径”图标，弹出“策略选择器”表格，单击“精加工”→“直线投影精加工”，如图 3-14 所示。

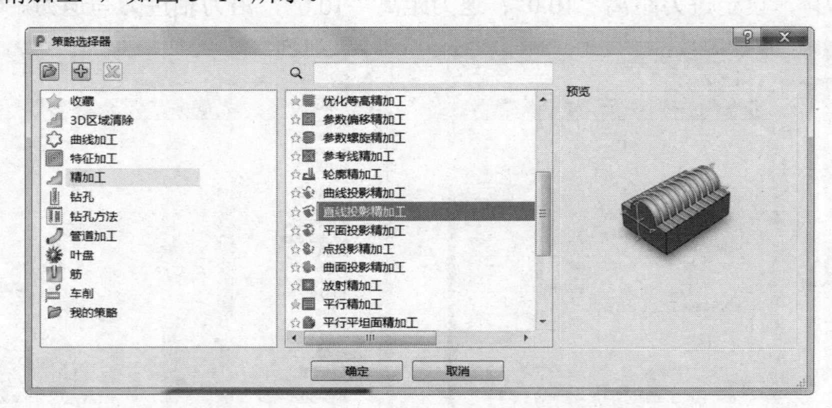

图 3-14

需要设定的参数如下：

1）工作平面：选择“后处理坐标”坐标系。

2）毛坯：选择要加工的曲面计算即可。

3）刀具：选择“ϕ4 立铣刀”，伸出 20mm。（图 3-15）

4）直线投影：参考线样式选择“螺旋”，定位为（0.0，0.0，0.0），设定方位角 270.0°、仰角 90.0°、投影方向“向内”、公差“0.02”、余量“0.0”、行距“0.1”。（图 3-16）

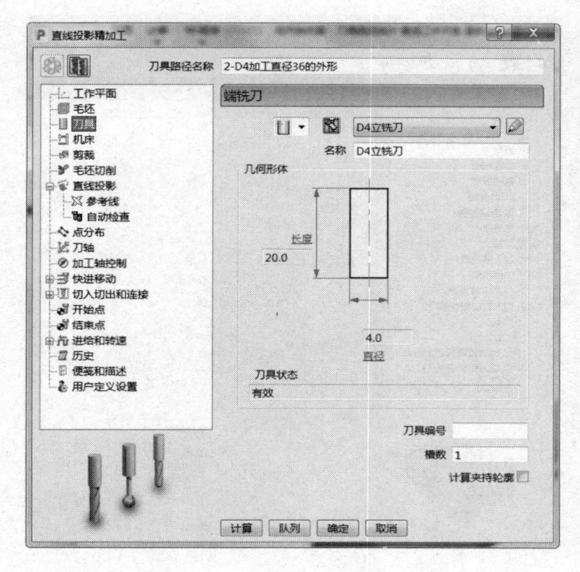

图 3-15

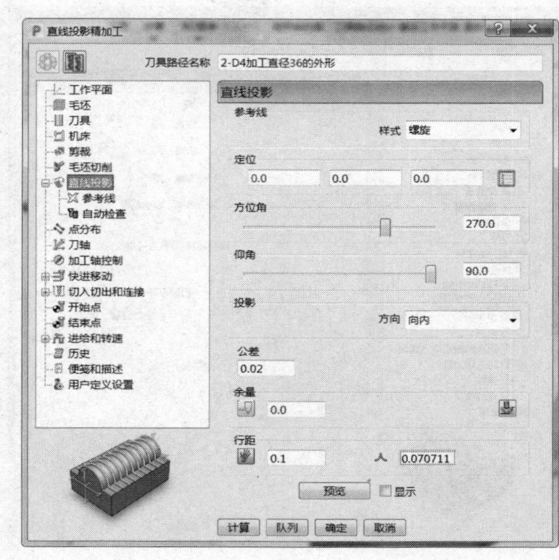

图 3-16

5）刀轴：选择“朝向直线”；设定点坐标为（0.0，0.0，0.0），方向坐标为（0.0，1.0，0.0），固定角度选择“无”，勾选“自动碰撞避让”。（图 3-17）

6）快进移动：安全区域类型选择“平面”，工作平面选择“刀具路径工作平面”，法线设定为（0.0，0.0，1.0），设定快进间隙“10.0”、下切间隙“5.0”，然后单击“计算”按钮。（图 3-18）

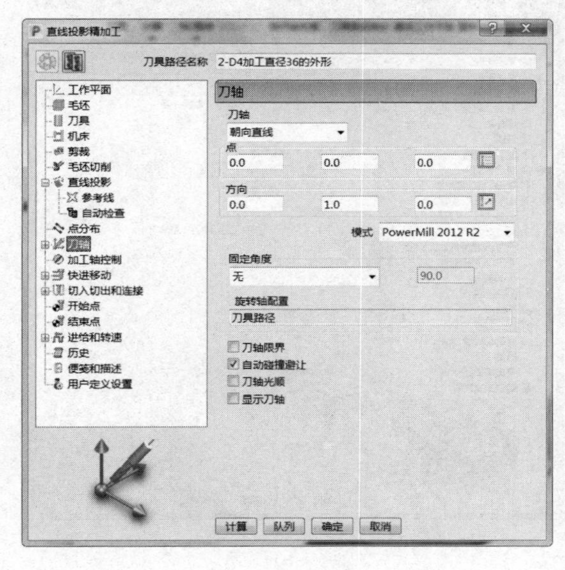

图 3-17

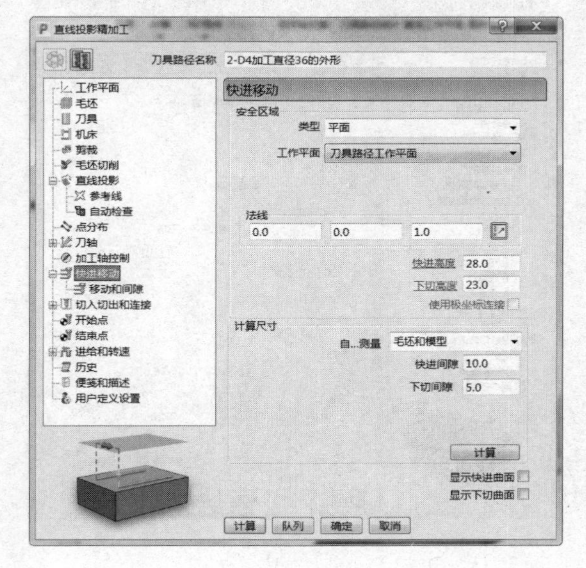

图 3-18

7）切入切出和连接：切入“无”，切出“无”，第一连接“直”，第二连接“安全高度”，重叠距离（刀具直径单位）“0.0”，勾选“允许移动开始点”及“刀轴不连续处增加切入切出”，角度分界值“90.0”。（图 3-19）

a）

b）

图 3-19

8）开始点和结束点：开始点选择“第一点”，结束点选择“最后一点”。勾选“单独进刀”及“单独退刀”，设定进刀距离“10.0”、退刀距离“10.0”，沿刀轴进刀与退刀。（图 3-20）

a）

b）

图 3-20

9）进给和转速：设定主轴转速 10000.0r/min、切削进给率 3000.0mm/min、下切进给率 3000.0mm/min、掠过进给率 8000.0mm/min，标准冷却。（图 3-21）

10）单击图 3-21 中的“计算”按钮，刀具路径如图 3-22 所示。

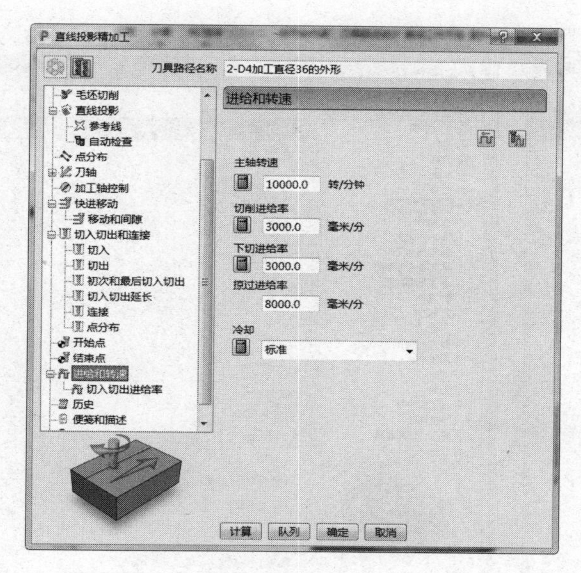

图 3-21

图 3-22

3.5.3 粗加工（A 面）

步骤：单击“主页”→“刀具路径”图标，弹出“策略选择器”表格，单击“3D 区域清除”→“模型区域清除”，如图 3-23 所示。

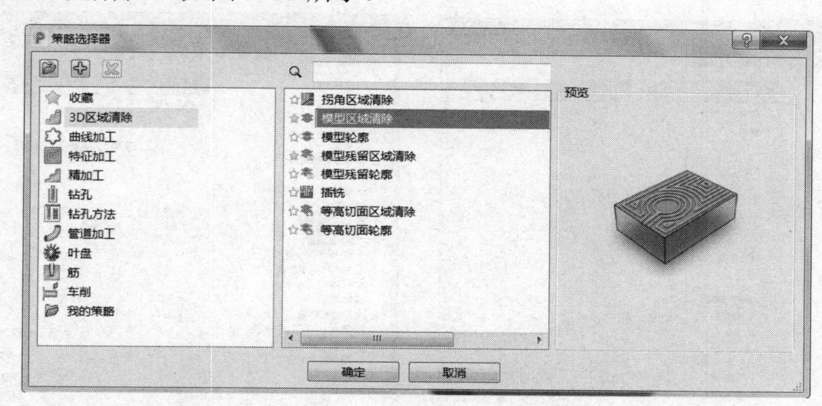

图 3-23

需要设定的参数如下：

1）工作平面：选择“A 面”坐标系。

2）毛坯：选择要加工的曲面计算即可。

3）刀具：选择“ϕ4 立铣刀”，伸出 20mm。

4）剪裁：设定 Z 限界最小值为“–1.0”。（图 3-24）

5）模型区域清除：样式选择“偏移所有”，切削方向中轮廓、区域均选择“任意”，设定公差“0.05”、余量“0.5”、行距“2.0”、下切步距“0.3”、勾选“恒定下切步距”。（图 3-25）

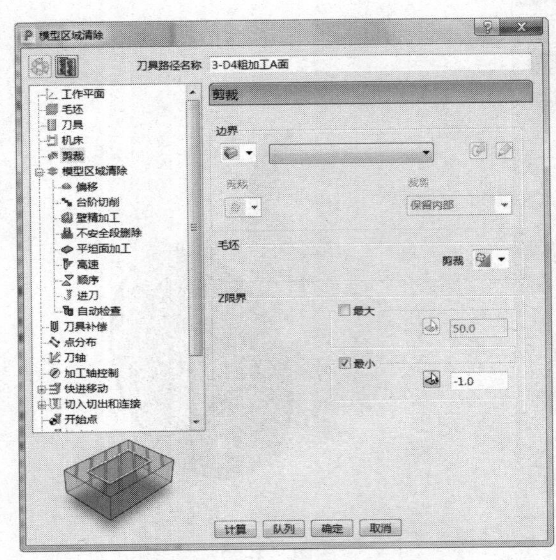

图 3-24

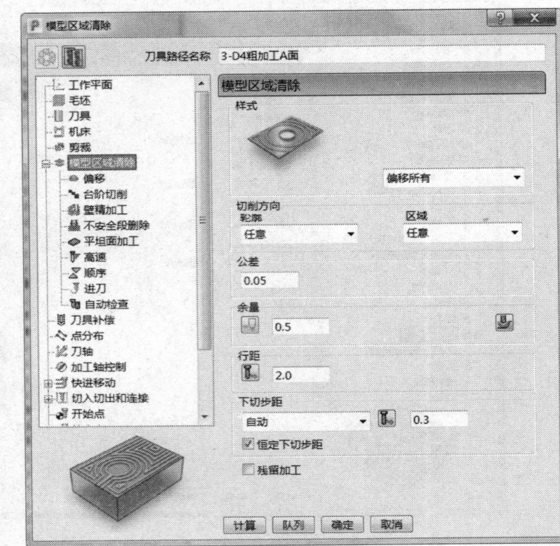

图 3-25

6）刀轴：垂直。（图 3-26）

7）快进移动：安全区域类型选择“平面”，工作平面选择“刀具路径工作平面”，法线设定为（0.0，0.0，1.0），设定快进间隙“10.0”、下切间隙“5.0”，然后单击“计算”按钮。（图 3-27）

图 3-26

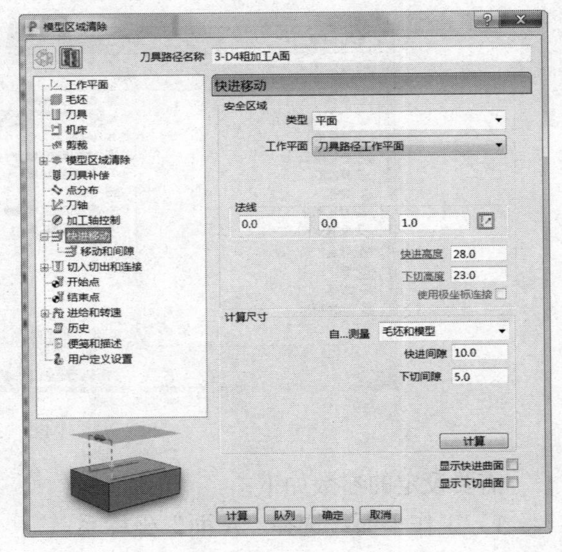

图 3-27

8）切入切出和连接：切入“无”，切出 “无”，第一连接“掠过”，第二连接“掠过”，重叠距离（刀具直径单位）“0.0”，勾选“允许移动开始点”及“刀轴不连续处增加切入切出”，角度分界值“90.0”。（图 3-28）

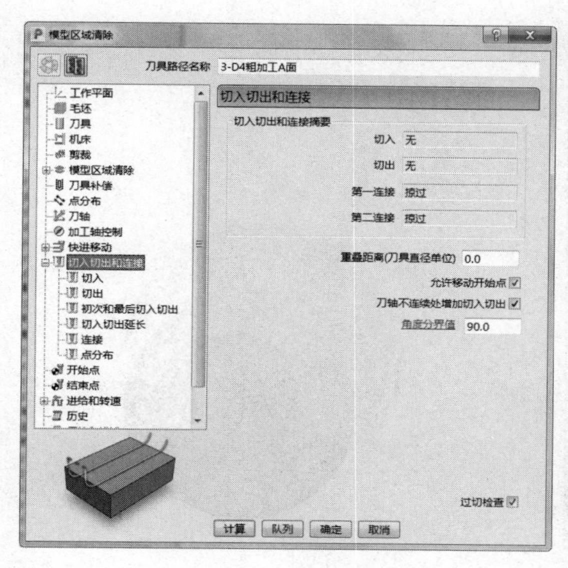

a）

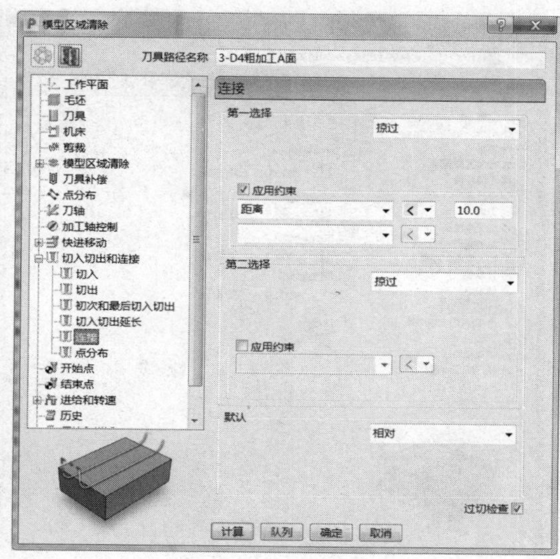

b）

图 3-28

9）开始点和结束点：开始点选择“第一点”，结束点选择“最后一点”。勾选“相对下切”“单独进刀”及“单独退刀”，设定进刀距离“10.0”、相对下切距离“5.0”，自毛坯测量，退刀距离“10.0”，沿刀轴进刀与退刀。（图 3-29）

a）

b）

图 3-29

10）进给和转速：设定主轴转速 10000.0r/min、切削进给率 3000.0mm/min、下切进给率 3000.0mm/min、掠过进给率 8000.0mm/min，标准冷却。（图 3-30）

11）单击图 3-30 中的“计算”按钮，刀具路径如图 3-31 所示。

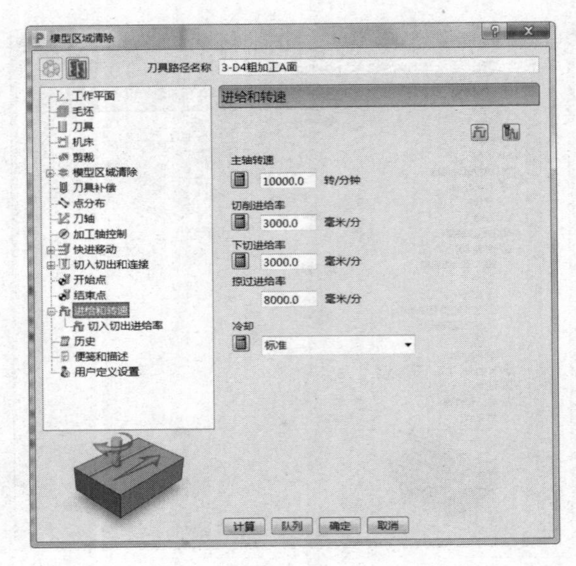
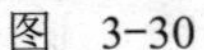

图 3-30

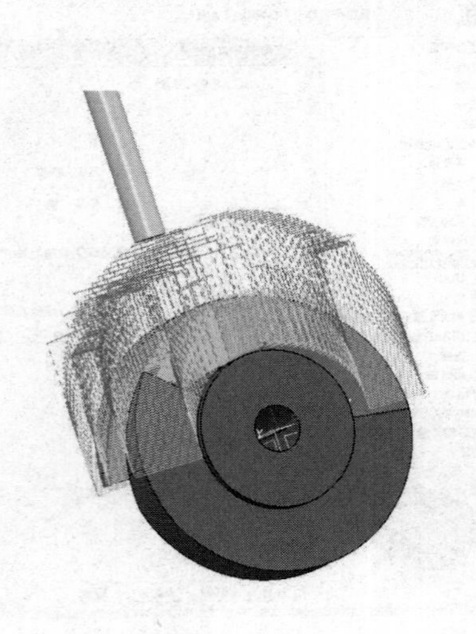

图 3-31

3.5.4 粗加工（B 面）

步骤：单击“主页”→“刀具路径”图标，弹出“策略选择器”表格，单击“3D 区域清除”→“模型区域清除”，如图 3-32 所示。

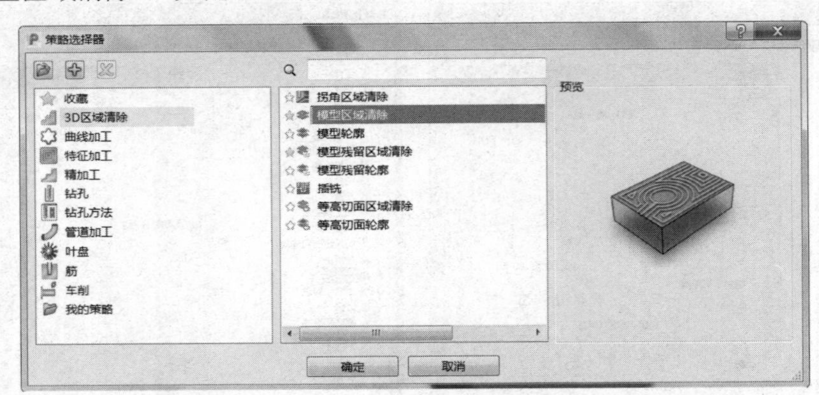

图 3-32

需要设定的参数如下：

1）工作平面：选择“B 面”坐标系。

2）毛坯：选择要加工的曲面计算即可。

3）刀具：选择“ϕ4 立铣刀”，伸出 20mm。

4）剪裁：设定 Z 限界最小值为“-1.0”。（图 3-33）

5）模型区域清除：样式选择“偏移所有”，切削方向中轮廓、区域均选择“任意”，设定公差“0.05”、余量“0.5”、行距“2.0”、下切步距“0.3”，勾选“恒定下切步距”。（图 3-34）

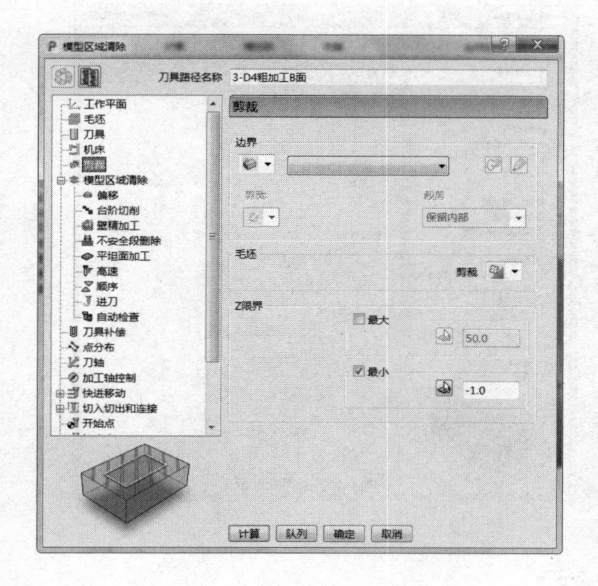

图 3-33

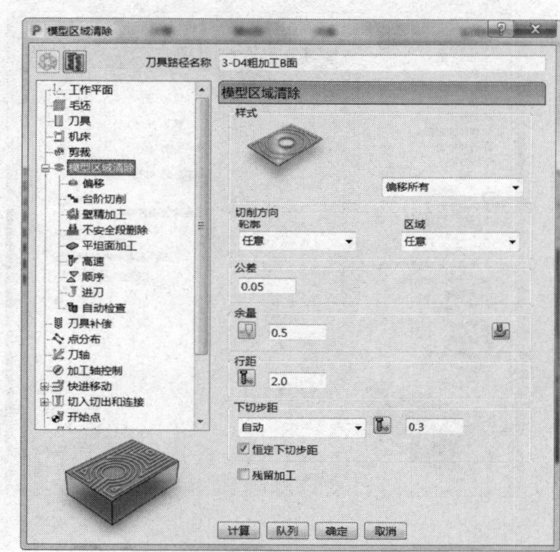

图 3-34

6）刀轴：垂直。（图 3-35）

7）快进移动：安全区域类型选择“平面”，工作平面选择“刀具路径工作平面”，法线设定为（0.0，0.0，1.0），设定快进间隙“10.0”、下切间隙“5.0”，然后单击“计算”按钮。（图 3-36）

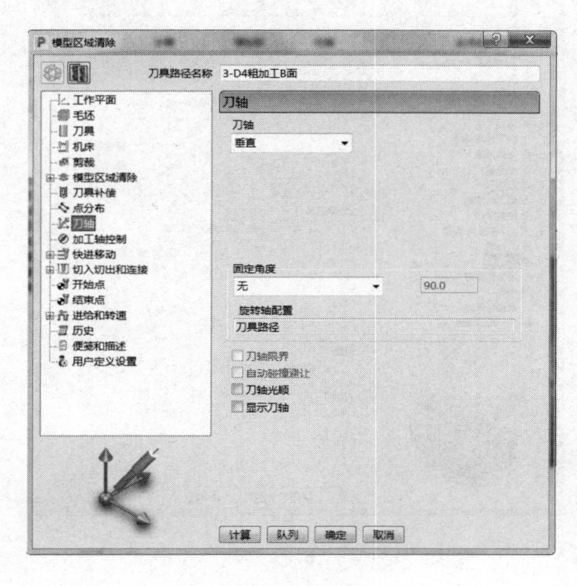

图 3-35

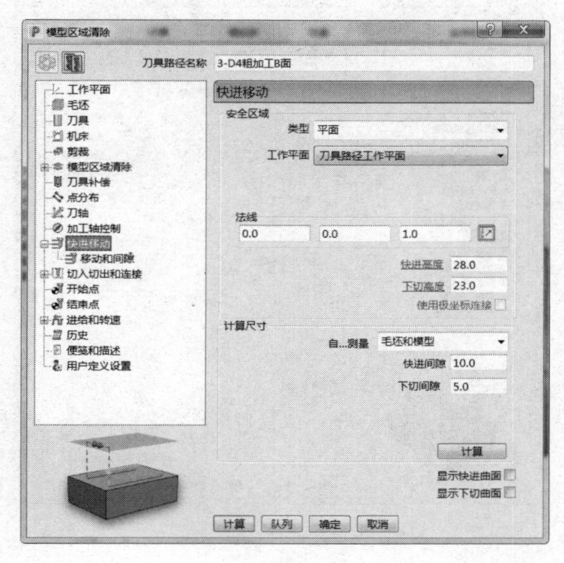

图 3-36

8）切入切出和连接：切入“无”，切出 “无”，第一连接“掠过”，第二连接“掠过”，重叠距离（刀具直径单位）“0.0”，勾选“允许移动开始点”及“刀轴不连续处增加切入切出”，角度分界值“90.0”。（图 3-37）

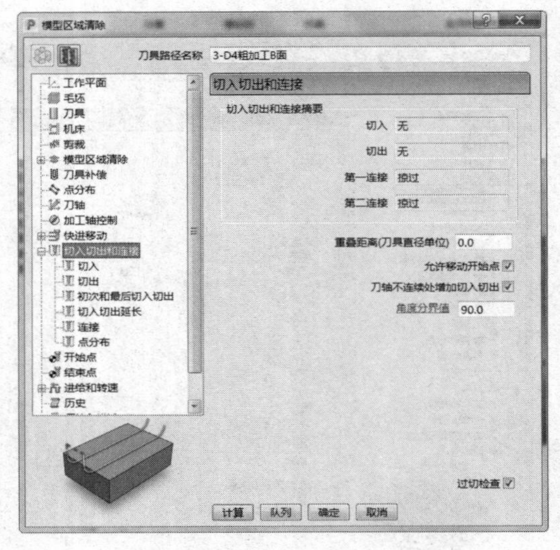

a）

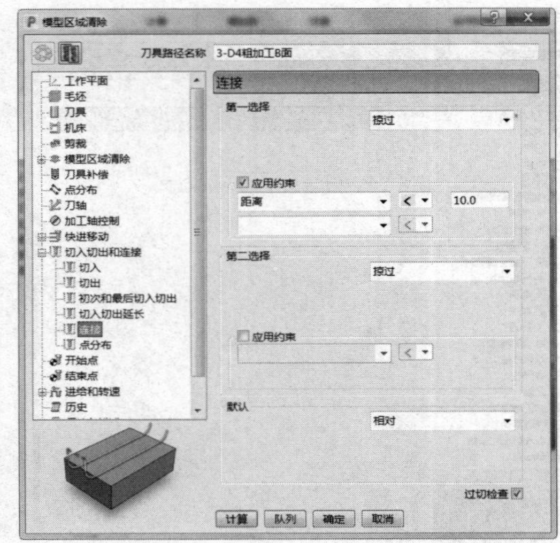

b）

图 3-37

9）开始点和结束点：开始点选择“第一点”，结束点选择“最后一点”。勾选“相对下切”“单独进刀”及“单独退刀”，设定进刀距离“10.0”、相对下切距离“5.0”，自毛坯测量，退刀距离“10.0”，沿刀轴进刀与退刀。（图 3-38）

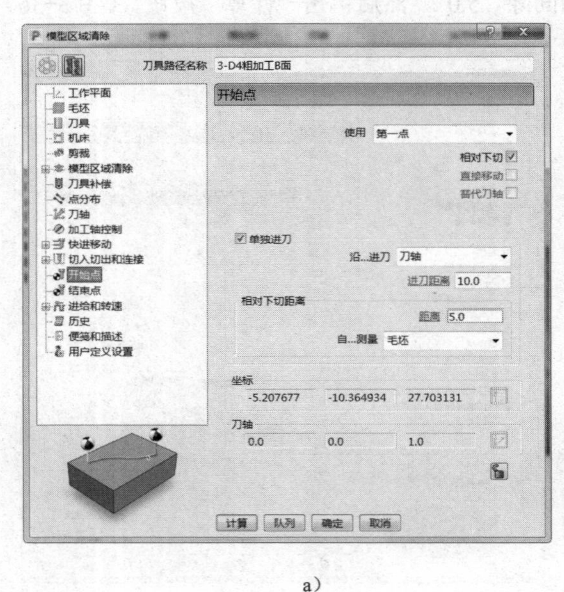

a）

b）

图 3-38

10）进给和转速：设定主轴转速 10000.0r/min、切削进给率 3000.0mm/min、下切进给率 3000.0mm/min、掠过进给率 8000.0mm/min，标准冷却。（图 3-39）

11）单击图 3-39 中的“计算”按钮，刀具路径如图 3-40 所示。

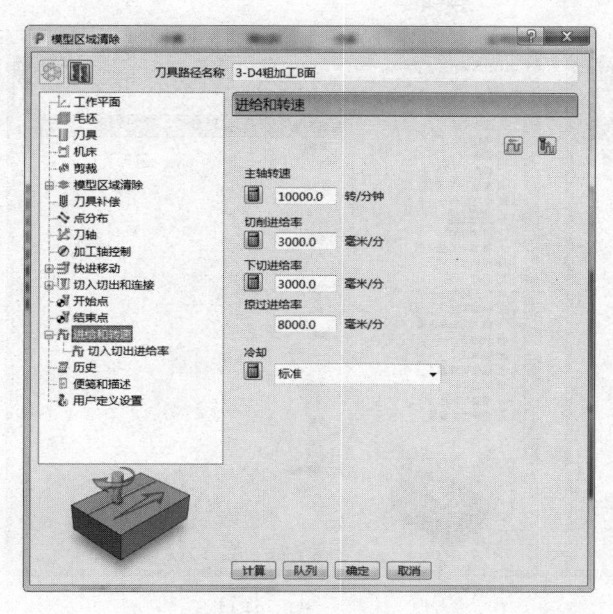

图 3-39

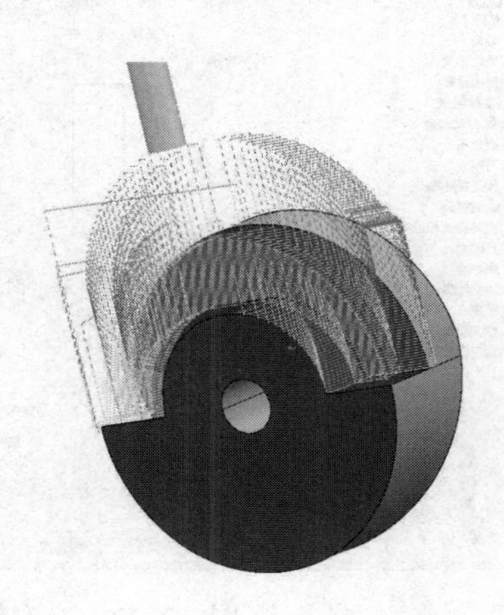
图 3-40

3.5.5 精加工底面

步骤：单击“主页”→“刀具路径”图标，弹出“策略选择器”表格，单击“精加工”→“直线投影精加工”，如图 3-41 所示。

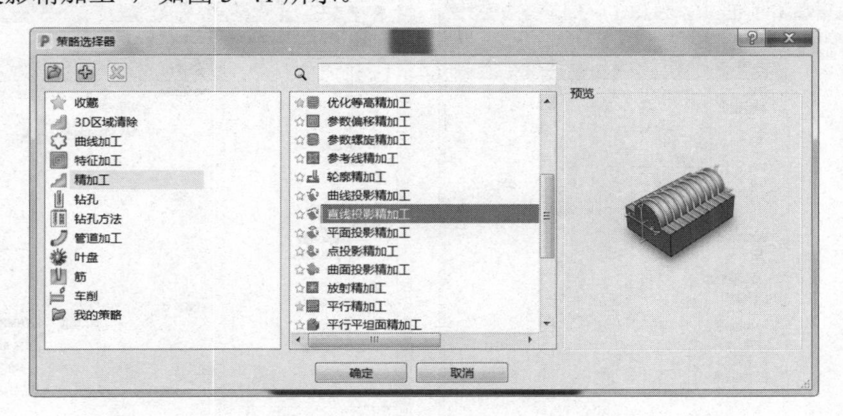

图 3-41

需要设定的参数如下：

1）工作平面：选择“A 面”坐标系。

2）毛坯：选择要加工的曲面计算即可。

3）刀具：选择“ϕ4 立铣刀”，伸出 20mm。（图 3-42）

4）直线投影：参考线样式选择“线性”，定位为（0.0，0.0，0.0），设定方位角 270.0°、仰角 90.0°、投影方向“向内”、公差“0.02”、余量“0.0”、角度增量“0.15”。（图 3-43）

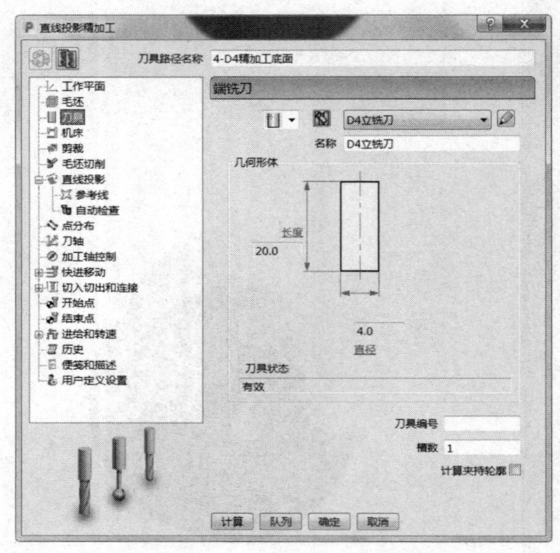

图 3-42

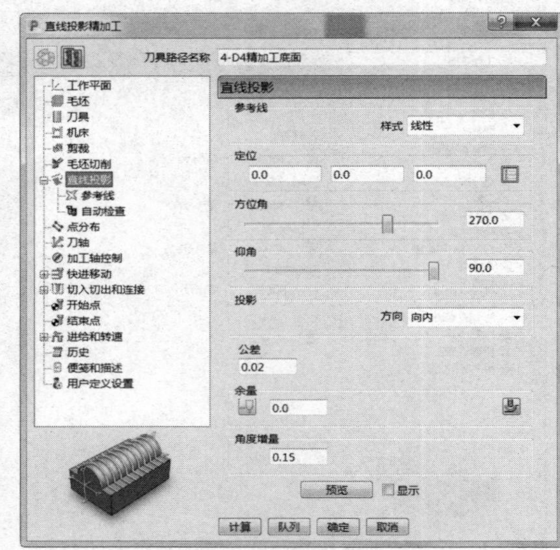

图 3-43

5）刀轴：选择“朝向直线”；设定点坐标为（0.0，0.0，0.0），方向坐标为（0.0，1.0，0.0），固定角度选择“无”。（图 3-44）

6）快进移动：安全区域类型选择“平面”，工作平面选择“刀具路径工作平面”，法线设定为（0.0，0.0，1.0），设定快进间隙“10.0”、下切间隙“5.0”，然后单击“计算”按钮。（图 3-45）

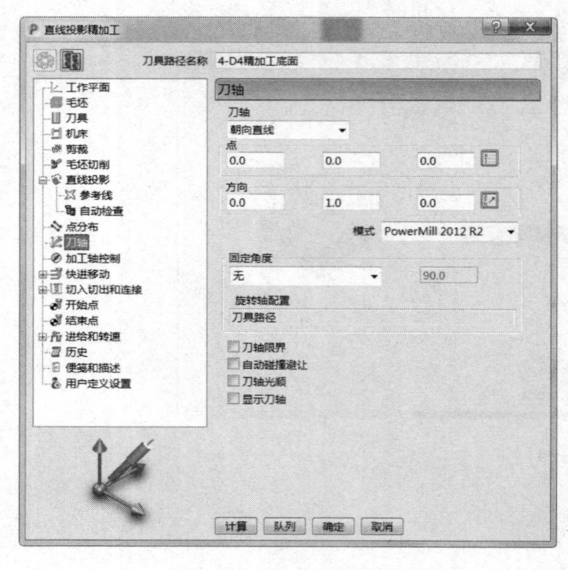

图 3-44

图 3-45

7）切入切出和连接：切入“延长移动”，切出“延长移动”，第一连接“直”，第二连接“掠过”，重叠距离（刀具直径单位）“0.0”，勾选“允许移动开始点”及“刀轴不连续处增加切入切出”，角度分界值“90.0”。（图 3-46）

a）

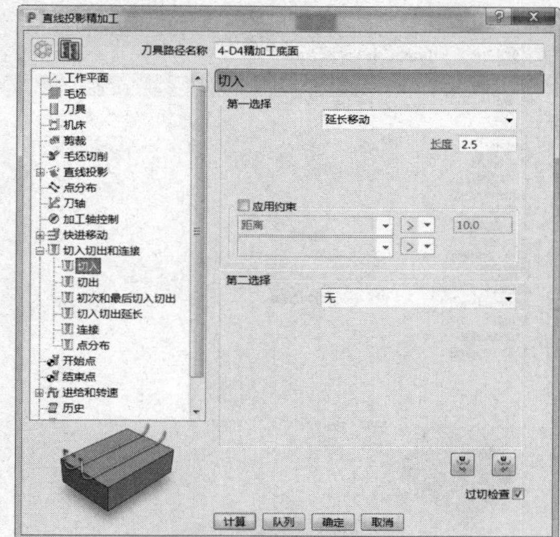

b）

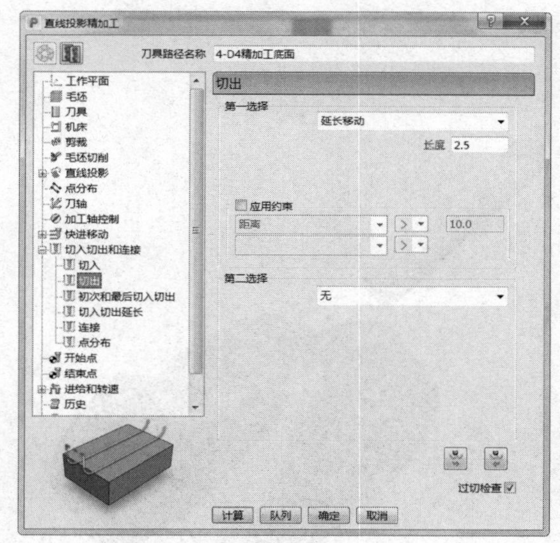

c）

d）

图 3-46

8）开始点和结束点：开始点选择“第一点”，结束点选择“最后一点”。勾选“相对下切”“单独进刀”及“单独退刀”，设定进刀距离“10.0”、相对下切距离“5.0”、退刀距离“10.0”，沿刀轴进刀与退刀。（图 3-47）

9）进给和转速：设定主轴转速 10000.0r/min、切削进给率 3000.0mm/min、下切进给率 3000.0mm/min、掠过进给率 8000.0mm/min，标准冷却。（图 3-48）

10）单击图 3-48 中的“计算”按钮，刀具路径如图 3-49 所示。

a）

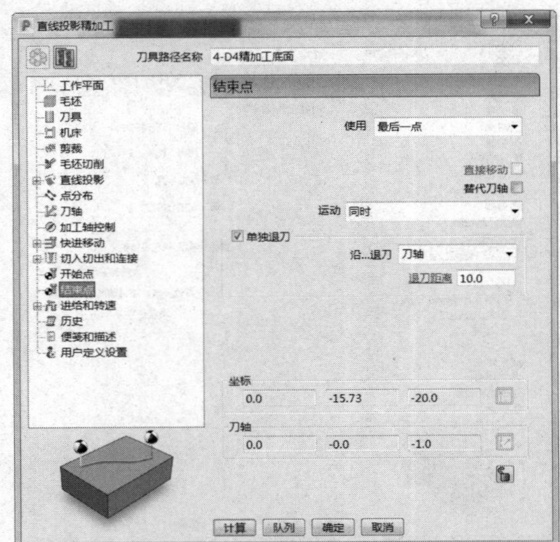

b）

图 3-47

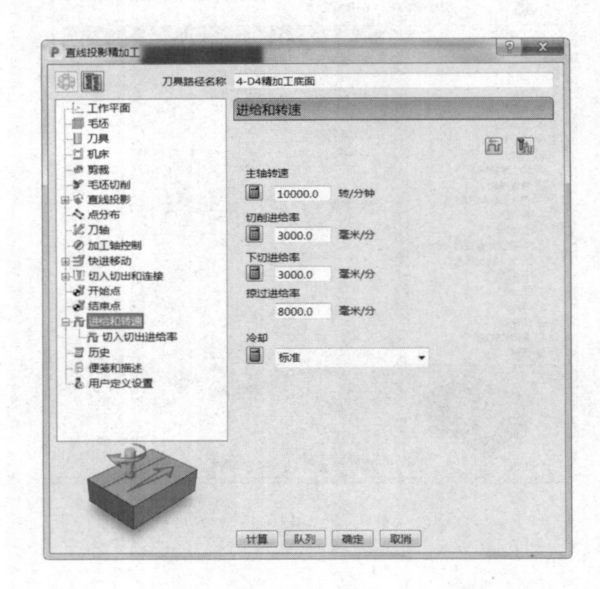

图 3-48

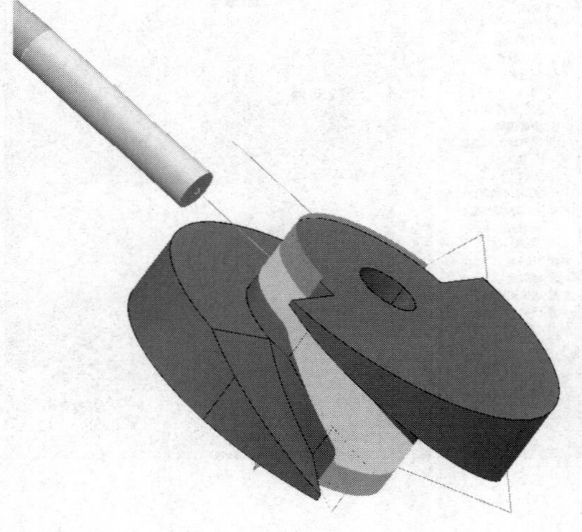

图 3-49

3.5.6 精加工侧面 1

步骤：单击“主页”→“刀具路径”图标，弹出“策略选择器”表格，单击“精加工”→“参考线精加工”，如图 3-50 所示。

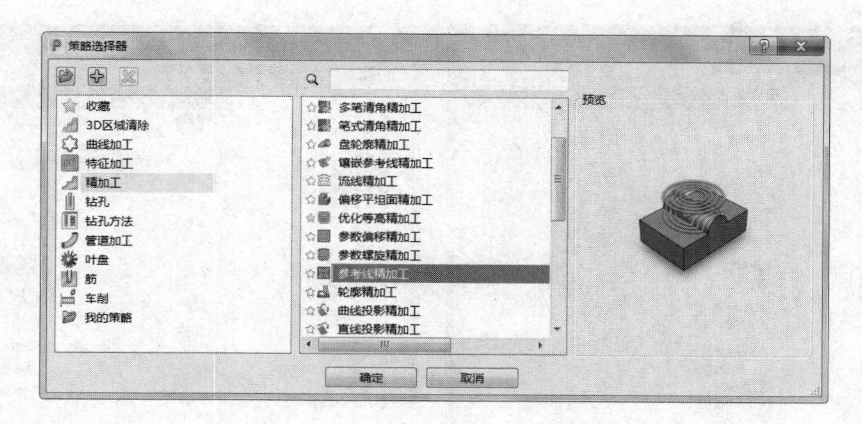

图 3-50

需要设定的参数如下：

1）工作平面：选择“A 面”坐标系。

2）毛坯：选择要加工的曲面计算即可。

3）刀具：选择“ϕ4 立铣刀”，伸出 20mm。（图 3-51）

4）参考线精加工：选择参考线“2”，底部位置选择“驱动曲线”，轴向偏移“-8.0”，设定公差“0.02”、加工顺序“参考线”、余量“0.0”、最大下切步距“0.5”。（图 3-52）

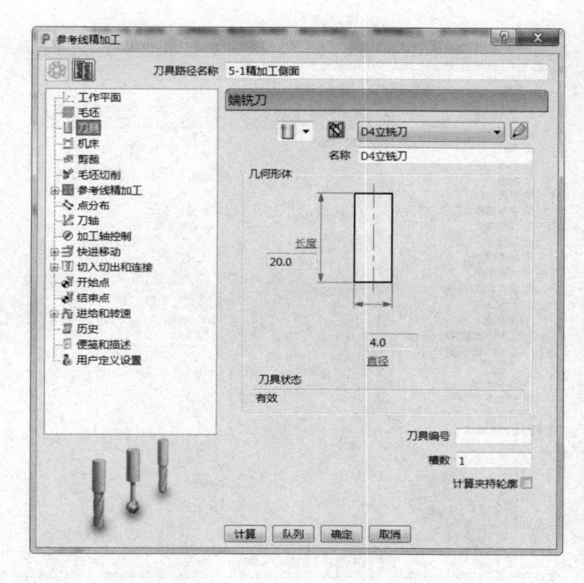

图 3-51

图 3-52

5）刀轴：朝向直线。（图 3-53）

6）快进移动：安全区域类型选择“平面”，工作平面选择“刀具路径工作平面”，法线设定为（0.0，0.0，1.0），设定快进间隙“10.0”、下切间隙“5.0”，然后单击“计算”按钮。（图 3-54）

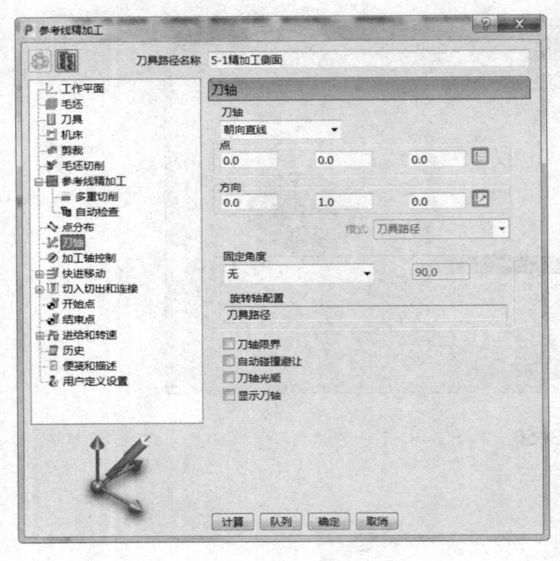

图 3-53

图 3-54

7）切入切出和连接：切入“无”，切出 “无”，第一连接“直”，第二连接“掠过”，重叠距离（刀具直径单位）“0.0”，勾选“允许移动开始点”及“刀轴不连续处增加切入切出”，角度分界值“90.0”。（图 3-55）

图 3-55

8）开始点和结束点：开始点选择“第一点”，结束点选择“最后一点”。勾选“相对下切”“单独进刀”及“单独退刀”，设定进刀距离“10.0”、相对下切距离“5.0”、退刀距离“10.0”，沿刀轴进刀与退刀。（图 3-56）

a）

b）

图 3-56

9）进给和转速：设定主轴转速 10000.0r/min、切削进给率 3000.0mm/min、下切进给率 3000.0mm/min、掠过进给率 8000.0mm/min，标准冷却。（图 3-57）

10）单击图 3-57 中的“计算”按钮，刀具路径如图 3-58 所示。

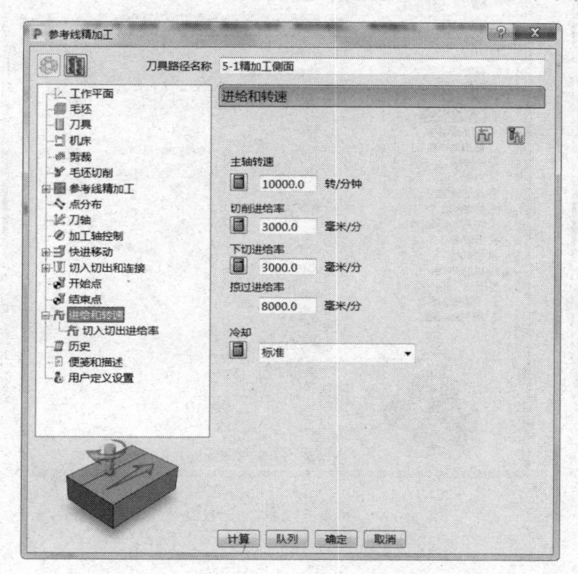

图 3-57

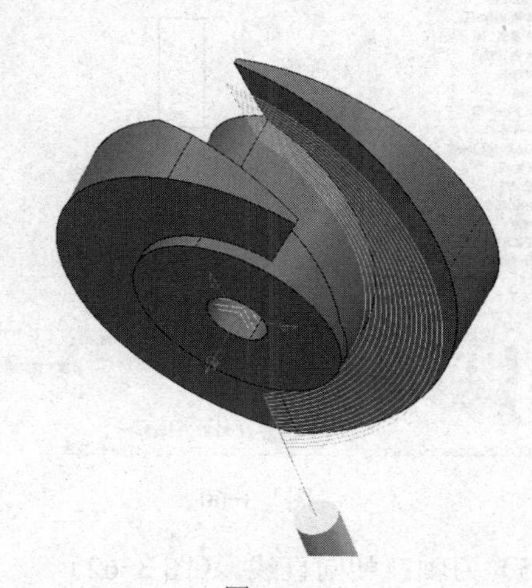

图 3-58

3.5.7 精加工侧面 2

步骤：单击“主页”→“刀具路径”图标，弹出“策略选择器”表格，单击“精加工”→“参考线精加工”，如图 3-59 所示。

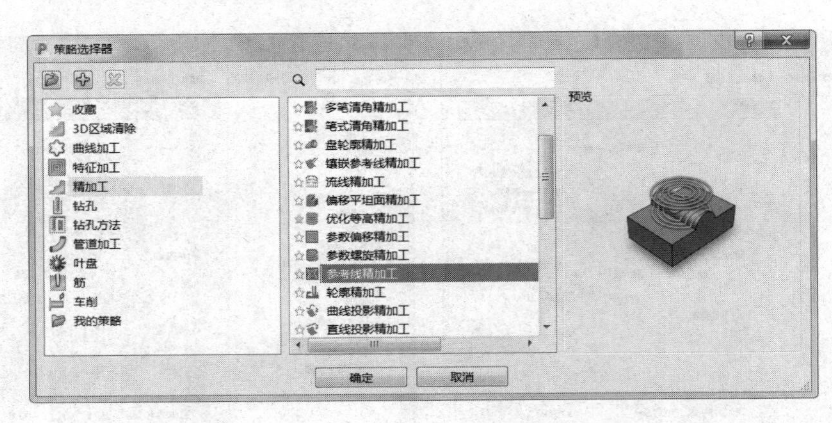

图 3-59

需要设定的参数如下：

1）工作平面：选择“A 面”坐标系。

2）毛坯：选择要加工的曲面计算即可。

3）刀具：选择“ϕ4 立铣刀”，伸出 20mm。（图 3-60）

4）参考线精加工：选择参考线“3”，底部位置选择“驱动曲线”，轴向偏移“-8.0”，设定公差“0.02”、加工顺序“参考线”、余量“0.0”、最大下切步距“0.5”。（图 3-61）

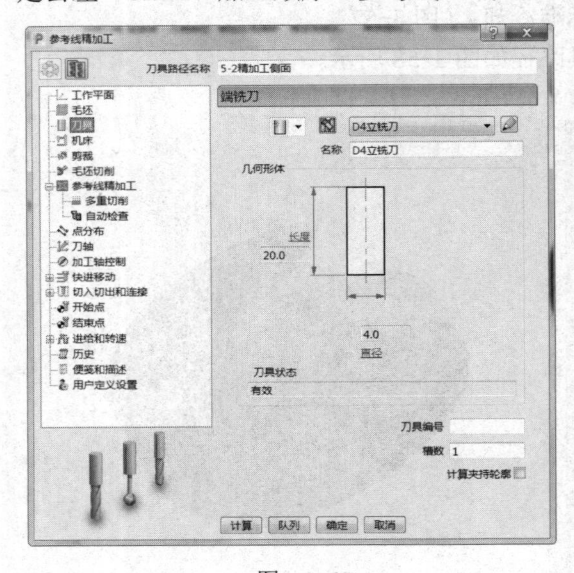

图 3-60

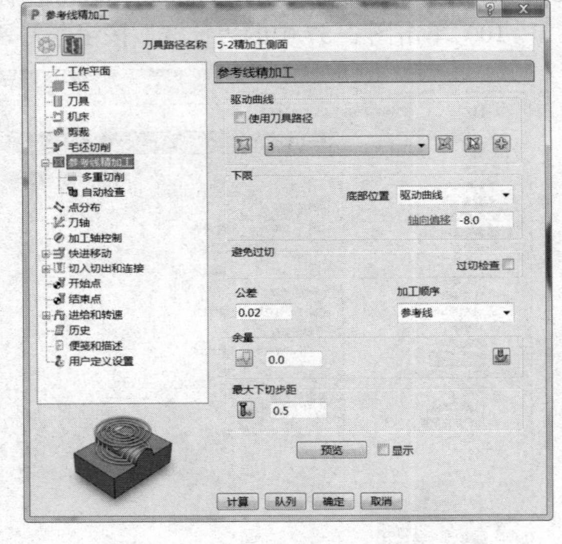

图 3-61

5）刀轴：朝向直线。（图 3-62）

6）快进移动：安全区域类型选择“平面”，工作平面选择“刀具路径工作平面”，法线设定为（0.0，0.0，1.0），设定快进间隙“10.0”、下切间隙“5.0”，然后单击“计算”按钮。（图 3-63）

7）切入切出和连接：切入“无”，切出“无”，第一连接“直”，第二连接“掠过”，重叠距离（刀具直径单位）“0.0”，勾选“允许移动开始点”及“刀轴不连续处增加切入切出”，角度分界值“90.0”。（图 3-64）

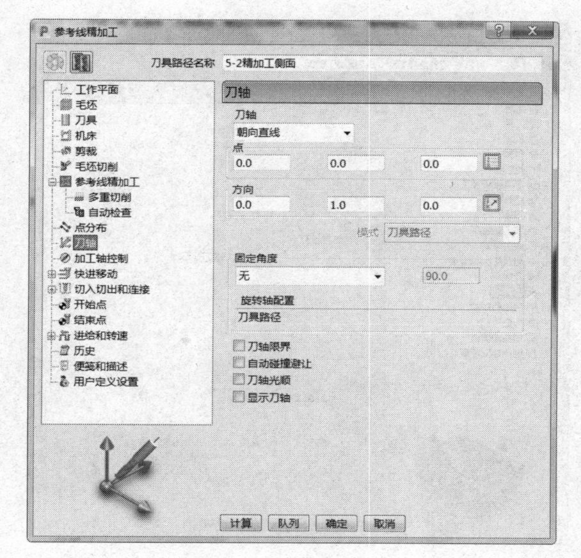

图 3-62

图 3-63

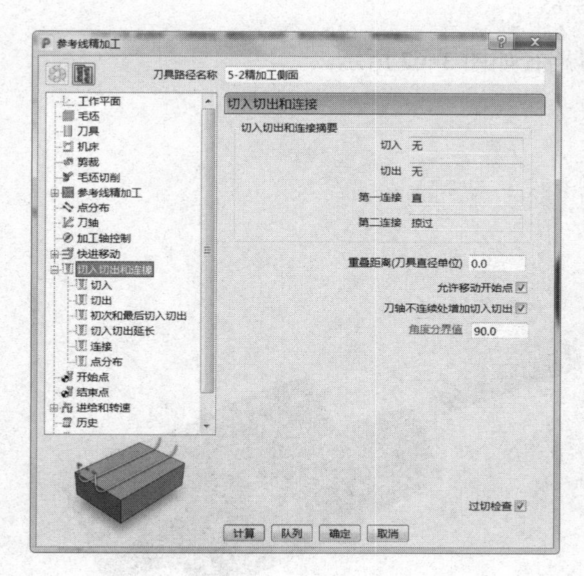

a）

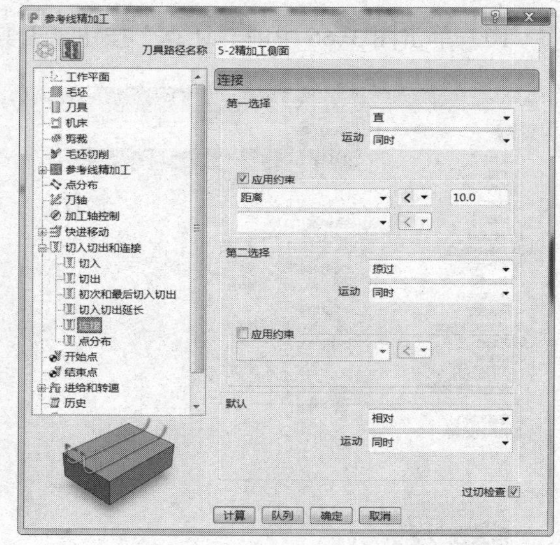

b）

图 3-64

8）开始点和结束点：开始点选择“第一点”，结束点选择“最后一点”。勾选“相对下切”“单独进刀”及“单独退刀”，设定进刀距离“10.0”、相对下切距离“5.0”、退刀距离“10.0”，沿刀轴进刀与退刀。（图 3-65）

9）进给和转速：设定主轴转速 10000.0r/min、切削进给率 3000.0mm/min、下切进给率 3000.0mm/min、掠过进给率 8000.0mm/min，标准冷却。（图 3-66）

a）

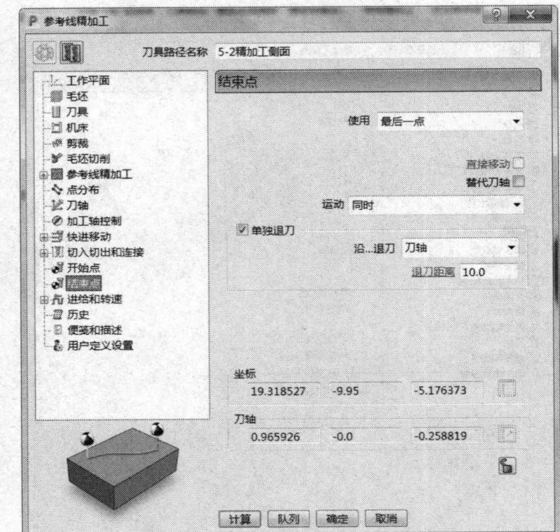

b）

图 3-65

10）单击图 3-66 中的“计算”按钮，刀具路径如图 3-67 所示。

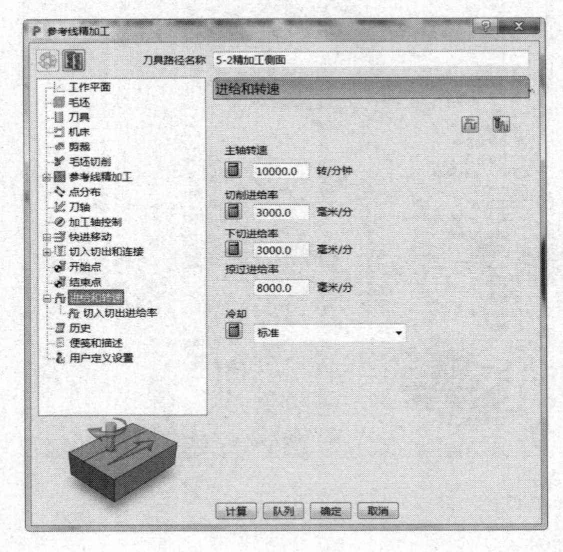

图 3-66

图 3-67

3.5.8 精加工侧面 3

步骤：单击“主页”→“刀具路径”图标，弹出“策略选择器”表格，单击“精加工”→“参考线精加工”，如图 3-68 所示。

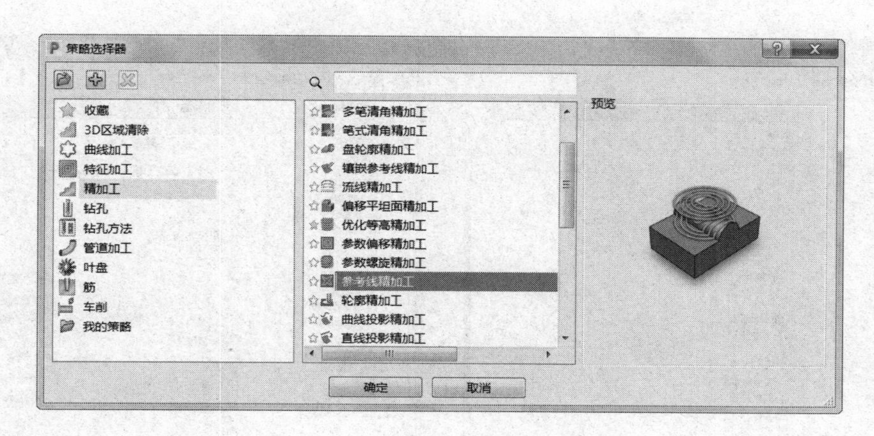

图 3-68

需要设定的参数如下：

1）工作平面：选择“A 面”坐标系。

2）毛坯：选择要加工的曲面计算即可。

3）刀具：选择“ϕ4 立铣刀”，伸出 20mm。（图 3-69）

4）参考线精加工：选择参考线“4”，底部位置选择“驱动曲线”，轴向偏移“–8.0”，设定公差“0.02”、加工顺序“参考线”、余量“0.0”、最大下切步距“0.5”。（图 3-70）

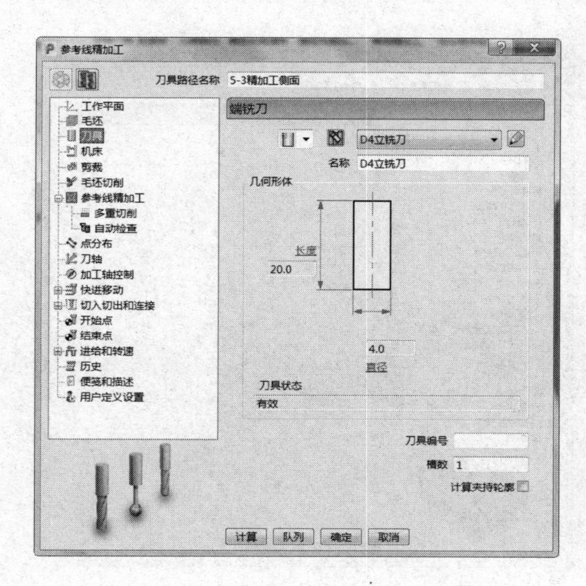

图 3-69

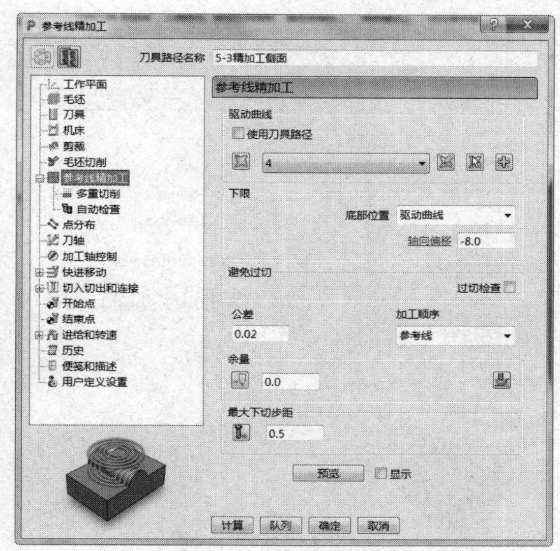

图 3-70

5）刀轴：选择“朝向直线”，设定点坐标为（0.0，0.0，0.0），方向坐标为（0.0，1.0，0.0），固定角度选择“无”。（图 3-71）

6）快进移动：安全区域类型选择“平面”，工作平面选择“刀具路径工作平面”，法线设定为（0.0，0.0，1.0），然后单击“计算”按钮。（图 3-72）

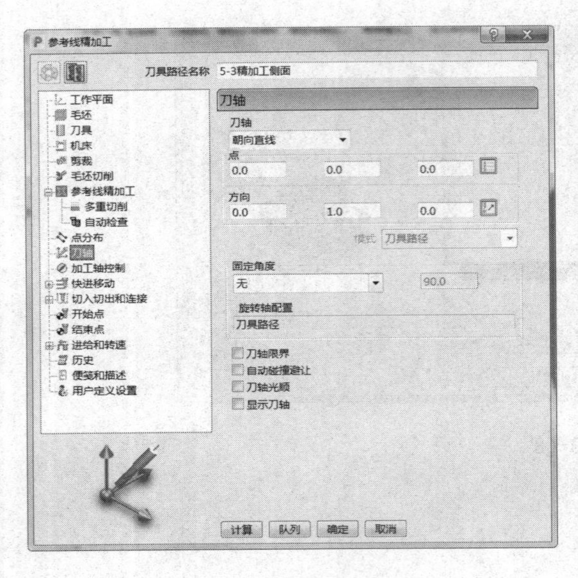

图 3-71

图 3-72

7）切入切出和连接：切入“无”，切出 “无”，第一连接“直”，第二连接“掠过”，重叠距离（刀具直径单位）“0.0”，勾选“允许移动开始点”及“刀轴不连续处增加切入切出”，角度分界值“90.0”。（图 3-73）

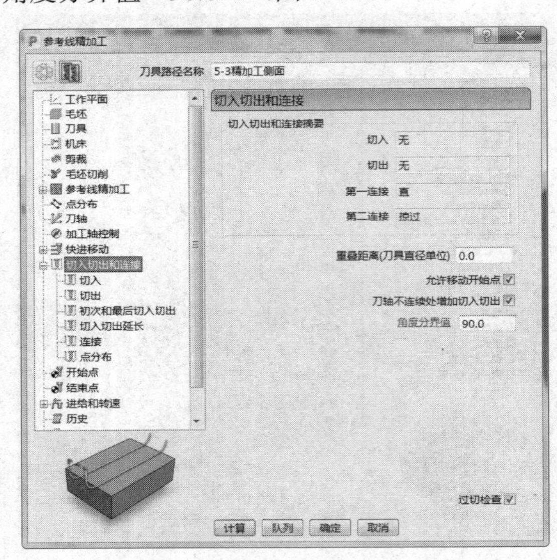

a）

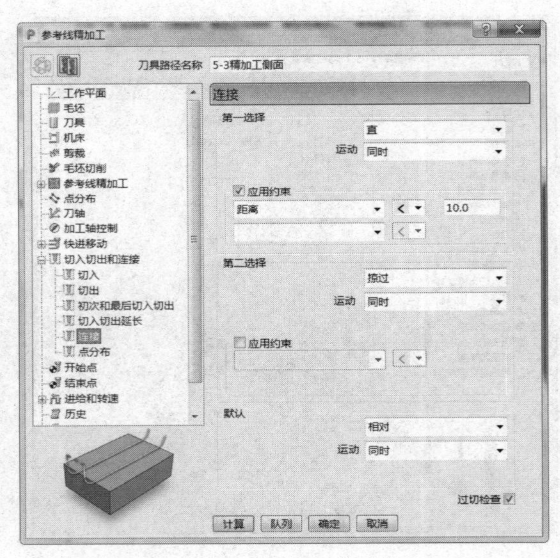

b）

图 3-73

8）开始点和结束点：开始点选择“第一点”，结束点选择“最后一点”。勾选“相对下切”“单独进刀”及“单独退刀”，设定进刀距离“10.0”、相对下切距离“5.0”、退刀距离“10.0”，沿刀轴进刀与退刀。（图 3-74）

a）

b）

图 3-74

9）进给和转速：设定主轴转速 10000.0r/min、切削进给率 3000.0mm/min、下切进给率 3000.0mm/min、掠过进给率 8000.0mm/min，标准冷却。（图 3-75）

10）单击图 3-75 中的“计算”按钮，刀具路径如图 3-76 所示。

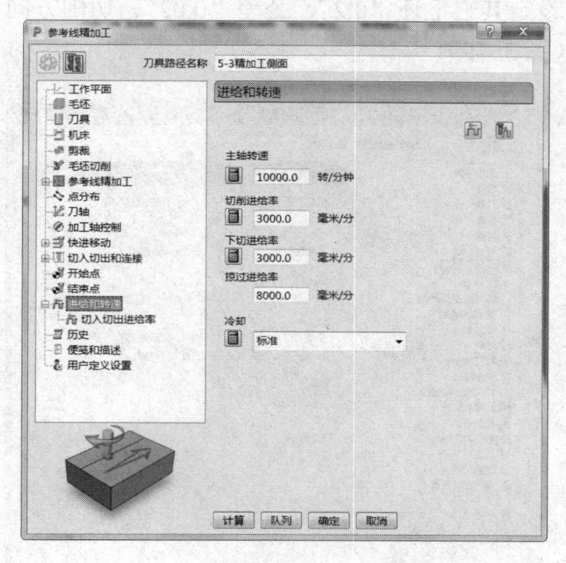

图 3-75

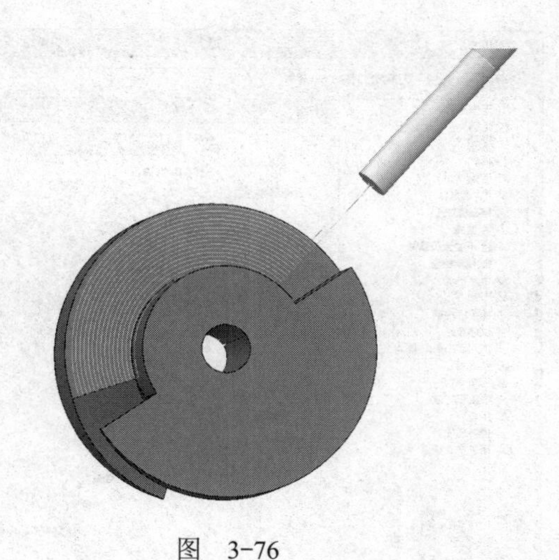

图 3-76

3.5.9 精加工清角 1

步骤：单击“主页”→“刀具路径”图标，弹出“策略选择器”表格，单击“精加工”→“等高精加工”，如图 3-77 所示。

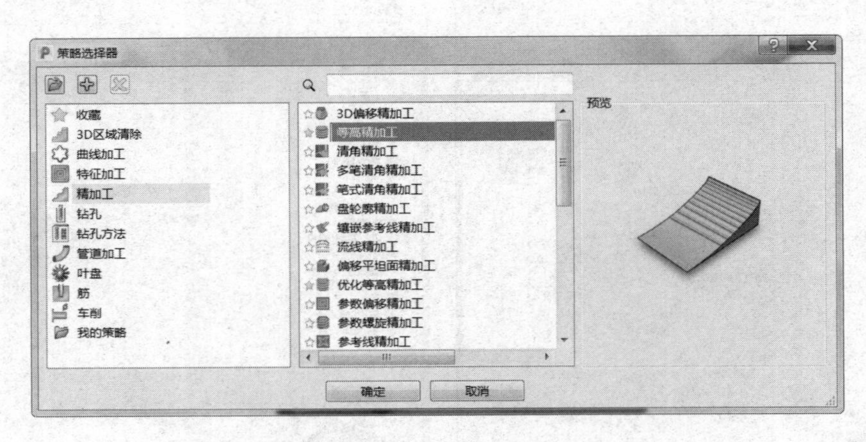

图 3-77

需要设定的参数如下：

1）工作平面：选择“清角”坐标系。

2）毛坯：选择由方框定义毛坯，工作平面选择“清角”坐标系。分别输入 X、Y、Z 限界值：X 最小“−7.0”，最大“2.0”；Y 最小“−7.3”，最大“1.0”；Z 最小“−36.0”，最大“0.0”，单击“计算”按钮生成毛坯。

3）刀具：选择“ϕ4 立铣刀”，伸出 20mm。（图 3-78）

4）等高精加工：排序方式选择“区域”，设定其它毛坯“0.2”、公差“0.02”、切削方向“任意”、余量“0.0”、最小下切步距“0.3”。（图 3-79）

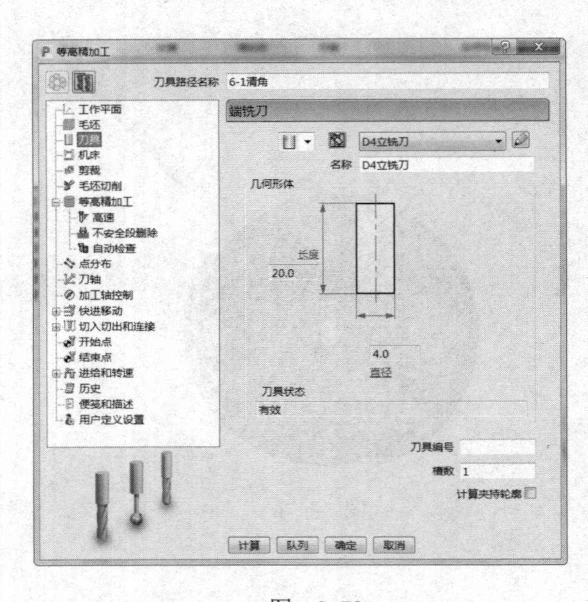

图 3-78

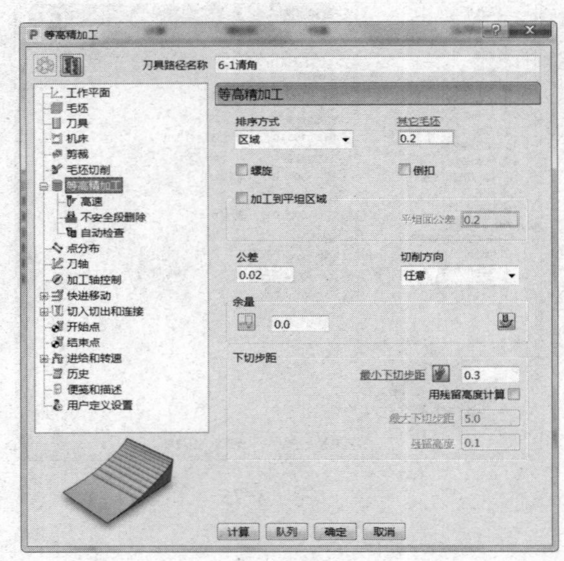

图 3-79

5）刀轴：垂直。（图 3-80）

6）快进移动：安全区域类型选择“平面”，工作平面选择“刀具路径工作平面”，法线设

定为（0.0，0.0，1.0），然后单击“计算”按钮。（图 3-81）

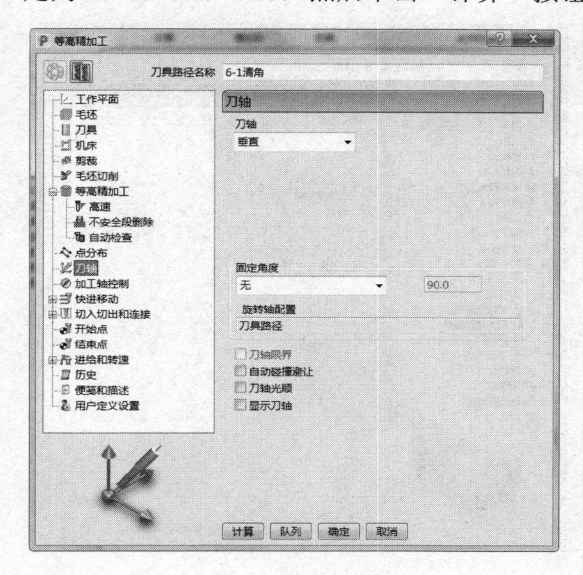

图 3-80

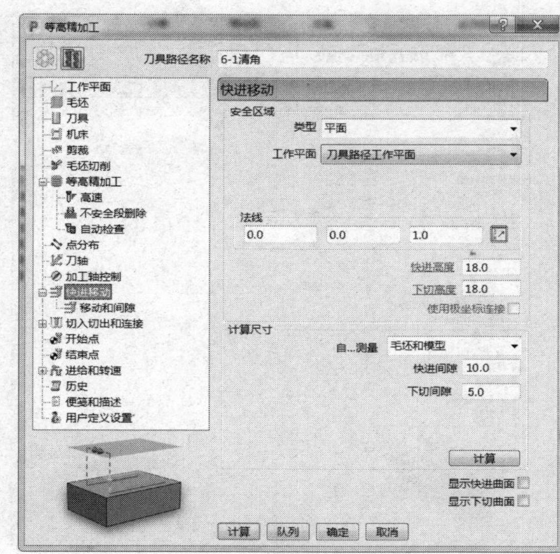

图 3-81

7）切入切出和连接：切入“延长移动”，切出“延长移动”，第一连接“直”，第二连接“掠过”，重叠距离（刀具直径单位）“0.0”，勾选“允许移动开始点”及“刀轴不连续处增加切入切出”，角度分界值“90.0”。（图 3-82）

8）开始点和结束点：开始点选择“第一点”，结束点选择“最后一点”。勾选“相对下切”“单独进刀”及“单独退刀”，设定进刀距离“10.0”、相对下切距离“5.0”、退刀距离“10.0”，沿刀轴进刀与退刀。（图 3-83）

a）

b）

图 3-82

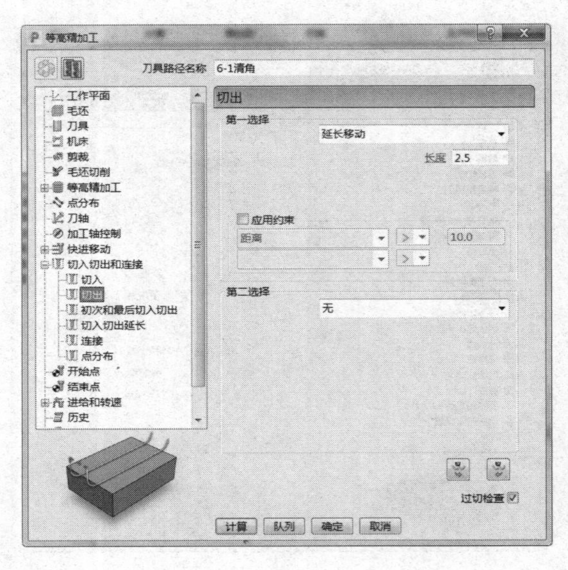

c）

d）

图 3-82（续）

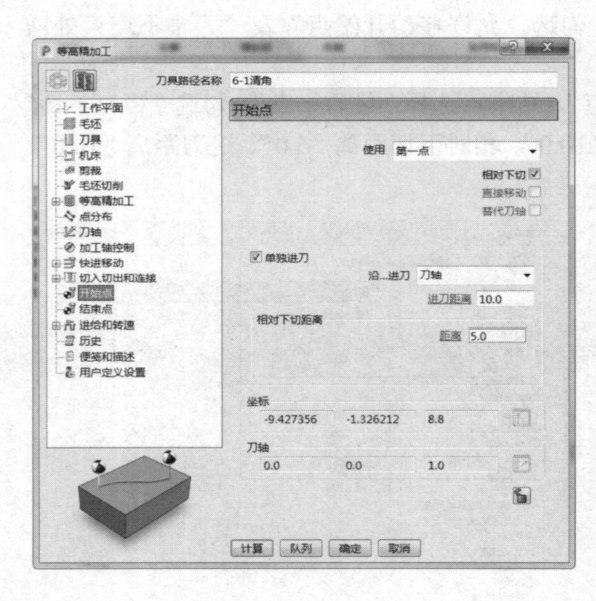

a）

b）

图 3-83

9）进给和转速：设定主轴转速 10000.0r/min、切削进给率 3000.0mm/min、下切进给率 3000.0mm/min、掠过进给率 8000.0mm/min，标准冷却。（图 3-84）

10）单击图 3-84 中的“计算”按钮，刀具路径如图 3-85 所示。

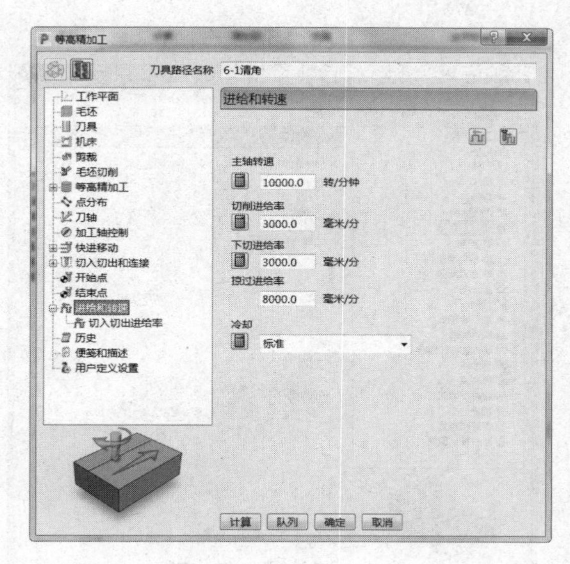

图 3-84

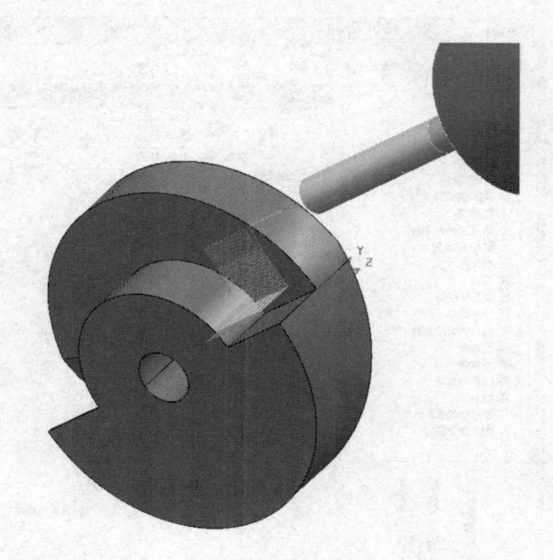

图 3-85

3.5.10 精加工清角 2

步骤：单击“主页”→“刀具路径”图标，弹出“策略选择器”表格，单击“精加工”→“等高精加工”，如图 3-86 所示。

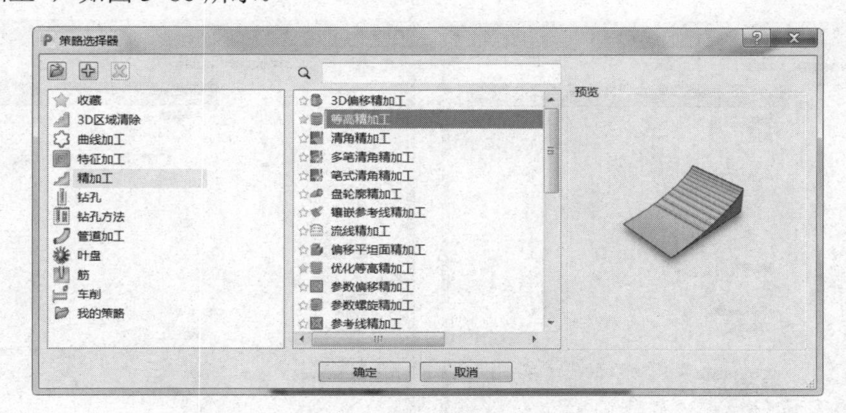

图 3-86

需要设定的参数如下：

1）工作平面：选择“清角 1”坐标系。

2）毛坯：选择由方框定义毛坯，工作平面选择“清角”坐标系。分别输入 X、Y、Z 限界值：X 最小“−5.0”，最大“1.0”；Y 最小“−1.0”，最大“0.5”；Z 最小“−36.0”，最大“0.0”，单击“计算”按钮生成毛坯。

3）刀具：选择“ϕ4 立铣刀”，伸出 20mm。（图 3-87）

4）等高精加工：排序方式选择“区域”，设定其它毛坯“0.2”、公差“0.02”、切削方向“任意”、余量“0.0”、最小下切步距“0.3”。（图 3-88）

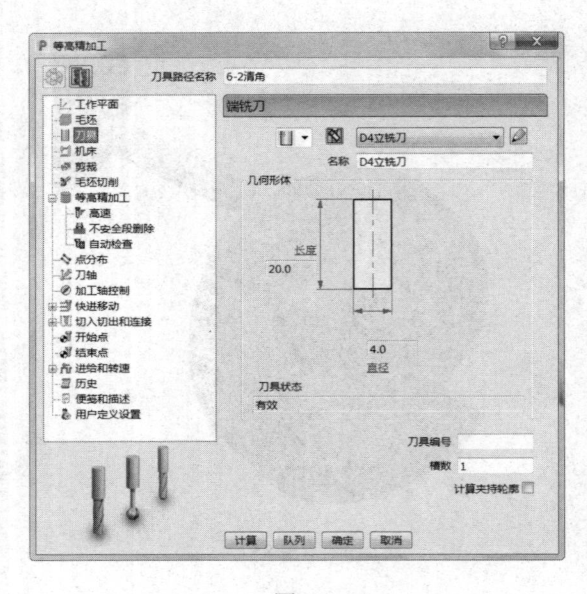

图 3-87

图 3-88

5）刀轴：垂直。（图 3-89）

6）快进移动：安全区域类型选择“平面”，工作平面选择“刀具路径工作平面”，法线设定为（0.0，0.0，1.0)，设定快进间隙“10.0”、下切间隙“5.0”，然后单击“计算”按钮。（图 3-90）

图 3-89

图 3-90

7）切入切出和连接：切入“延长移动”，切出“延长移动”，第一连接“直”，第二连接“掠过”，重叠距离（刀具直径单位）“0.0”，勾选“允许移动开始点”及“刀轴不连续处增加切入切出”，角度分界值“90.0”。（图 3-91）

a）

b）

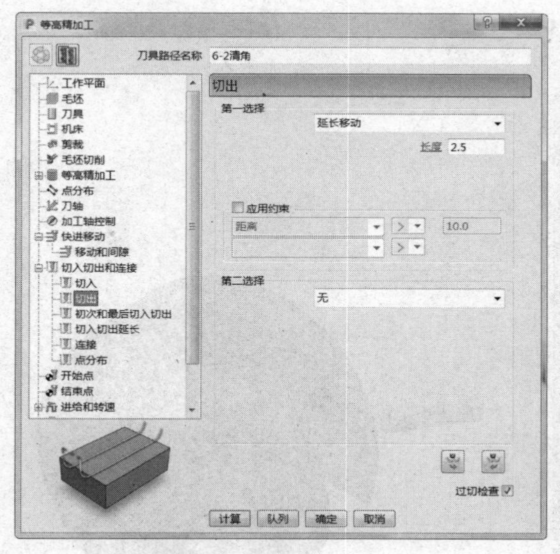

c）

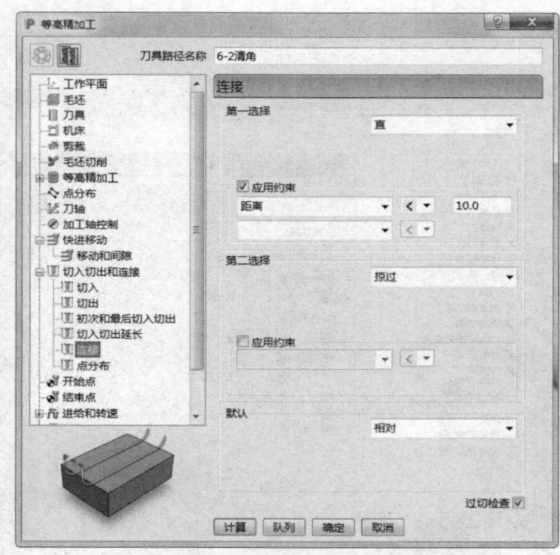

d）

图 3-91

8）开始点和结束点：开始点选择“第一点”，结束点选择“最后一点”。勾选“相对下切”“单独进刀”及“单独退刀”，设定进刀距离“10.0”、相对下切距离“5.0”、退刀距离“10.0”，沿刀轴进刀与退刀。（图 3-92）

9）进给和转速：设定主轴转速 10000.0r/min、切削进给率 3000.0mm/min、下切进给率 3000.0mm/min、掠过进给率 8000.0mm/min，标准冷却。（图 3-93）

10）单击图 3-93 中的“计算”按钮，刀具路径如图 3-94 所示。

a）

b）

图 3-92

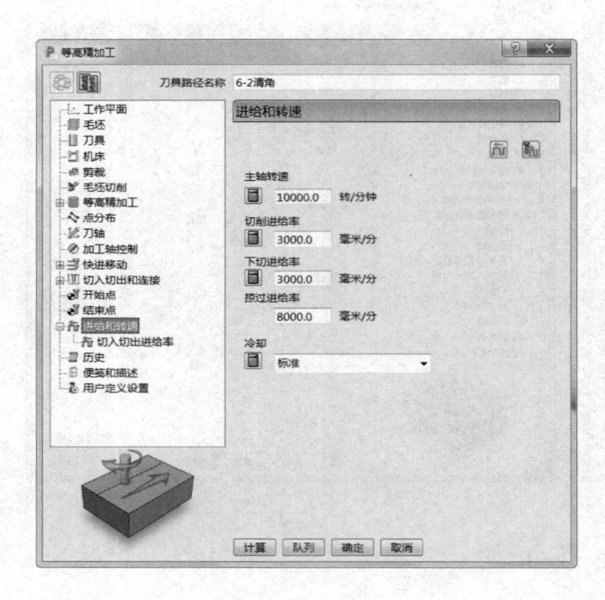

图 3-93

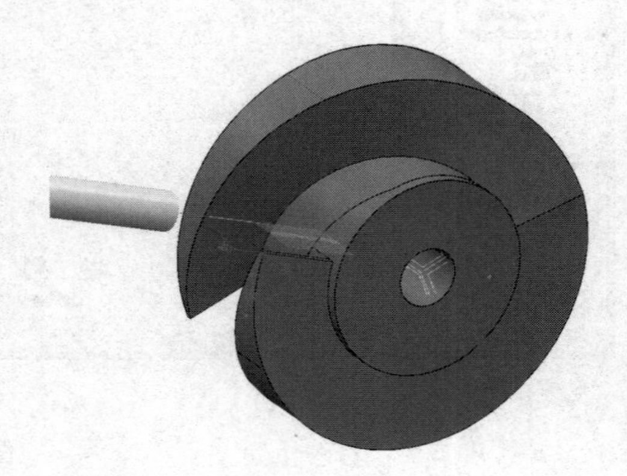

图 3-94

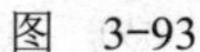

3.5.11 精加工清角 3

步骤：单击“主页”→“刀具路径”图标，弹出“策略选择器”表格，单击“精加工”→“等高精加工”，如图 3-95 所示。

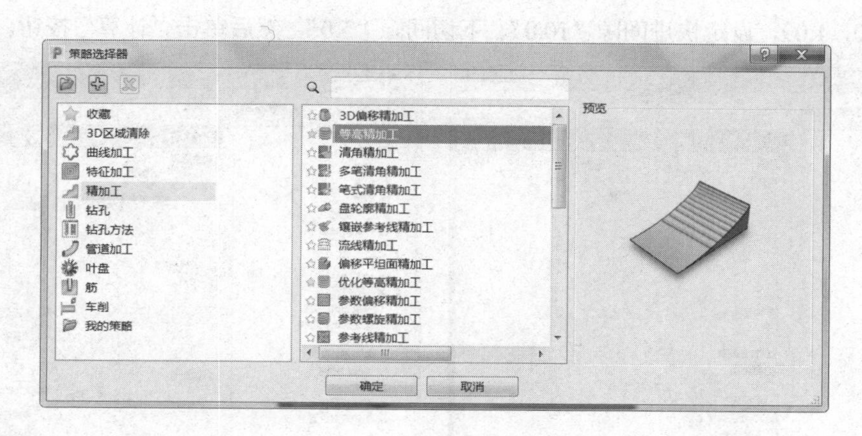

图 3-95

需要设定的参数如下：

1）工作平面：选择“清角 2”坐标系。

2）毛坯：选择由方框定义毛坯，工作平面选择“清角”坐标系。分别输入 X、Y、Z 限界值：X 最小“–1.0”，最大“5.0”；Y 最小“–1.0”，最大“1.0”；Z 最小“–36.0”，最大“0.0”，单击“计算”按钮生成毛坯。

3）刀具：选择“ϕ4 立铣刀”，伸出 20mm。（图 3-96）

4）等高精加工：排序方式选择“区域”，设定其它毛坯“0.2”、公差“0.02”、切削方向“任意”、余量“0.0”、最小下切步距“0.3”。（图 3-97）

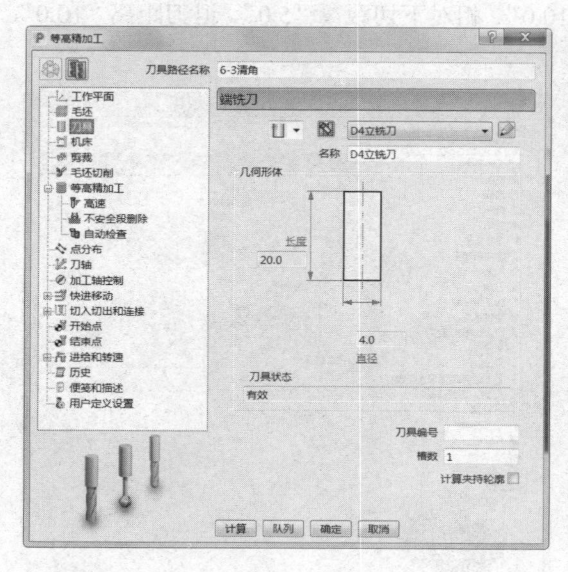

图 3-96

图 3-97

5）刀轴：垂直。（图 3-98）

6）快进移动：安全区域类型选择“平面”，工作平面选择“刀具路径工作平面”，法线设定

为（0.0，0.0，1.0），设定快进间隙“10.0”、下切间隙“5.0”，然后单击“计算”按钮。（图 3-99）

图 3-98

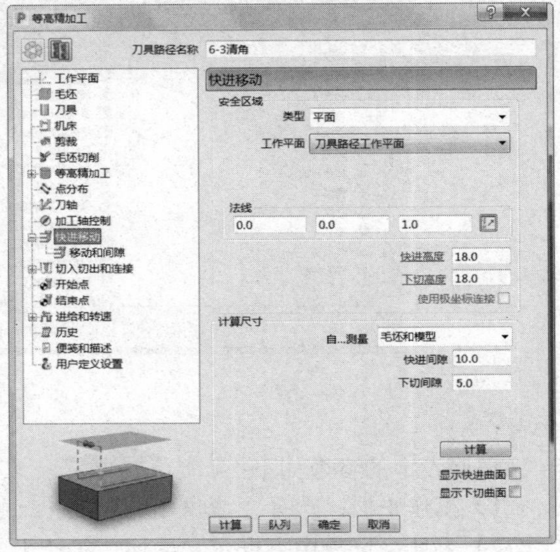

图 3-99

7）切入切出和连接：切入“延长移动”，切出 “延长移动”，第一连接“直”，第二连接“掠过”，重叠距离（刀具直径单位）“0.0”，勾选“允许移动开始点”及“刀轴不连续处增加切入切出”，角度分界值“90.0”。（图 3-100）

8）开始点和结束点：开始点选择“第一点”，结束点选择“最后一点”。勾选“相对下切”“单独进刀”及“单独退刀”，设定进刀距离“10.0”、相对下切距离“5.0”、退刀距离“10.0”，沿刀轴进刀与退刀。（图 3-101）

a）

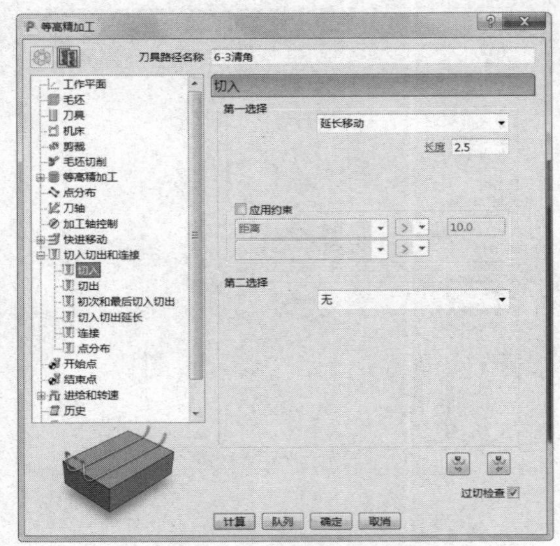

b）

图 3-100

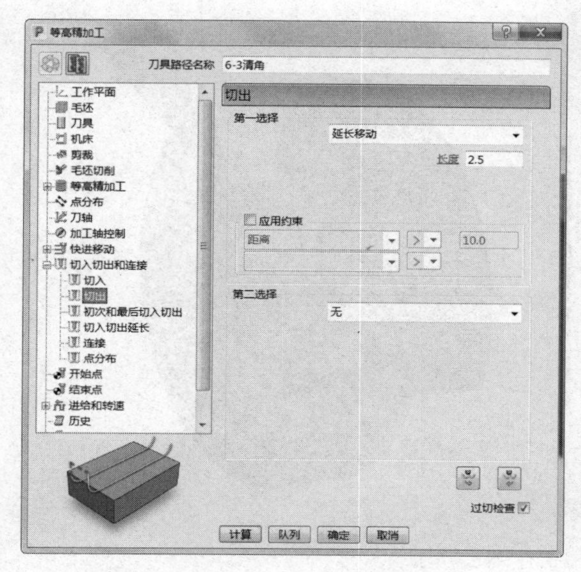

c）

d）

图 3-100（续）

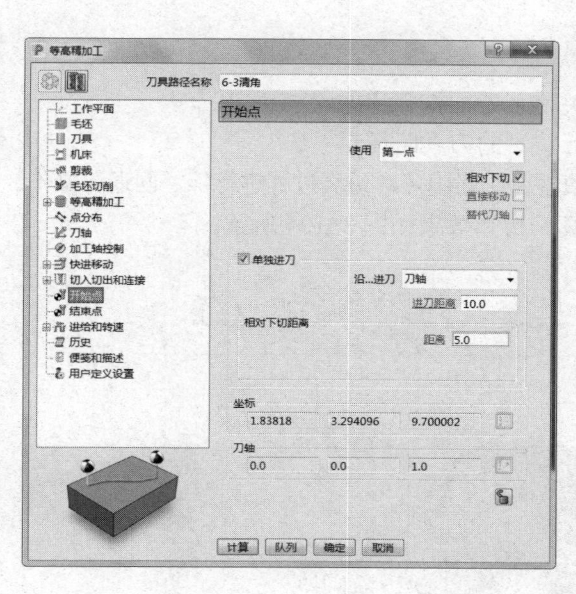

a）

b）

图 3-101

9）进给和转速：设定主轴转速 10000.0r/min、切削进给率 3000.0mm/min、下切进给率 3000.0mm/min、掠过进给率 8000.0mm/min，标准冷却。（图 3-102）

10）单击图 3-102 中的“计算”按钮，刀具路径如图 3-103 所示。

图 3-102

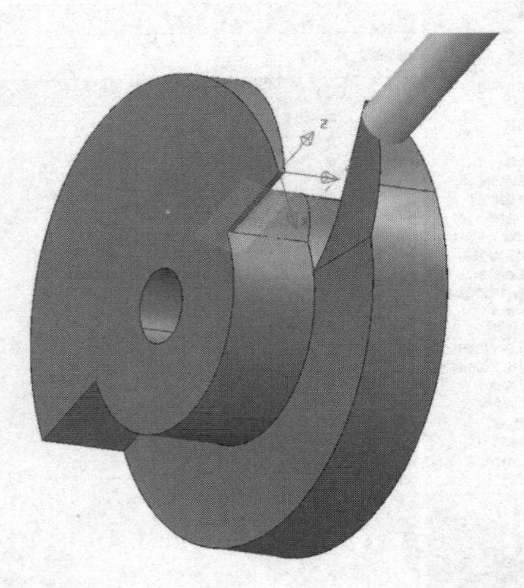

图 3-103

3.6 NC 程序仿真及后处理

3.6.1 NC 程序仿真

以“加工凸台到尺寸”刀具路径为例：

1）打开主界面的“仿真”标签，单击开关使之处于打开状态。

2）在“条目”下拉菜单中单击选择要进行仿真的刀具路径。

3）单击“运行”按钮来查看仿真。在“仿真控制”栏中可对仿真过程进行停、回退等操作。

4）单击“退出 ViewMill”按钮来终止仿真。仿真效果如图 3-104 所示。

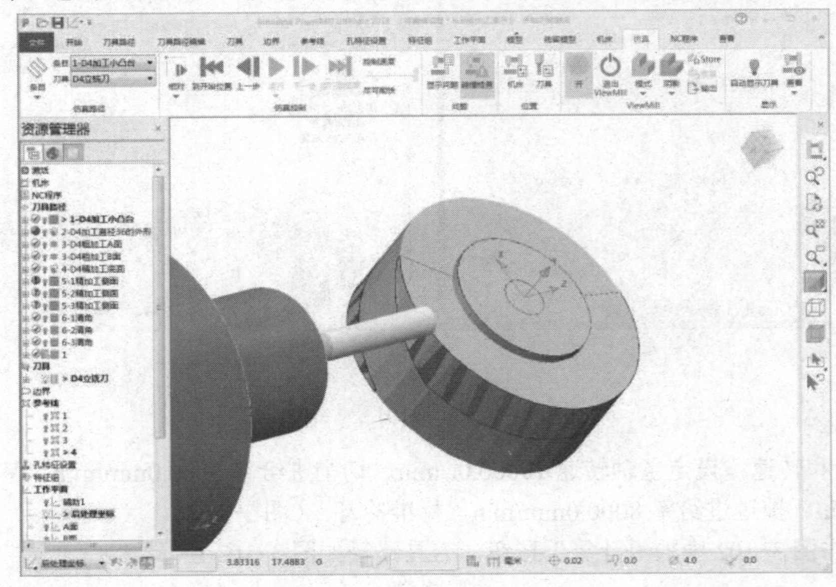

图 3-104

3.6.2 NC 程序后处理

1）在资源管理器中右击要产生 NC 程序的刀具路径名称，选择“创建独立的 NC 程序”。

2）在资源管理器中“NC 程序”标签下找到与刀具路径同名的 NC 程序，右击程序名，在菜单中选择“编辑已选”，弹出“编辑已选 NC 程序”表格，如图 3-105 所示。

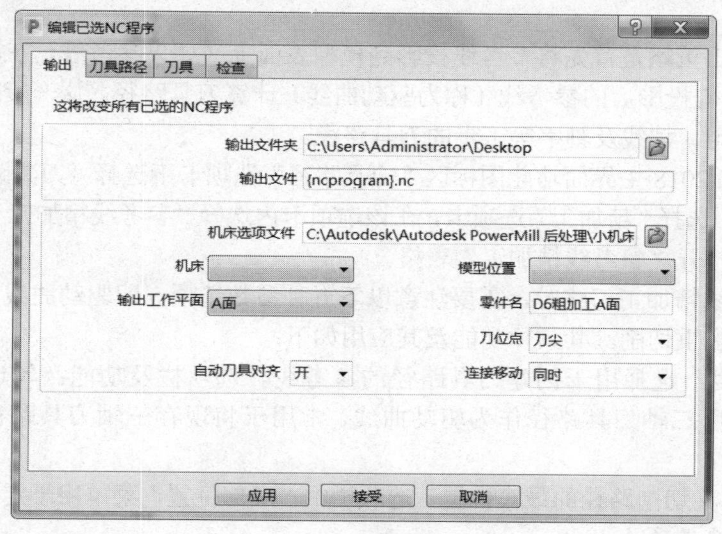

图 3-105

3）在输出文件名后键入文件后缀，例如键入“.nc”，输出的程序文件后缀名即为“.nc”。

4）选择机床选项文件，单击相应的机床后处理文件。

5）输出工作平面选择相应的后处理工作平面，单击“应用”及“接受”按钮。

3.6.3 生成 G 代码

在 PowerMill 2018 的资源管理器中右击“NC 程序”标签下要生成 G 代码的程序文件，在菜单中选择“写入”，弹出“信息”表格。后处理完成后信息如图 3-106 所示，并可以在相应路径找到生成的 NC 文件（G 代码）。

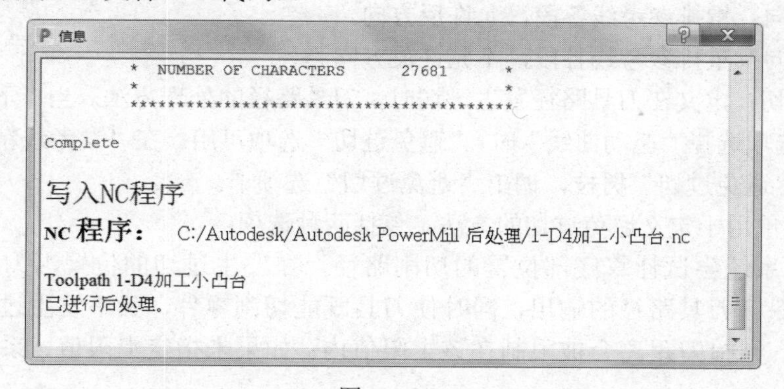

图 3-106

3.7 经验点评及重点策略说明

本章介绍了模型区域清除、等高精加工、参考线精加工、直线投影精加工等操作，此零件是典型的四轴加工零件，其中参考线精加工是常用的加工策略，参考线精加工的创建和编辑步骤如下：

参考线精加工策略是首先将参考线投影到模型表面上（如果参考线已在曲面上，则不进行投影），然后沿着投影后的参考线（称为驱动曲线）计算刀具路径。这一策略常用于计算毛坯的余量是否均匀、划线及刻字等工步的刀具路径。

在 PowerMill 2018 主界面功能图标区“刀具路径”选项卡下选择“刀具路径”，打开“策略选择器”表格，选择“精加工”选项卡，在该选项卡内选择“参考线精加工”，然后单击“确定”按钮，即可打开“参考线精加工”表格。

在计算参考线精加工刀路时，需要注意以下五种参数选项，即驱动曲线、下限、加工顺序、避免过切及多重切削。其具体功能及其应用如下：

1）驱动曲线：选择用于创建刀具路径的参考线。选项栏及功能：勾选“使用刀具路径”复选框可使用三轴刀具路径作为驱动曲线，常用于将现存三轴刀具路径转换为多轴刀具路径。

2）下限：定义切削路径的最底位置。选项栏中“底部位置”菜单用于定义切削的最底位置，包括以下三个选项：

① 自动：沿刀轴方向降下刀具至零件表面。在固定三轴加工时，刀轴为垂直状态，该选项的功能与“投影”选项相同。如果是多轴加工，刀轴不是垂直状态而是指向某一直线，则刀具路径会按刀轴方向下降至零件表面。

② 投影：沿刀轴方向降下刀具至零件表面。

③ 驱动曲线：直接将参考线转换为刀具路径，不进行投影。

3）加工顺序：用于决定参考线各段加工的顺序。参考线是有方向的，而一条参考线往往是由多个线段组成的，各线段的方向在转换为刀具路径后就变成切削方向。“加工顺序”栏通过重排组成参考线的线段来减少刀具路径的连接距离，包括以下三个选项：

① 参考线：保持原始参考线的方向不变，不做重新排序。

② 自由方向：重排参考线各段，允许反方向。

③ 固定方向：重排参考线各段，不允许反方向。

4）避免过切：定义在刀具路径发生过切时，刀具路径的处理方法。当“下限”选项栏的“底部位置”选项选择“驱动曲线”时，“避免过切”选项可用。在“参考线精加工”表格的策略树中单击“避免过切”树枝，调出“避免过切”选项卡。

“策略”菜单用于定义避免过切的方法，包括两种选项：

① 跟踪：系统尝试计算底部位置的切削路径，在发生过切的位置沿刀轴方向自动抬高刀具路径，保证刀具路径的输出，同时使刀具既能切削零件，又不发生过切。如果指定了抬刀上限值，则抬刀距离会被限制在该上限值内；如果未指定上限值，系统会假定抬刀值没有限制。

② 提起：系统尝试计算底部位置的切削路径，如果发生过切，则直接剪裁掉过切位置的刀具路径。

5）多重切削：如果刻线深度较深而刀具直径很小，不能一次刻到位，此时就需要分层切削。“多重切削”即是在此情况下用于定义生成 Z 方向的多条刀具路径的方法。

在“参考线精加工”表格的策略树中单击“多重切削”树枝，调出“多重切削”选项卡。

多重切削方式有以下四种：

① 关：不生成多重切削刀具路径。

② 向下偏移：向下偏移顶部切削路径来形成多重切削刀具路径。

③ 向上偏移：向上偏移底部切削路径来形成多重切削刀具路径。

④ 合并：同时从顶部和底部路径开始向下、向上偏移，并在刀具路径相交部位做合并处理。

本章内容可使用户对 PowerMill 2018 中参考线精加工策略的应用有所认识，为以后的应用打下基础。

第4章 3D打印头架的四轴加工

4.1 加工任务概述

图 4-1 所示为 3D 打印头架的加工图。其基本流程包括加工外形曲面、加工圆弧倒角以及在圆柱侧面加工一个圆孔等。其毛坯直径为 66mm，长度为 12mm，材质为硬铝 2A12。

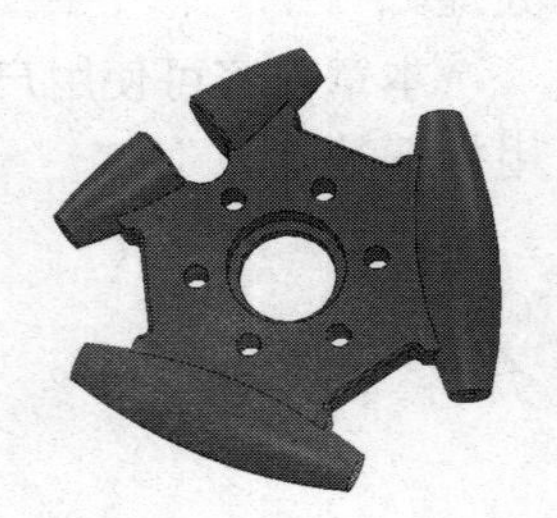

图 4-1

4.2 工艺方案分析

3D 打印头架的加工工艺方案见表 4-1。

表 4-1

工 序 号	加 工 内 容	加 工 方 式	机 床	刀 具
1	下料ϕ66mm×12mm	铣削	立式铣床	
2	0° 方向粗加工	模型区域清除	UCAR-DPCNC4S150	ϕ6mm 立铣刀
3	120° 方向粗加工	模型区域清除	UCAR-DPCNC4S150	ϕ6mm 立铣刀
4	240° 方向粗加工	模型区域清除	UCAR-DPCNC4S150	ϕ6mm 立铣刀
5	−60° 精加工曲面	等高精加工	UCAR-DPCNC4S150	ϕ4mm、R0.2mm 圆鼻刀
6	60° 精加工曲面	等高精加工	UCAR-DPCNC4S150	ϕ4mm、R0.2mm 圆鼻刀
7	加工平面（辅助坐标 1 方向）	面铣削	UCAR-DPCNC4S150	ϕ6mm 球头刀
8	钻孔	钻孔	UCAR-DPCNC4S150	ϕ2mm 钻头
9	清角（辅助坐标 1 方向）	优化等高精加工	UCAR-DPCNC4S150	ϕ4mm 球头刀
10	精加工 180° 方向槽的一侧	等高精加工	UCAR-DPCNC4S150	ϕ6mm 球头刀

3D 打印头架的工装方案如图 4-2 所示。

图 4-2

4.3 准备加工模型

启动 PowerMill 2018，进入主界面，输入模型，步骤如下：

单击“文件”→“输入”→“模型”，选择文件路径打开，如图 4-3 所示。

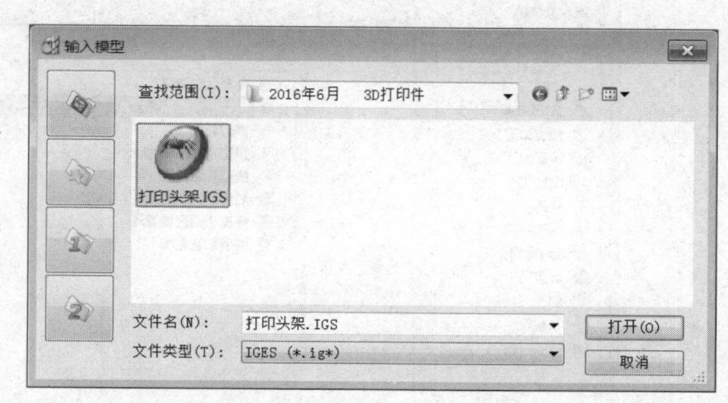

图 4-3

4.4 毛坯的设定

进入“毛坯”表格：单击选择“圆柱”→“计算”，显示“毛坯”表格，如图 4-4 所示。

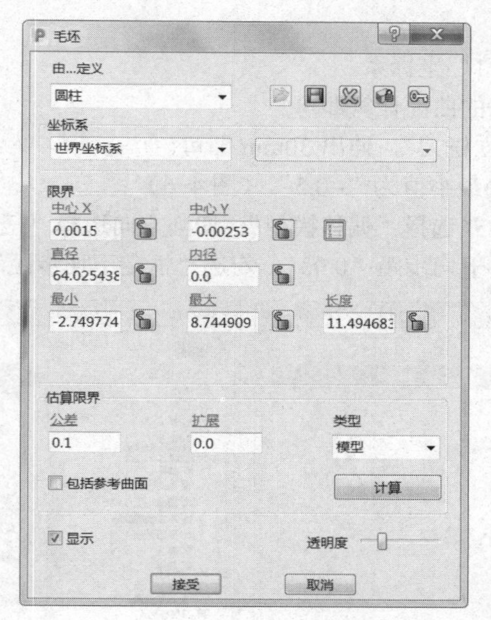

图 4-4

4.5 编程详细操作步骤

根据表 4-1 依次制订工序 2～10 的刀具路径。

4.5.1 0° 方向粗加工

步骤：单击“主页”→“刀具路径”图标，弹出“策略选择器”表格，单击“3D 区域清除”→“模型区域清除”，如图 4-5 所示。

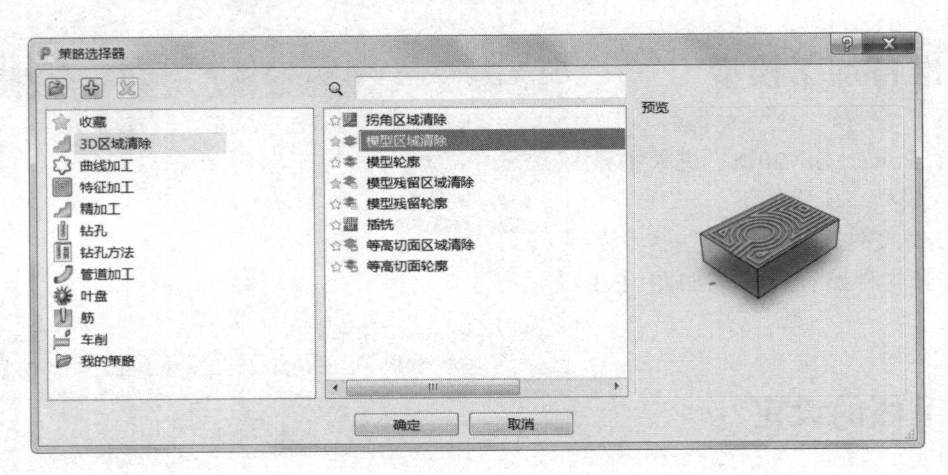

图 4-5

需要设定的参数如下：

1）工作平面：选择“1”坐标系。

2）毛坯：选择要加工的曲面计算即可。

3）刀具：选择“ϕ6 立铣刀”，伸出 30mm 即可。

4）剪裁：设定 Z 限界最小值为“–0.5”。（图 4–6）

5）模型区域清除：样式选择“偏移模型”，切削方向选择“任意”，设定公差“0.005”、余量“0.5”、行距“3.5”、下切步距“0.03”，勾选“恒定下切步距”。（图 4–7）

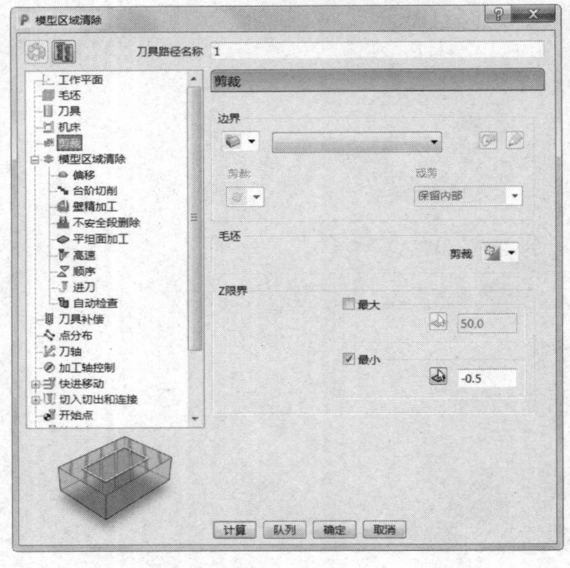

图 4–6

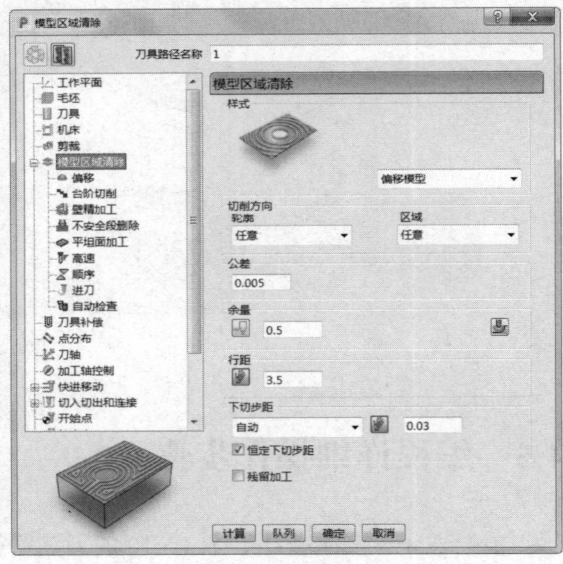

图 4–7

6）刀轴：垂直。（图 4–8）

7）快进移动：安全区域类型选择“平面”，工作平面选择“刀具路径工作平面”，法线设定为（0.0，0.0，1.0），设定快进间隙“10.0”、下切间隙“5.0”，然后单击“计算”按钮。（图 4–9）

图 4-8

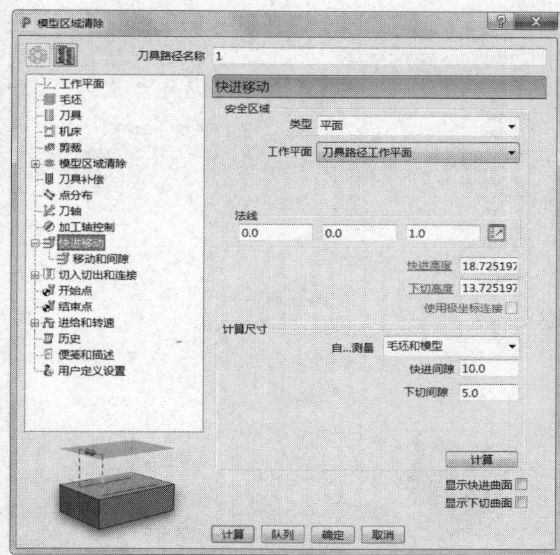

图 4-9

8）切入切出和连接：切入“无”，切出“无”，第一连接“掠过”，第二连接“掠过”，重叠距离（刀具直径单位）“0.0”，勾选“允许移动开始点”及“刀轴不连续处增加切入切出”，角度分界值“90.0”。（图 4-10）

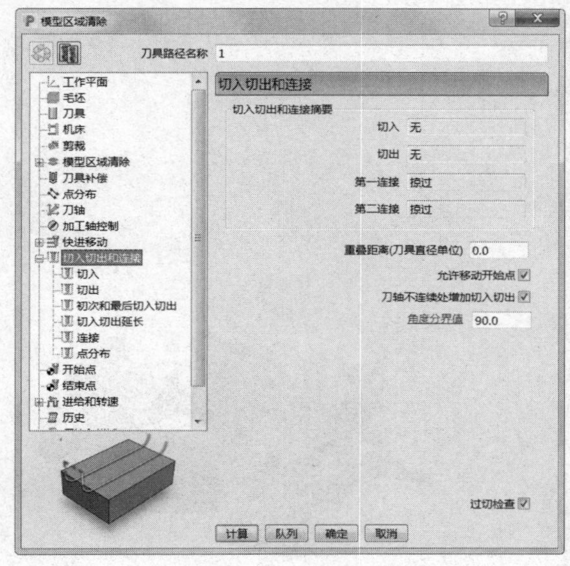

a）

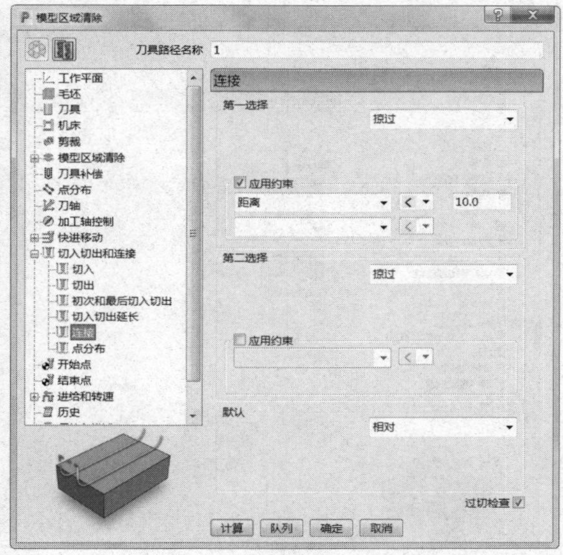

b）

图 4-10

9）开始点和结束点：开始点选择“第一点安全高度”，结束点选择“最后一点安全高度”。勾选“相对下切”“单独进刀”及“单独退刀”，设定进刀距离“5.0”、相对下切距离“1.0”，自毛坯测量，退刀距离“5.0”，沿刀轴进刀与退刀。（图 4-11）

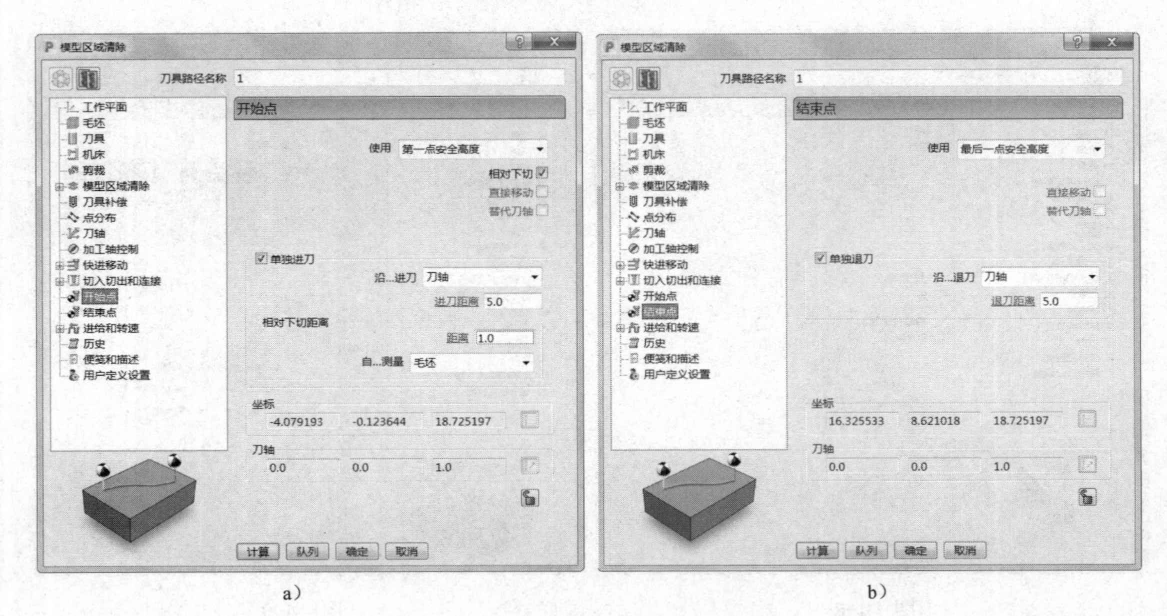

a） b）

图 4-11

10）进给和转速：设定主轴转速 1500.0r/min、切削进给率 1000.0mm/min、下切进给率 500.0mm/min、掠过进给率 3000.0mm/min，标准冷却。（图 4-12）

11）单击图 4-12 中的“计算”按钮，刀具路径如图 4-13 所示。

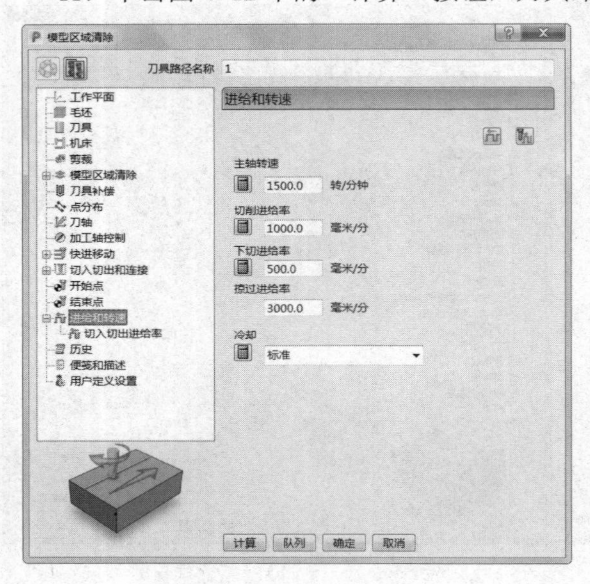

图 4-12

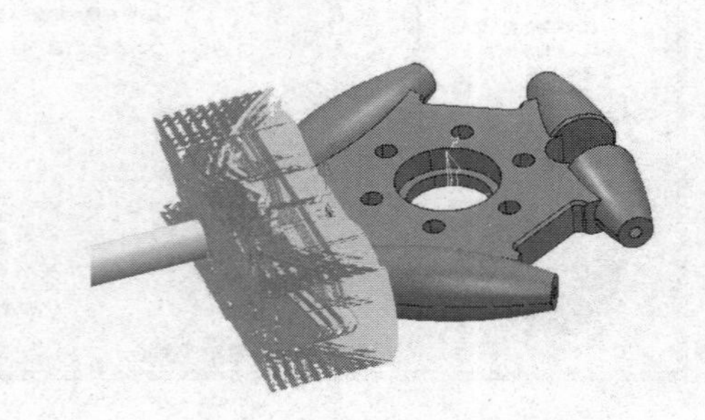

图 4-13

4.5.2 120° 方向粗加工

步骤：单击“主页”→“刀具路径”图标，弹出“策略选择器”表格，单击“3D 区域清除”→“模型区域清除”，如图 4-14 所示。

图 4-14

需要设定的参数如下：

1）工作平面：选择“2”坐标系。

2）毛坯：选择要加工的曲面计算即可。

3）刀具：选择“ϕ6 立铣刀”，伸出 30mm 即可。

4）剪裁：设定 Z 限界最小值为“–0.5”。（图 4-15）

5）模型区域清除：样式选择“偏移模型”，切削方向选择“任意”，设定公差“0.005”、余量“0.5”、行距“3.5”、下切步距“0.03”，勾选“恒定下切步距”。（图 4-16）

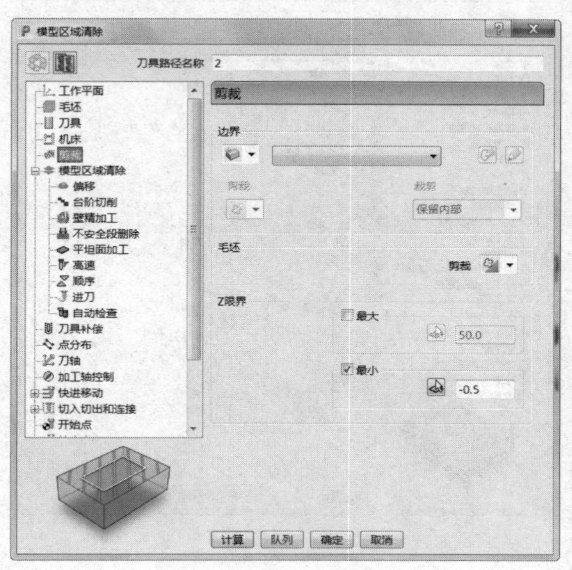

图 4-15

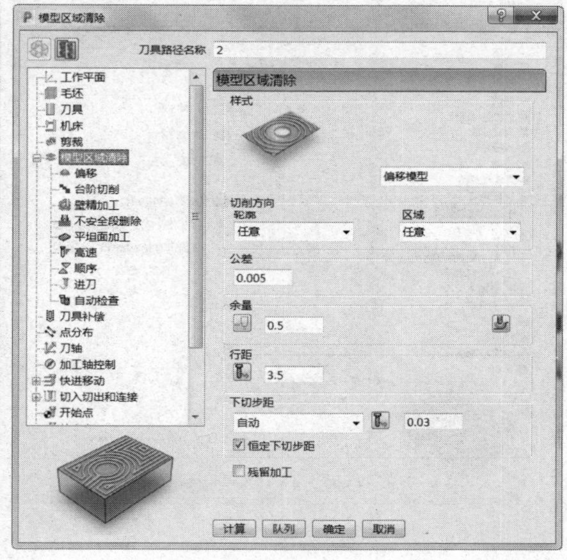

图 4-16

6）刀轴：垂直。（图 4-17）

7）快进移动：安全区域类型选择“平面”，工作平面选择“刀具路径工作平面”，法线设定为（0.0，0.0，1.0），设定快进间隙“10.0”、下切间隙“5.0”，然后单击“计算”按钮。（图 4-18）

图 4-17

图 4-18

8）切入切出和连接：切入“无”，切出“无”，第一连接“掠过”，第二连接“掠过”，重叠距离（刀具直径单位）“0.0”，勾选“允许移动开始点”及“刀轴不连续处增加切入切出”，角度分界值“90.0”。（图 4-19）

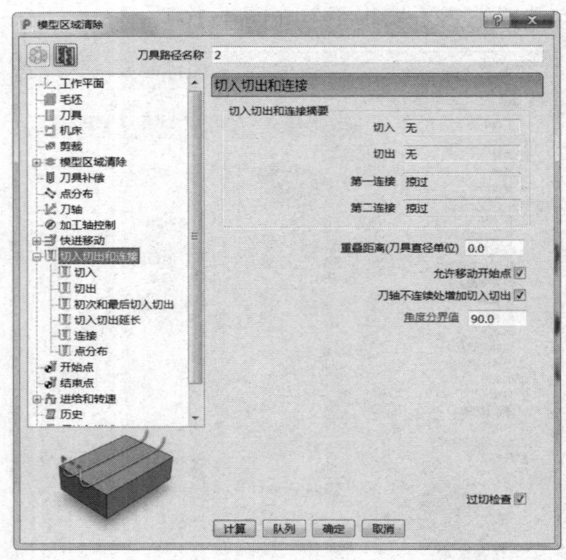

a）

b）

图 4-19

9）开始点和结束点：开始点选择“第一点安全高度”，结束点选择“最后一点安全高度”。勾选“相对下切”“单独进刀”及“单独退刀”，设定进刀距离“5.0”、相对下切距离“1.0”，自毛坯测量，退刀距离“5.0”，沿刀轴进刀与退刀。（图 4-20）

a)

b)

图 4-20

10）进给和转速：设定主轴转速 1500.0r/min、切削进给率 1000.0mm/min、下切进给率 500.0mm/min、掠过进给率 3000.0mm/min，标准冷却。（图 4-21）

11）单击图 4-21 中的“计算”按钮，刀具路径如图 4-22 所示。

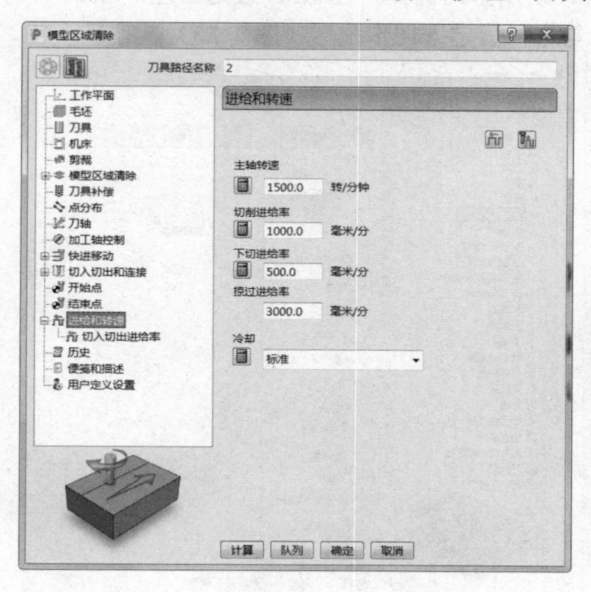

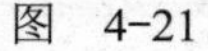
图 4-21

图 4-22

4.5.3 240° 方向粗加工

步骤：单击“主页”→“刀具路径”图标，弹出“策略选择器”表格，单击“3D 区域清除”→“模型区域清除”，如图 4-23 所示。

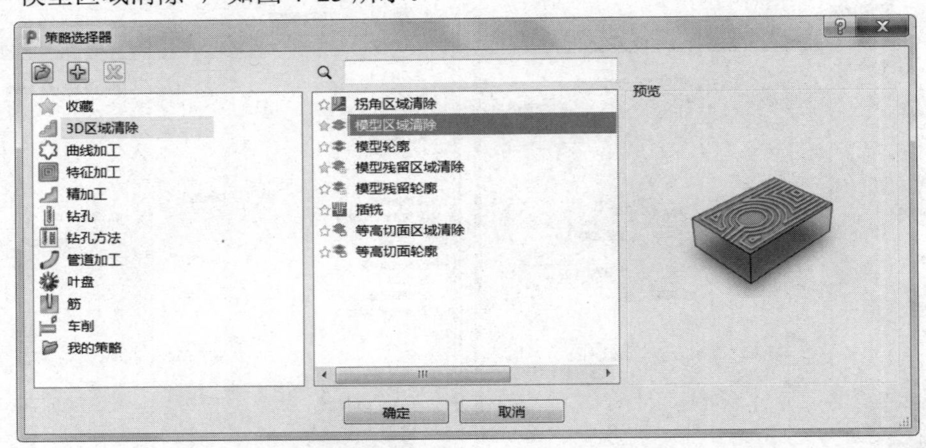

图 4-23

需要设定的参数如下：

1）工作平面：选择“3”坐标系。

2）毛坯：选择要加工的曲面计算即可。

3）刀具：选择“ϕ6 立铣刀”，伸出 30mm 即可。

4）剪裁：设定 Z 限界最小值为“-0.5”。（图 4-24）

5）模型区域清除：样式选择“偏移模型”，切削方向选择“任意”，设定公差“0.005”、余量“0.5”、行距“3.5”、下切步距“0.03”，勾选“恒定下切步距”。（图 4-25）

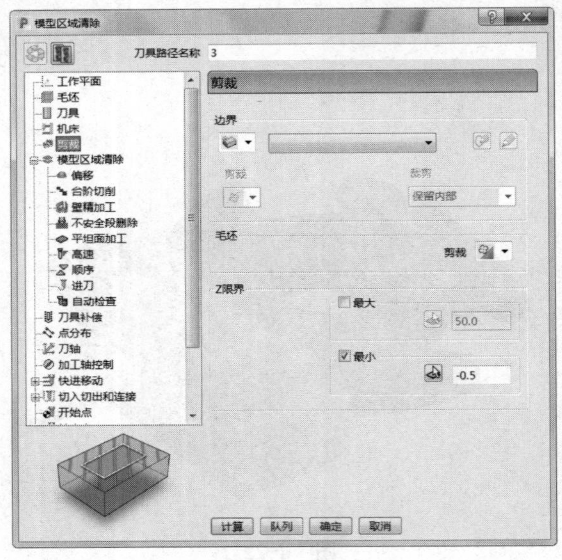

图 4-24

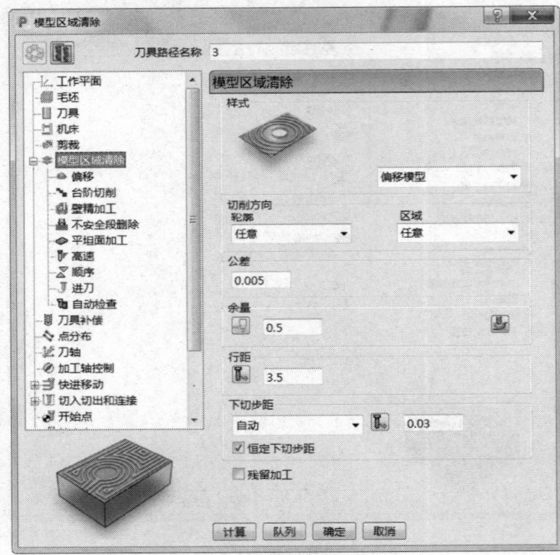

图 4-25

6）刀轴：垂直。（图 4-26）

7）快进移动：安全区域类型选择“平面”，工作平面选择“刀具路径工作平面”，法线设定为（0.0，0.0，1.0），设定快进间隙“10.0”、下切间隙“5.0”，然后单击“计算”按钮。（图 4-27）

图 4-26

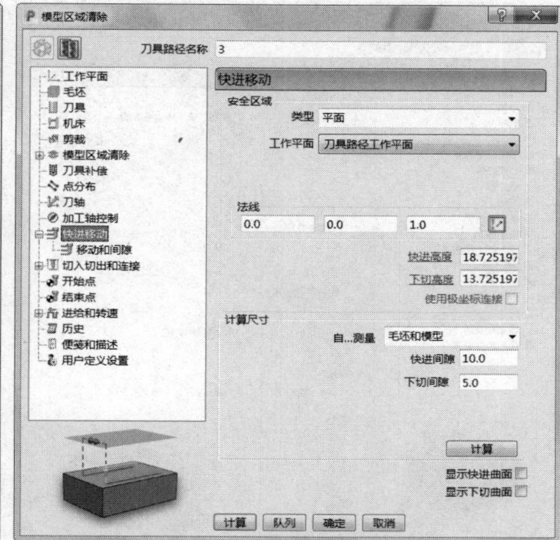

图 4-27

8）切入切出和连接：切入“无”，切出“无”，第一连接“掠过”，第二连接“掠过”，重叠距离（刀具直径单位）“0.0”，勾选“允许移动开始点”及“刀轴不连续处增加切入切出”，角度分界值“90.0”。（图 4-28）

a）

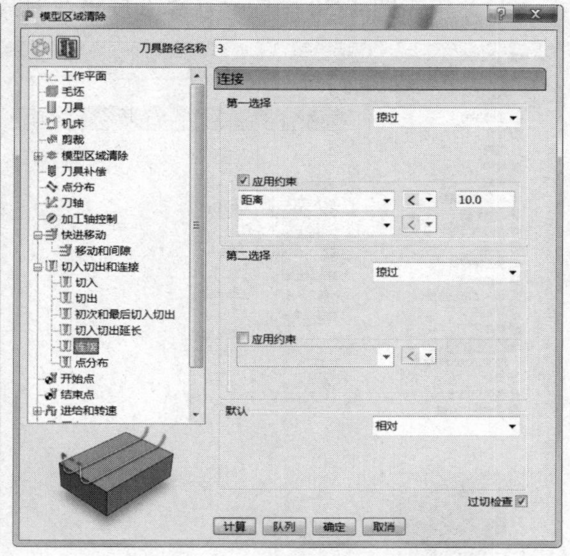

b）

图 4-28

9）开始点和结束点：开始点选择“第一点安全高度”，结束点选择“最后一点安全高度”。勾选“相对下切”“单独进刀”及“单独退刀”，设定进刀距离“5.0”、相对下切距离“1.0”，自毛坯测量，退刀距离“5.0”，沿刀轴进刀与退刀。（图 4-29）

a）

b）

图 4-29

10）进给和转速：设定主轴转速 1500.0r/min、切削进给率 1000.0mm/min、下切进给率 500.0mm/min、掠过进给率 3000.0mm/min，标准冷却。（图 4-30）

11）单击图 4-30 中的“计算”按钮，刀具路径如图 4-31 所示。

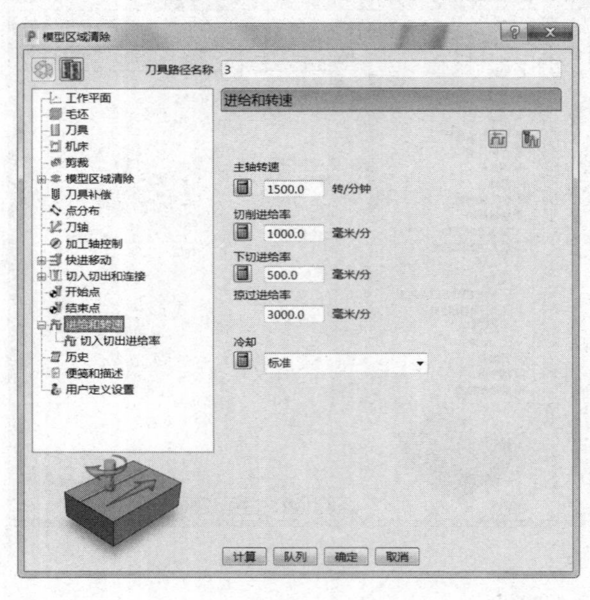

图 4-30

图 4-31

4.5.4 −60° 精加工曲面

步骤：单击“主页”→“刀具路径”图标，弹出“策略选择器”表格，单击“精加工”

→“等高精加工”，如图 4-32 所示。

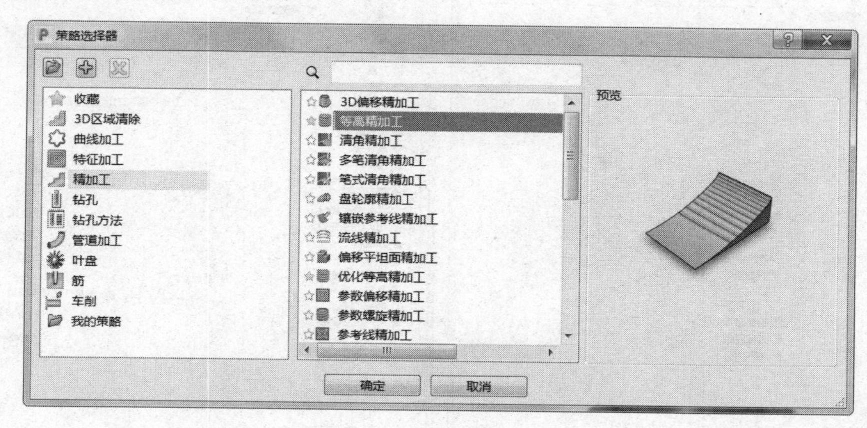

图 4-32

需要设定的参数如下：

1）工作平面：选择“4”坐标系。

2）毛坯：选择要加工的曲面计算即可。

3）刀具：选择“ϕ4R0.2 圆鼻刀”，伸出 30mm 即可。

4）剪裁：设定 Z 限界最小值为“-21.0”。（图 4-33）

5）等高精加工：排序方式选择“区域”，设定其它毛坯“0.2”、公差“0.001”、切削方向“任意”、余量“0.0”、最小下切步距“0.05”。（图 4-34）

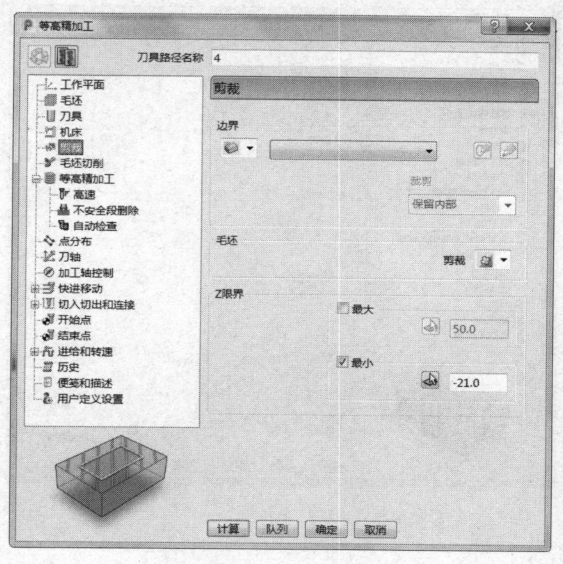

图 4-33

图 4-34

6）刀轴：垂直。（图 4-35）

7）快进移动：安全区域类型选择“平面”，工作平面选择“刀具路径工作平面”，法线设定为（0.0，0.0，1.0），设定快进间隙“10.0”、下切间隙“5.0”，然后单击“计算”按钮。（图 4-36）

图 4-35

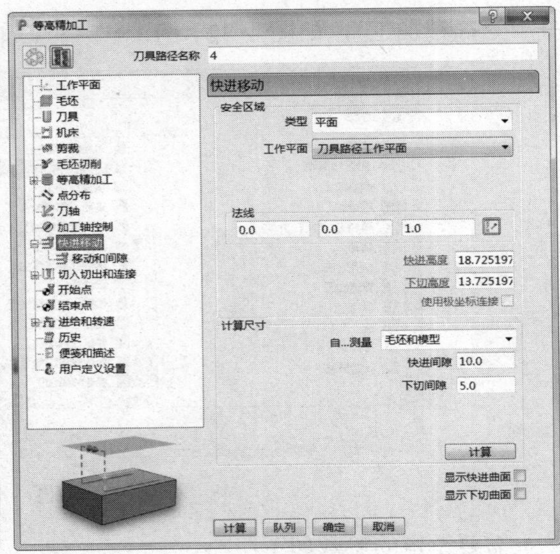

图 4-36

8）切入切出和连接：切入“无”，切出“无”，第一连接选择“曲面上”，第二连接选择“掠过”，重叠距离（刀具直径单位）“0.0”，勾选“允许移动开始点”及“刀轴不连续处增加切入切出”，角度分界值“90.0”。（图 4-37）

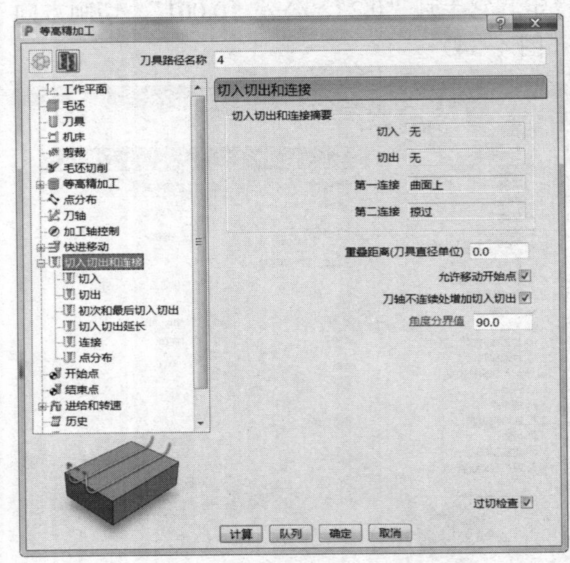

a）

b）

图 4-37

9）开始点和结束点：开始点选择“第一点安全高度”，结束点选择“最后一点安全高度”。勾选“相对下切”“单独进刀”及“单独退刀”，设定进刀距离“5.0”、相对下切距离“1.0”、退刀距离“5.0”，沿刀轴进刀与退刀。（图 4-38）

a）

b）

图 4-38

10）进给和转速：主轴转速 15000.0r/min、切削进给率 1000.0mm/min、下切进给率 500.0mm/min、掠过进给率 3000.0mm/min。（图 4-39）

11）单击图 4-39 中的“计算”按钮，刀具路径如图 4-40 所示。

图 4-39

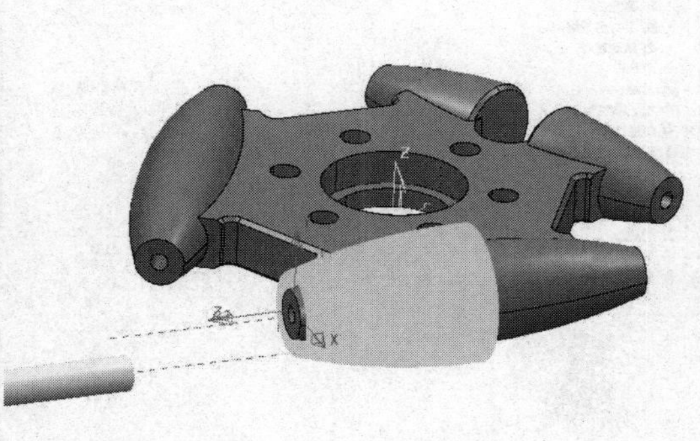

图 4-40

4.5.5 60° 精加工曲面

步骤：单击“主页”→“刀具路径”图标，弹出“策略选择器”表格，单击“精加工”

→“等高精加工”，如图 4-41 所示。

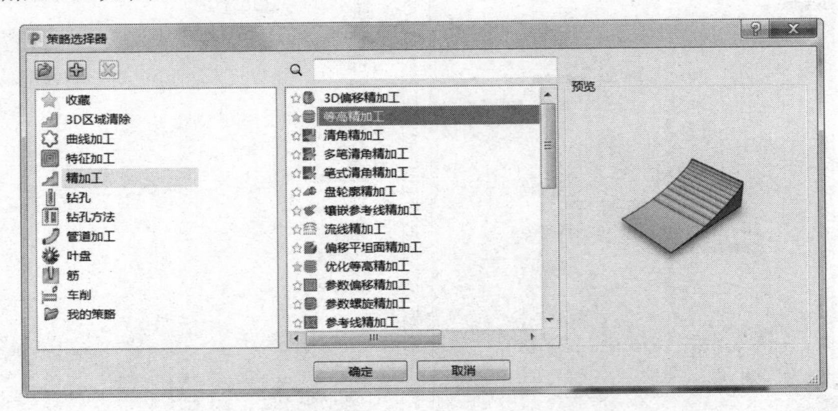

图 4-41

需要设定的参数如下：

1）工作平面：选择“5”坐标系。

2）毛坯：选择要加工的曲面计算即可。

3）刀具：选择“$\phi 4R0.2$ 圆鼻刀”，伸出 30mm 即可。

4）剪裁：设定 Z 限界最小值为“–21.0”。（图 4-42）

5）等高精加工：排序方式选择“区域”，设定其它毛坯“0.2”、公差“0.001”、切削方向“任意”、余量“0.0”、最小下切步距“0.05”。（图 4-43）

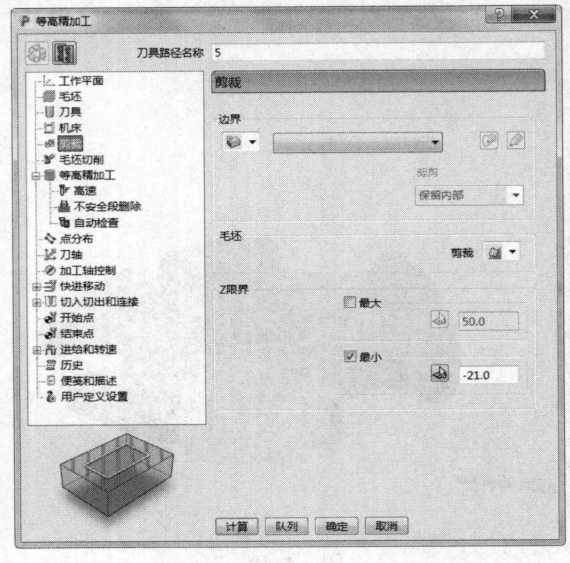

图 4-42

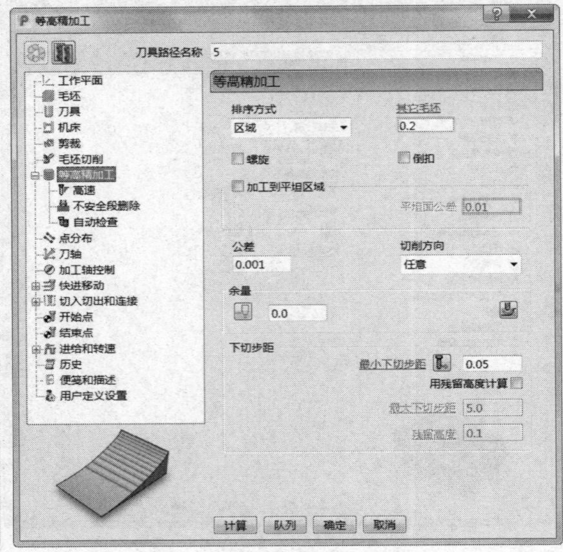

图 4-43

6）刀轴：垂直。（图 4-44）

7）快进移动：安全区域类型选择“平面”，工作平面选择“刀具路径工作平面”，法线设定为（0.0，0.0，1.0），设定快进间隙“10.0”、下切间隙“5.0”，然后单击“计算”按钮。（图 4-45）

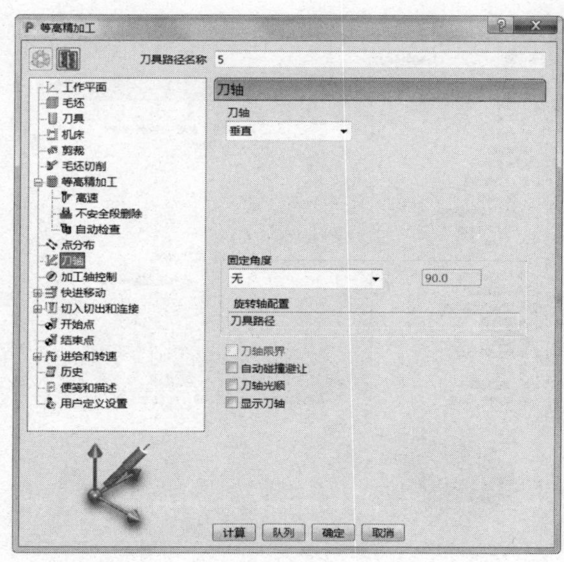

图 4-44

图 4-45

8）切入切出和连接：切入“无”，切出“无”，第一连接选择“曲面上”，第二连接选择“掠过”，重叠距离（刀具直径单位）“0.0”，勾选“允许移动开始点”及“刀轴不连续处增加切入切出”，角度分界值“90.0”。（图 4-46）

a）

b）

图 4-46

9）开始点和结束点：开始点选择“第一点安全高度”，结束点选择“最后一点安全高度”。勾选“相对下切”“单独进刀”及“单独退刀”，设定进刀距离“5.0”、相对下切距离“1.0”、退刀距离“5.0”，沿刀轴进刀与退刀。（图 4-47）

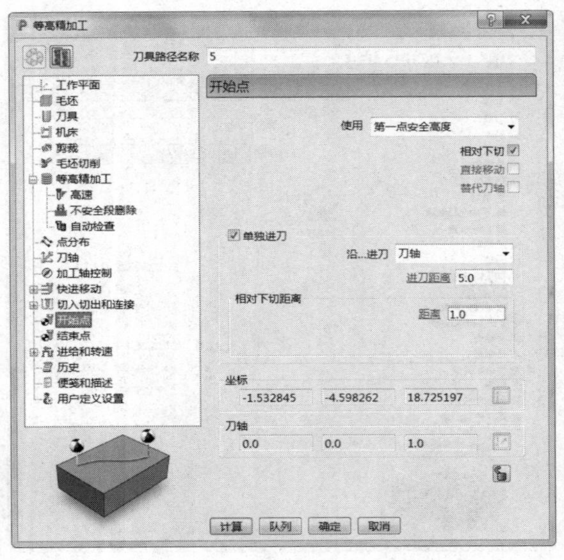

a）

b）

图 4-47

10）进给和转速：主轴转速 15000.0r/min、切削进给率 1000.0mm/min、下切进给率 500.0mm/min、掠过进给率 3000.0mm/min。（图 4-48）

11）单击图 4-48 中的“计算”按钮，刀具路径如图 4-49 所示。

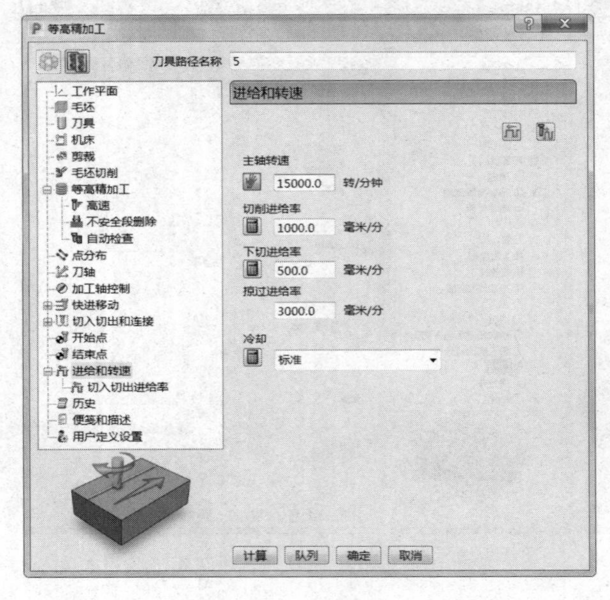

图 4-48

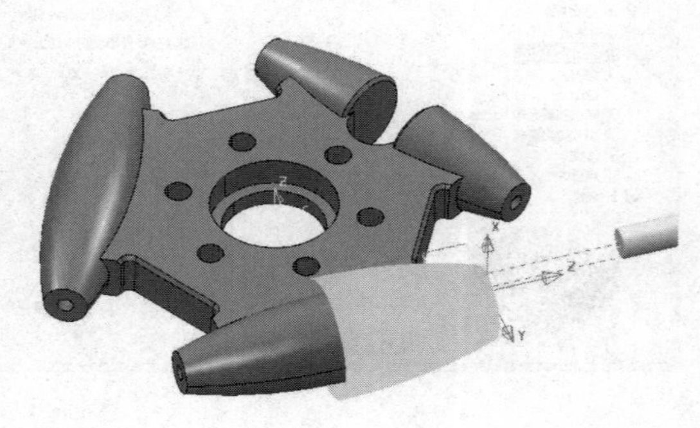

图 4-49

4.5.6 加工平面（辅助坐标 1 方向）

步骤：单击“主页”→“刀具路径”图标，弹出“策略选择器”表格，单击“曲线加工”

→“面铣削”，如图 4-50 所示。

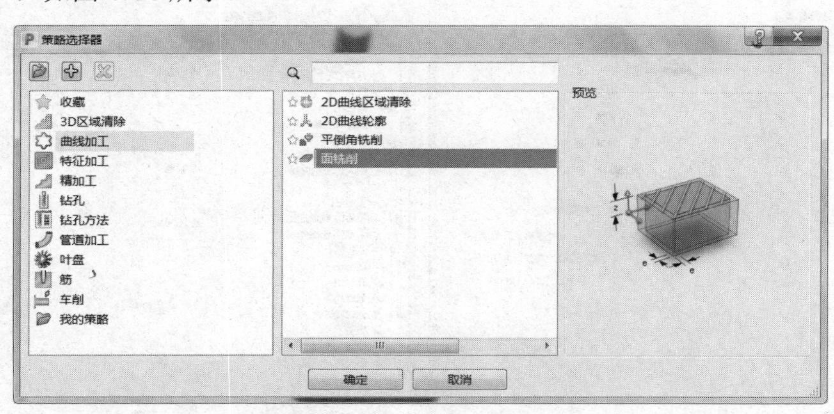

图 4-50

需要设定的参数如下：

1）工作平面：选择“4”坐标系。

2）毛坯：选择要加工的曲面计算即可。

3）刀具：选择“$\phi 4R0.2$ 圆鼻刀”，伸出 30mm 即可。

4）面铣削：设定面 Z 位置“0.0”，XY 延长“0.0”，下刀进给率（%）“100”，公差“0.001”，样式“双向”，行距“2.5”。（图 4-51）

5）快进移动：安全区域类型选择“平面”，工作平面选择“刀具路径工作平面”，法线设定为（0.0，0.0，1.0），设定快进间隙“10.0”、下切间隙“5.0”，然后单击“计算”按钮。（图 4-52）

图 4-51

图 4-52

6）切入切出和连接：切入“无”，切出“无”，第一连接“直”，第二连接“掠过”，重叠距离（刀具直径单位）“0.0”，勾选“允许移动开始点”及“刀轴不连续处增加切入切出”，角度分界值“90.0”。（图 4-53）

a）

b）

图 4-53

7）开始点和结束点：开始点选择“第一点安全高度”，结束点选择“最后一点安全高度”。勾选“相对下切”“单独进刀”及“单独退刀”，设定进刀距离“5.0”、相对下切距离“1.0”、退刀距离“5.0”，沿刀轴进刀与退刀。（图 4-54）

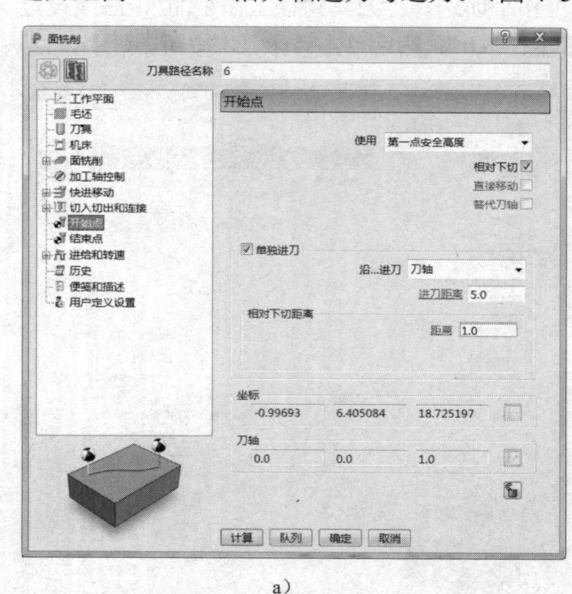
a）

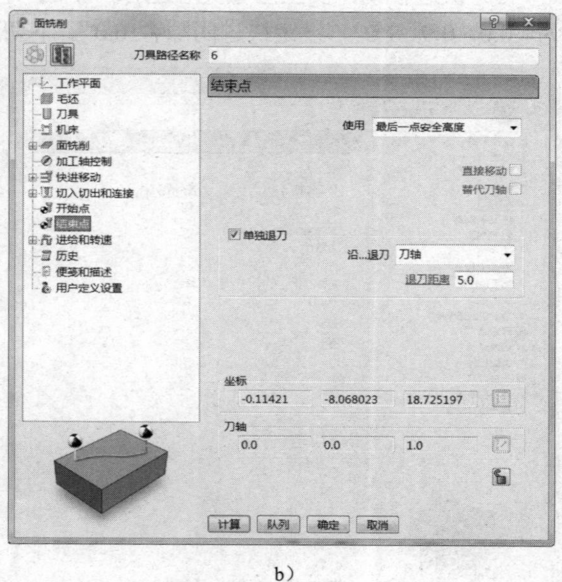
b）

图 4-54

8）进给和转速：设定主轴转速 15000.0r/min、切削进给率 1000.0mm/min、下切进给率 500.0mm/min、掠过进给率 3000.0mm/min，标准冷却。（图 4-55）

9）单击图 4-55 中的“计算”按钮，刀具路径如图 4-56 所示。

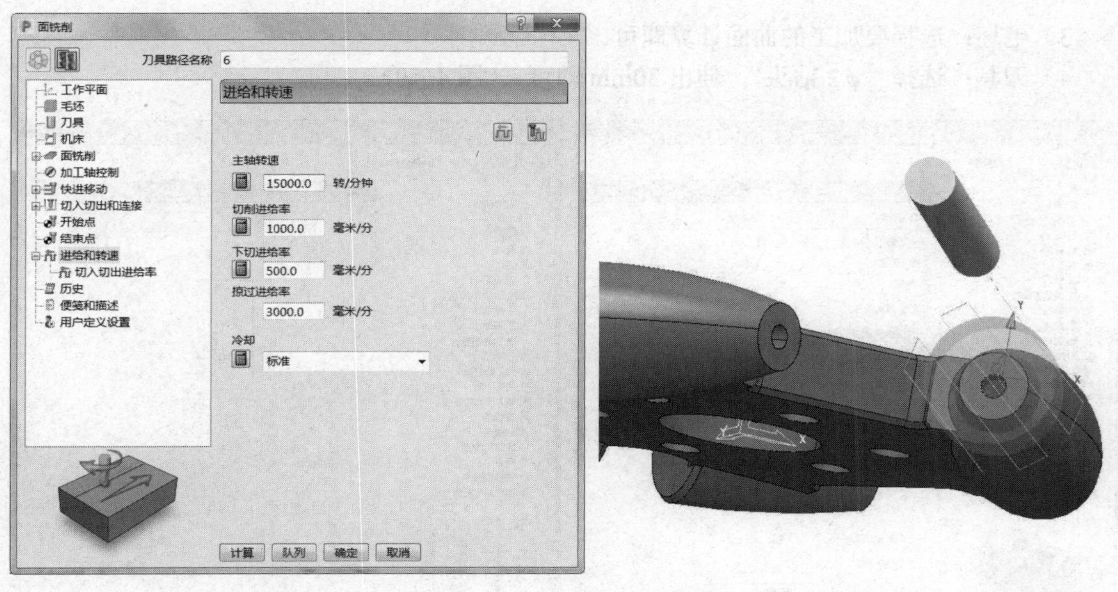

图 4-55　　　　图 4-56

4.5.7 钻孔

步骤：单击“主页”→“刀具路径”图标，弹出“策略选择器”表格，单击“钻孔”→“钻孔”，如图 4-57 所示。

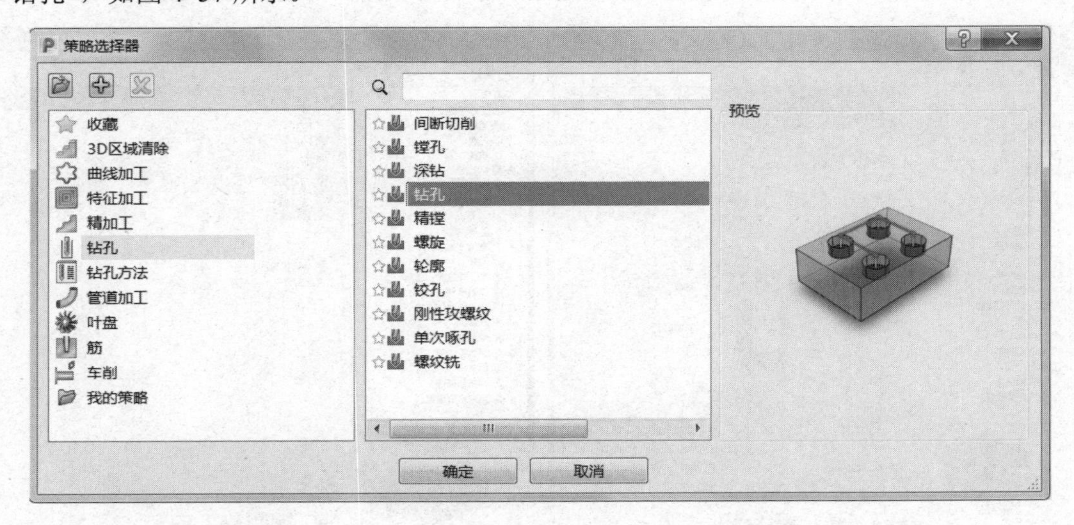

图 4-57

需要设定的参数如下：

1）孔：特征设置选择特征“1”，自模型创建，设定公差“0.1”，勾选“创建复合孔”及“按轴组合孔”。（图 4-58）

2）工作平面：选择“4”坐标系。

3）毛坯：选择要加工的曲面计算即可。

4）刀具：选择“ϕ2 钻头”，伸出 30mm 即可。（图 4-59）

图 4-58

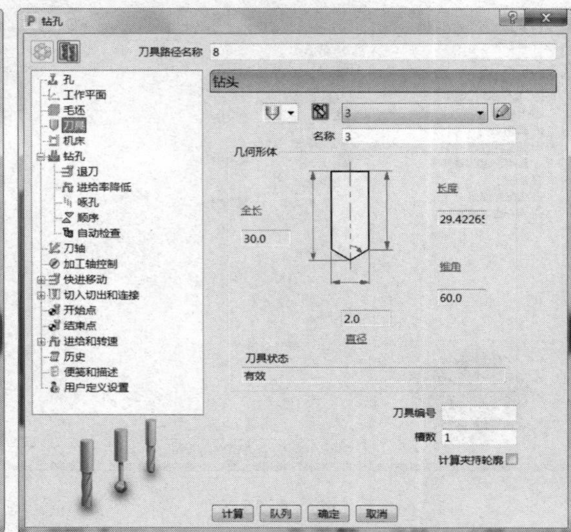

图 4-59

5）钻孔：选择循环类型“深钻”，定义顶部“孔顶部”，操作“钻到孔深”，设定间隙“1.0”、啄孔深度“12.0”、开始“2.0”、深度“10.0”、停留时间“0.0”、公差“0.1”、余量“0.0”，勾选“钻孔循环输出”。在“退刀”子选项中设定退刀方式为“全”，勾选“快进退刀”。（图 4-60）

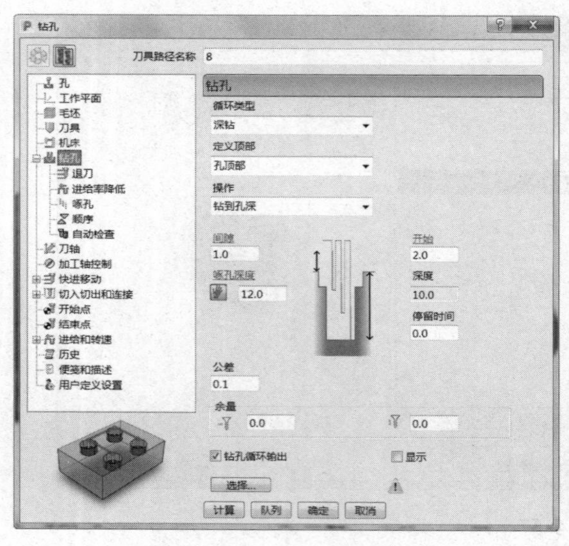

a）

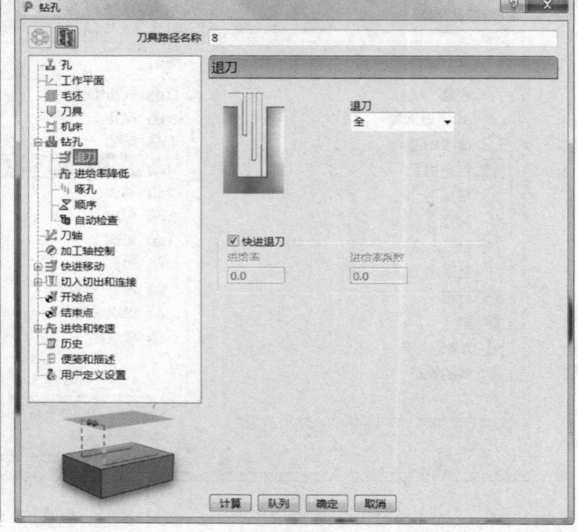

b）

图 4-60

6）刀轴：垂直。（图 4-61）

7）快进移动：安全区域类型选择“平面”，工作平面选择“刀具路径工作平面”，法线设定

为（0.0，0.0，1.0），设定快进间隙“10.0”、下切间隙“5.0”，然后单击“计算”按钮。（图 4-62）

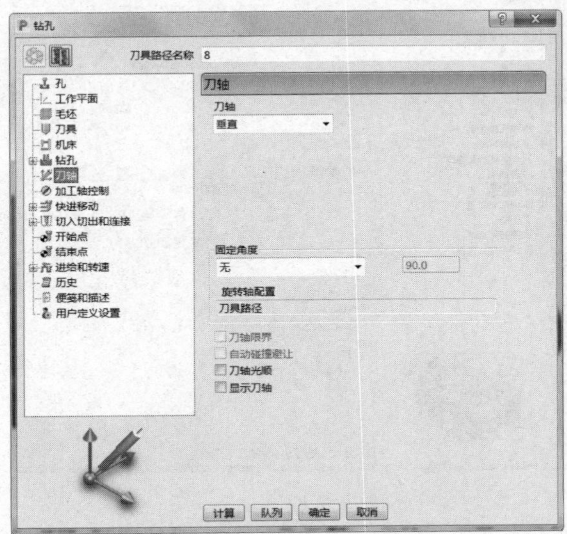

图　4-61

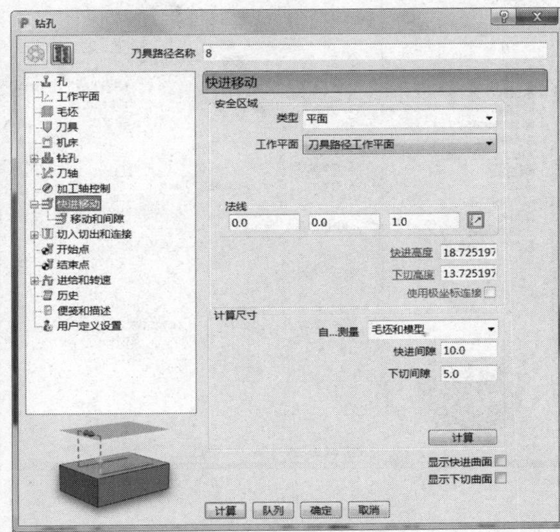

图　4-62

8）切入切出和连接：切入“无”，切出“无”，第一连接“直”，第二连接“掠过”，重叠距离（刀具直径单位）“0.0”，勾选“允许移动开始点”及“刀轴不连续处增加切入切出”，角度分界值“90.0”。（图 4-63）

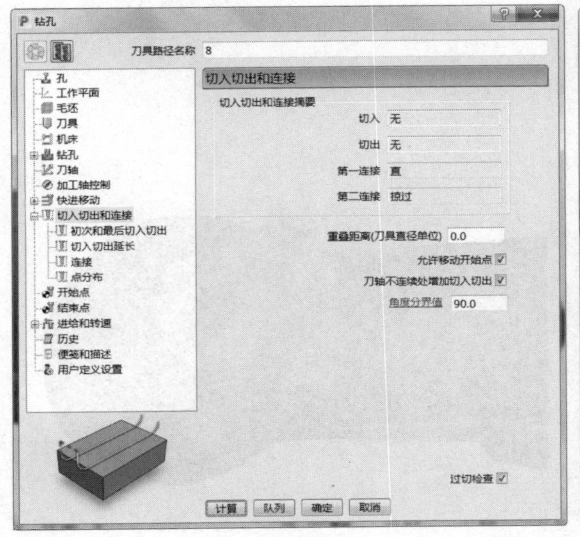

a）

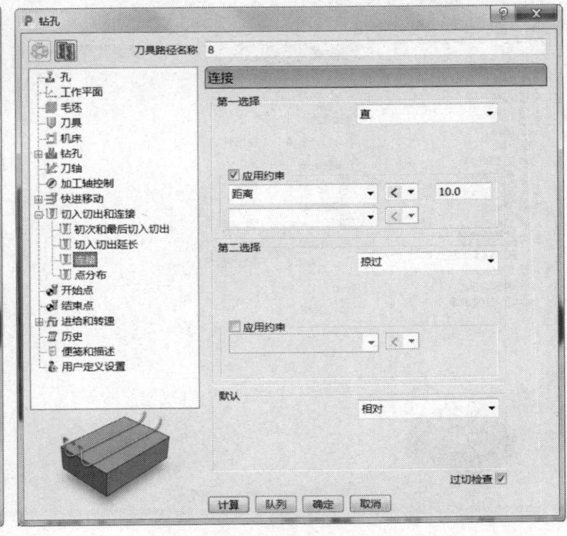

b）

图　4-63

9）开始点和结束点：开始点选择“第一点安全高度”，结束点选择“最后一点安全高度”。勾选“相对下切”“单独进刀”及“单独退刀”，设定进刀距离“5.0”、相对下切距离“1.0”、退刀距离“5.0”，沿刀轴进刀与退刀。（图 4-64）

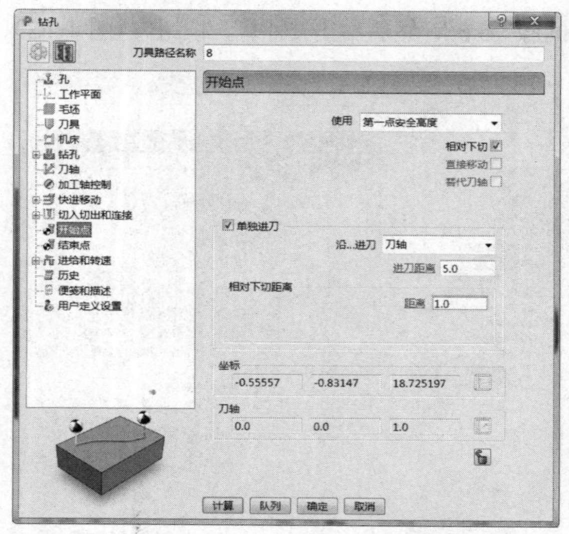

a）

b）

图 4-64

10）进给和转速：设定主轴转速 3500.0r/min、切削进给率 1000.0mm/min、下切进给率 500.0mm/min、掠过进给率 3000.0mm/min，标准冷却。（图 4-65）

11）单击图 4-65 中的“计算”按钮，刀具路径如图 4-66 所示。

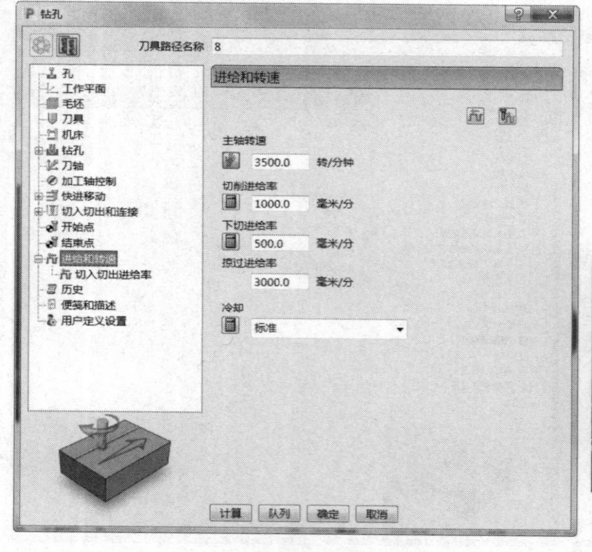

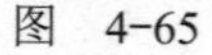

图 4-65

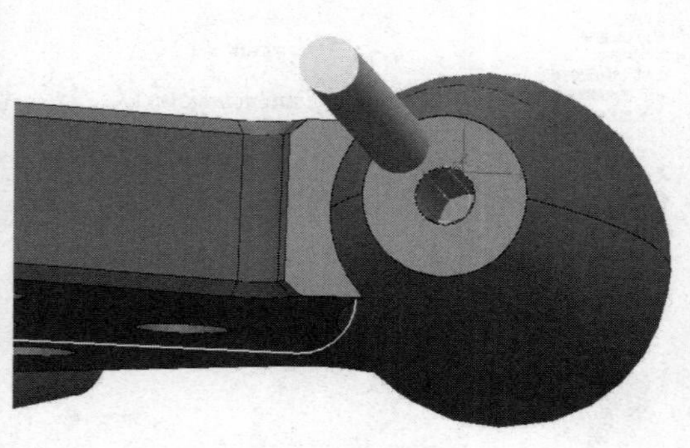

图 4-66

4.5.8 清角（辅助坐标 1 方向）

步骤：单击“主页”→“刀具路径”图标，弹出“策略选择器”表格，单击“精加工”→“优化等高精加工”，如图 4-67 所示。

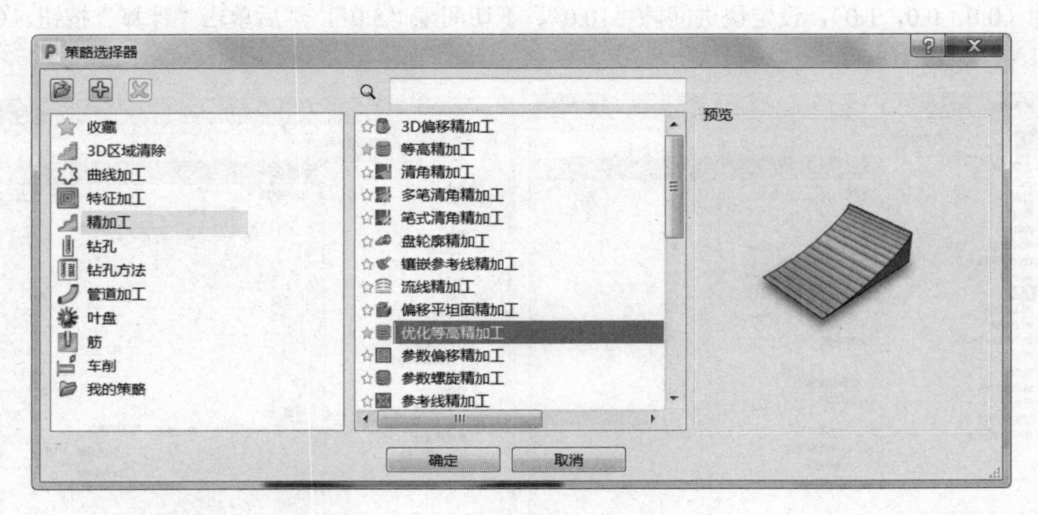

图 4-67

需要设定的参数如下：

1）工作平面：选择“9”坐标系。

2）毛坯：选择要加工的曲面计算即可。

3）刀具：选择“ϕ4 球头刀”，伸出 30mm 即可。（图 4-68）

4）优化等高精加工：设定公差“0.001”、切削方向“任意”、余量“0.0”、行距“0.03”。（图 4-69）

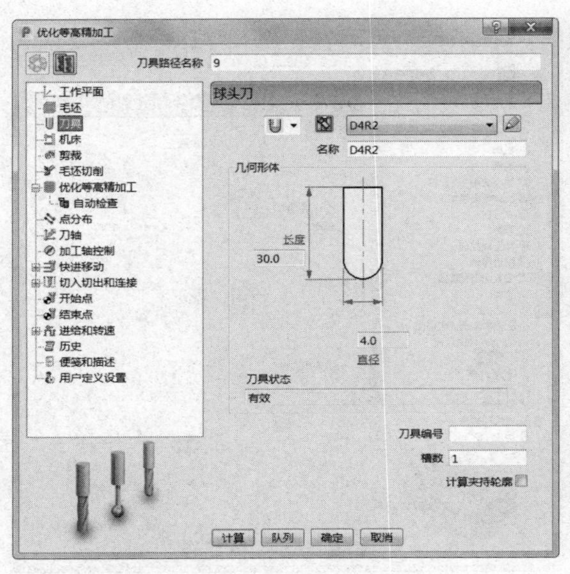

图 4-68

图 4-69

5）刀轴：垂直。（图 4-70）

6）快进移动：安全区域类型选择“平面”，工作平面选择“刀具路径工作平面”，法线设

定为（0.0，0.0，1.0），设定快进间隙“10.0”、下切间隙“5.0”，然后单击“计算”按钮。（图4-71）

图 4-70

图 4-71

7）切入切出和连接：切入“无”，切出“无”，第一连接“曲面上”，第二连接“掠过”，重叠距离（刀具直径单位）“0.0”，勾选“允许移动开始点”及“刀轴不连续处增加切入切出”，角度分界值“90.0”。（图4-72）

a）

b）

图 4-72

8）开始点和结束点：开始点选择“第一点安全高度”，结束点选择“最后一点安全高度”。

勾选“相对下切”“单独进刀”及“单独退刀”，设定进刀距离“5.0”、相对下切距离“1.0”、退刀距离“5.0”，沿刀轴进刀与退刀。（图 4-73）

a）

b）

图 4-73

9）进给和转速：设定主轴转速 15000.0r/min、切削进给率 1000.0mm/min、下切进给率 500.0mm/min、掠过进给率 3000.0mm/min，标准冷却。（图 4-74）

10）单击图 4-74 中的“计算”按钮，刀具路径如图 4-75 所示。

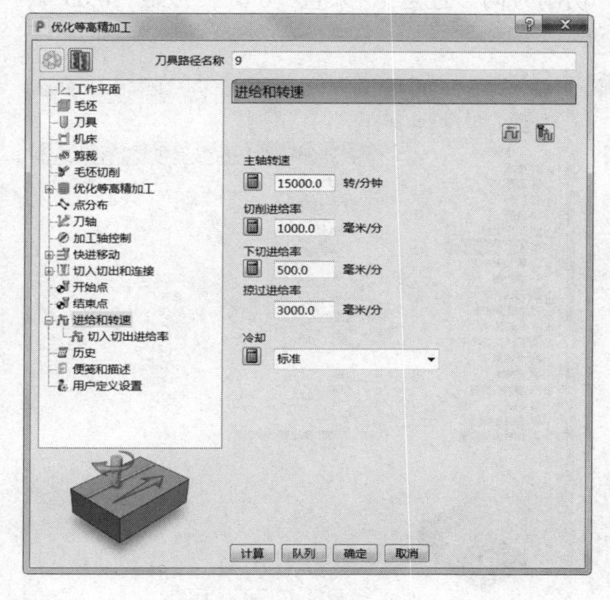

图 4-74

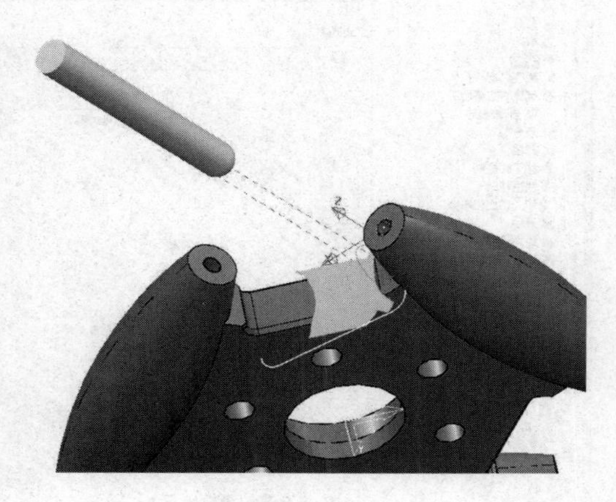

图 4-75

4.5.9 精加工 180° 方向槽的一侧

步骤：单击“主页”→“刀具路径”图标，弹出“策略选择器”表格，单击“精加工”→“优化等高精加工”，如图 4-76 所示。

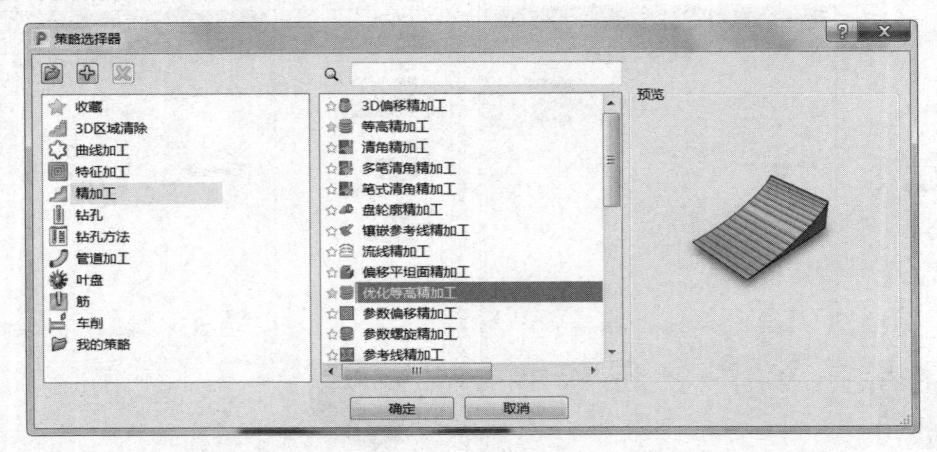

图 4-76

需要设定的参数如下：

1）工作平面：选择“8”坐标系。

2）毛坯：选择要加工的曲面计算即可。

3）刀具：选择“ϕ6 球头刀”，伸出 30mm 即可。

4）剪裁：选择边界“4”，裁剪“保留内部”，设定 Z 限界最小值为“-0.5”。（图 4-77）

5）优化等高精加工：设定公差“0.01”、切削方向“任意”、余量“0.0”、行距“0.03”。（图 4-78）

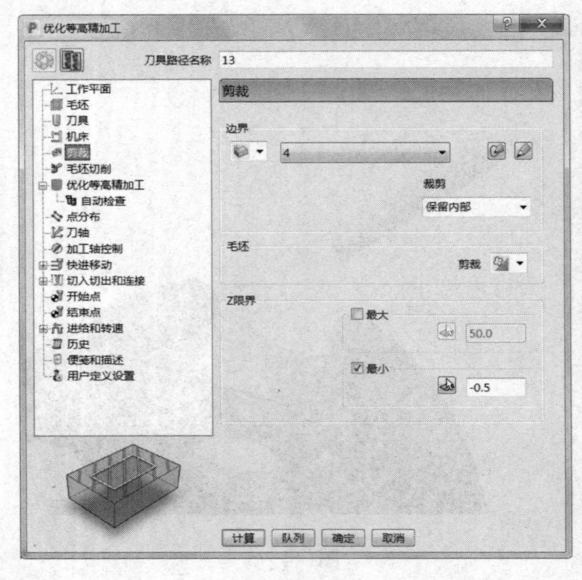

图 4-77

图 4-78

6）刀轴：垂直。（图 4-79）

7）快进移动：安全区域类型选择“平面”，工作平面选择“刀具路径工作平面”，法线设定为（0.0，0.0，1.0），设定快进间隙“10.0”、下切间隙“5.0”，然后单击“计算”按钮。（图 4-80）

图 4-79

图 4-80

8）切入切出和连接：切入“无”，切出“无”，第一连接“直”，第二连接“掠过”，重叠距离（刀具直径单位）“0.0”，勾选“允许移动开始点”及“刀轴不连续处增加切入切出”，角度分界值“90.0”。（图 4-81）

a）

b）

图 4-81

9）开始点和结束点：开始点选择“第一点安全高度”，结束点选择“最后一点安全高度”。勾选“相对下切”“单独进刀”与“单独退刀”，设定进刀距离“5.0”、相对下切距离“1.0”、退刀距离“5.0”，沿刀轴进刀与退刀。（图 4-82）

a）

b）

图 4-82

10）进给和转速：设定主轴转速 15000.0r/min、切削进给率 1000.0mm/min、下切进给率 500.0mm/min、掠过进给率 3000.0mm/min，标准冷却。（图 4-83）

11）单击图 4-83 中的“计算”按钮，刀具路径如图 4-84 所示。

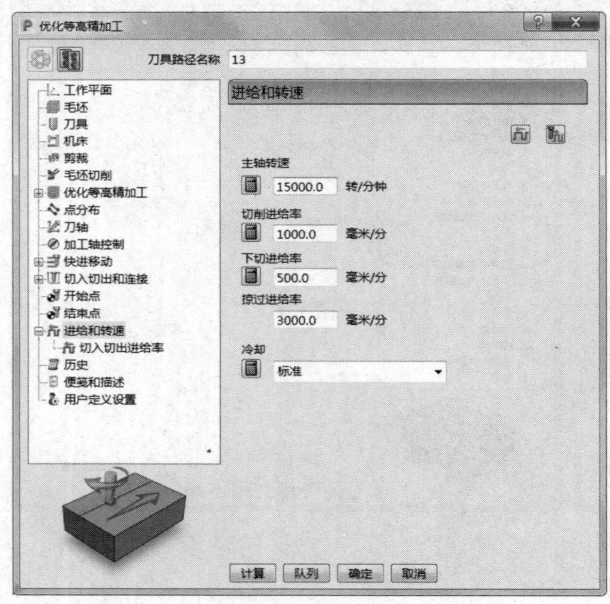

图 4-83

图 4-84

4.6 NC 程序仿真及后处理

4.6.1 NC 程序仿真

以“0° 方向粗加工”刀具路径为例：

1）打开主界面的“仿真”标签，单击开关使之处于打开状态。

2）在“条目”下拉菜单中单击选择要进行仿真的刀具路径。

3）单击“运行”按钮来查看仿真。在“仿真控制”栏中可对仿真过程进行暂停、回退等操作。

4）单击“退出 ViewMill”按钮来终止仿真。仿真效果如图 4-85 所示。

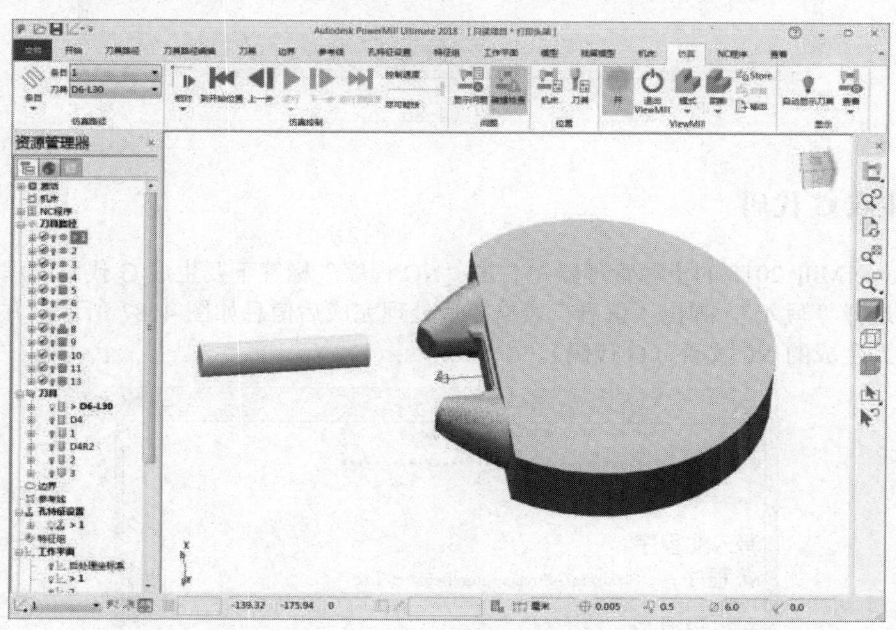

图 4-85

4.6.2 NC 程序后处理

1）在资源管理器中右击要产生 NC 程序的刀具路径名称，选择“创建独立的 NC 程序”。

2）在资源管理器中“NC 程序”标签下找到与刀具路径同名的 NC 程序，右击程序名，在菜单中选择“编辑已选”，弹出“编辑已选 NC 程序”表格，如图 4-86 所示。

3）在输出文件名后键入文件后缀，例如键入“.nc”，输出的程序文件后缀名即为“.nc”。

4）选择机床选项文件，单击相应的机床后处理文件。

5）输出工作平面选择相应的后处理工作平面，单击“应用”及“接受”按钮。

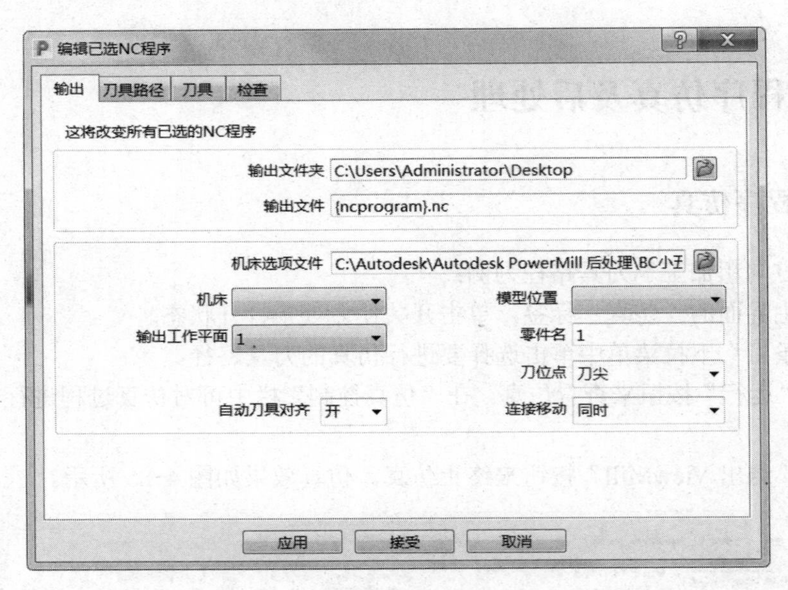

图 4-86

4.6.3 生成 G 代码

在 PowerMill 2018 的资源管理器中右击“NC 程序”标签下要生成 G 代码的程序文件，在菜单中选择“写入”，弹出“信息”表格。后处理完成后信息如图 4-87 所示，并可以在相应路径找到生成的 NC 文件（G 代码）。

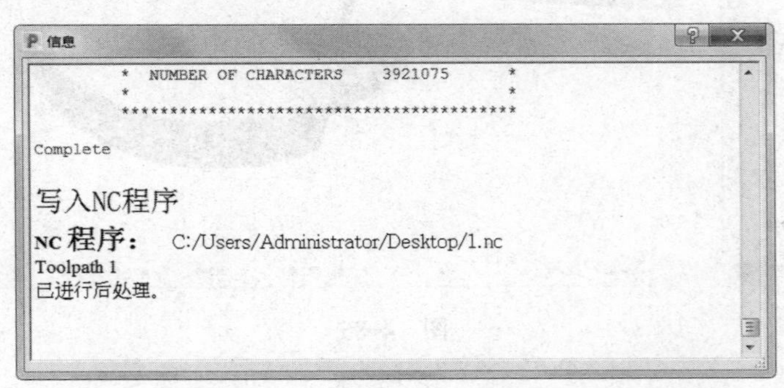

图 4-87

4.7 经验点评及重点策略说明

本章介绍了模型区域清除、等高精加工、面铣削、优化等高精加工、钻孔等操作，此零件是典型的四轴加工零件，孔加工策略的创建和编辑步骤如下：

PowerMill 2018 提供了多种孔加工策略，其中钻孔是最常用的孔加工策略。在 PowerMill 2018 主界面功能图标区“刀具路径”选项卡下选择“刀具路径”，打开“策略选择器”表格，选择“钻孔”选项卡，在该选项卡内选择“钻孔”，然后单击“确定”按钮，即可打开“钻孔”表格。PowerMill 钻孔策略包括了机械加工中所用到的各类孔加工方式，根据它们各自的特点，有不同的应用。

1）“钻孔”表格中重要的选项功能及应用介绍如下：

① 循环类型：即孔加工的方式。

② 定义顶部：定义孔加工的顶部位置（即起始位置），有四个选项，即孔顶部、复合孔顶部、毛坯和模型。

③ 操作：定义钻孔过程及钻孔深度，包括钻到孔深、全直径、通孔、中心孔、预钻、镗孔、平倒角（沉孔，即孔端部倒直角）等选项。

④ 钻孔循环输出：勾选该复选框时，钻孔 NC 程序输出为固定循环指令（例如 G81 等），否则将钻孔 NC 程序输出为 G00、G01 代码。

2）在“钻孔”表格的策略树中，单击“退刀”树枝，打开“退刀”选项卡。其中：

① 退刀：定义啄孔加工时钻头撤回的距离，包括“全部”（每完成一次啄孔，钻头撤回到安全高度）和“部分”（每完成一次啄孔，钻头撤回到一个低于安全高度的相对安全高度平面上）两个选项。

② 快进退刀：勾选时，撤回进给率使用“进给和转速”表格中设置的掠过进给率；不勾选时，可以单独设置钻头的撤回进给率。

3）当孔加工方式为单次啄孔、铰孔以及镗孔时，在“钻孔”表格的策略树中单击“进给率降低”树枝，打开“进给率降低”选项卡。“进给率降低”选项卡用于设置钻孔开始段和结束段的单独进给率。

4）当孔加工方式为深钻、间断切削以及精密镗孔时，在“钻孔”表格的策略树中单击“啄孔”树枝，打开“啄孔”选项卡。其中：

① 退刀系数：用于设置相邻两次啄削之间的撤回距离系数。例如设置为 0.25 时，表示下一次啄削之前，撤回到 25%啄削深度的高度平面上再向下啄削。

② 啄孔递减：设置每次啄削深度的递减系数。例如设置为 0.25 时，表示每次向下啄削的深度减少 25%。

③ 最小啄孔：设置允许的最小啄孔深度。

孔加工在零件加工中是不可或缺的，所以掌握孔加工方法是非常重要的。

第5章 无人机新头的四轴加工

5.1 加工任务概述

图 5-1 所示为无人机新头的加工图（毛坯及半成品），要求加工外形曲面以及加工圆弧倒角,并在圆柱侧面加工一个圆孔，长度为 50mm。毛坯材质为硬铝 2A12。

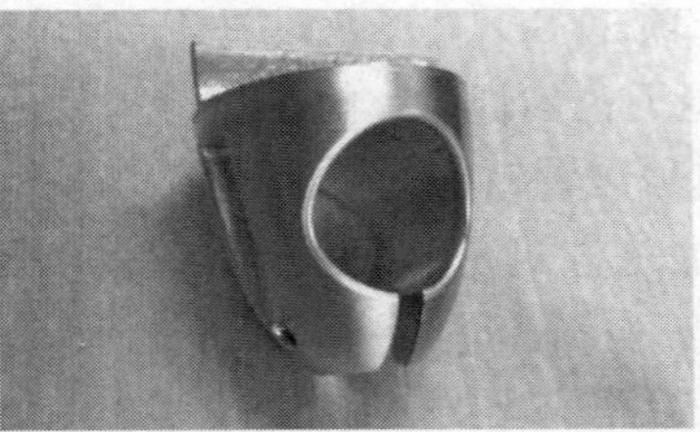

图 5-1

5.2 工艺方案分析

无人机新头的加工工艺方案见表 5-1。

表 5-1

工序号	加工内容	加工方式	机床	刀具
1	下料ϕ25mm×80mm	车削（外螺纹配作）	数控车	
2	粗加工（A、B 面）	模型区域清除	UCAR-DPCNC4S150	ϕ6mm 立铣刀
3	精加工曲面	旋转精加工	UCAR-DPCNC4S150	ϕ6mm 球头刀
4	加工ϕ14mm 的孔	模型轮廓	UCAR-DPCNC4S150	ϕ6mm 立铣刀
5	加工 C 面的槽	等高精加工	UCAR-DPCNC4S150	ϕ6mm 立铣刀
6	加工 C 面的圆孔	等高精加工	UCAR-DPCNC4S150	ϕ3mm 立铣刀
7	加工圆角	参数偏移精加工	UCAR-DPCNC4S150	ϕ1.5mm 球头刀
8	切断	参考线精加工	UCAR-DPCNC4S150	ϕ6mm 立铣刀
9	环形槽及中间圆孔的加工	模型区域清除	UCAR-DPCNC4S150	ϕ3mm 立铣刀
10	环形孔铣削	等高精加工	UCAR-DPCNC4S150	ϕ2mm 立铣刀
11	加工ϕ1.8mm 孔	钻孔	UCAR-DPCNC4S150	ϕ1.8mm 钻头
12	侧面槽的铣削	等高精加工	UCAR-DPCNC4S150	ϕ6mm 立铣刀

此零件装夹比较简单，可利用自定心卡盘装夹和工装组合装夹加工。

5.3 准备加工模型

启动 PowerMill 2018，进入主界面，输入模型，步骤如下：
单击“文件”→“输入”→“模型”，选择文件路径打开，如图 5-2 所示。

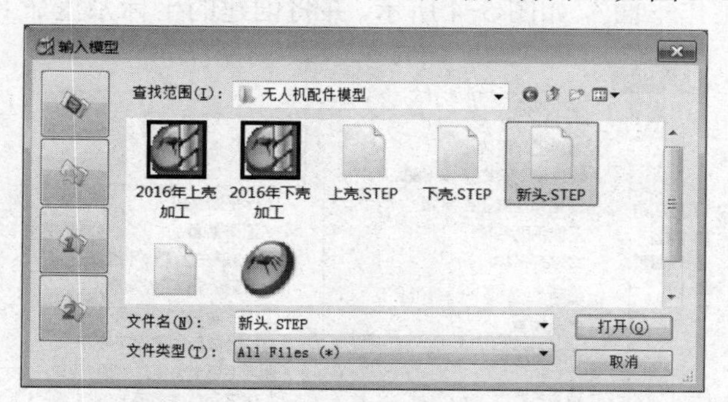

图 5-2

5.4 毛坯的设定

进入“毛坯”表格：单击选择“圆柱”→“计算”，显示“毛坯”表格，如图 5-3 所示。

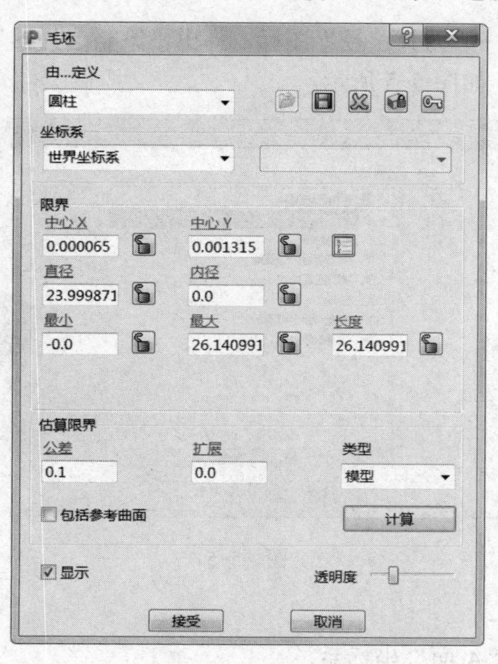

图 5-3

5.5 编程详细操作步骤

根据表 5-1 依次制订工序 2～12 的刀具路径。

创建坐标系：在左边资源管理器中右击“工作平面”，在“创建并定向工作平面”菜单下选择“使用毛坯定位工作平面”，如图 5-4 所示，并将创建的坐标系重命名为“后处理坐标系”。

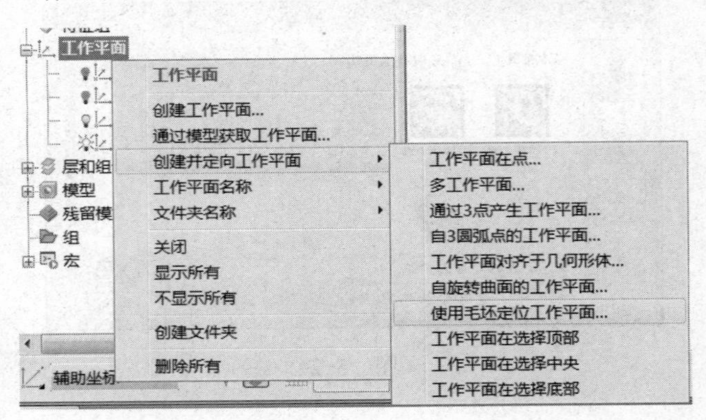

图 5-4

5.5.1 粗加工（A 面）

步骤：单击“主页”→“刀具路径”图标，弹出“策略选择器”表格，单击“3D 区域清除”→“模型区域清除”，如图 5-5 所示。

图 5-5

需要设定的参数如下：

1）工作平面：选择“A 面”坐标系。

2）毛坯：选择要加工的曲面计算即可。

3）刀具：选择“ϕ6 立铣刀”，伸出 30mm 即可。

4）剪裁：设定 Z 限界最小值为“–0.5”。（图 5-6）

5）模型区域清除：样式选择“偏移模型”，切削方向选择“任意”，设定公差“0.02”、余量“0.3”、行距“3.5”、下切步距“0.05”，勾选“恒定下切步距”。（图 5-7）

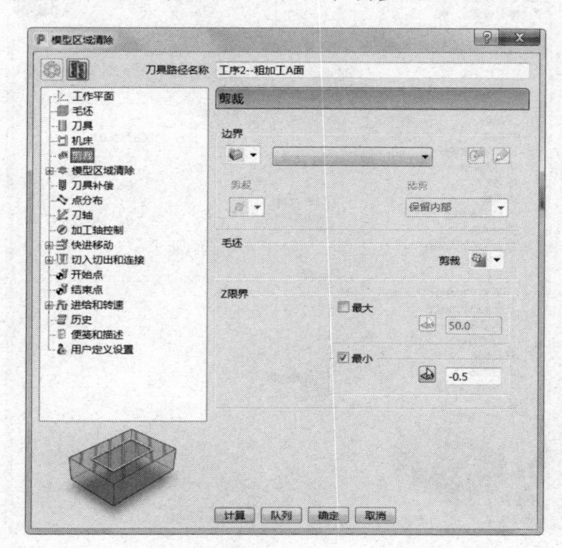

图 5-6

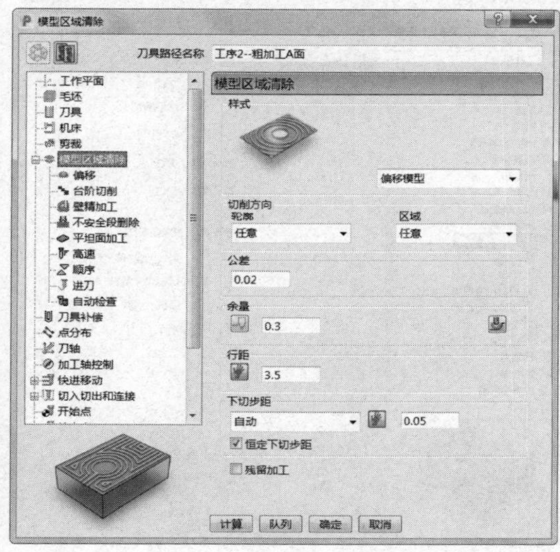

图 5-7

6）刀轴：垂直。（图 5-8）

7）快进移动：安全区域类型选择“平面”，工作平面选择“刀具路径工作平面”，法线设定为（0.0，0.0，1.0），设定快进间隙“10.0”、下切间隙“5.0”，然后单击“计算”按钮。（图 5-9）

图 5-8

图 5-9

8）切入切出和连接：切入“水平圆弧”，切出“水平圆弧”，第一连接“掠过”，第二连接“掠过”，重叠距离（刀具直径单位）“0.0”，勾选“允许移动开始点”及“刀轴不连续处增加切入切出”，角度分界值“90.0”。（图 5-10）

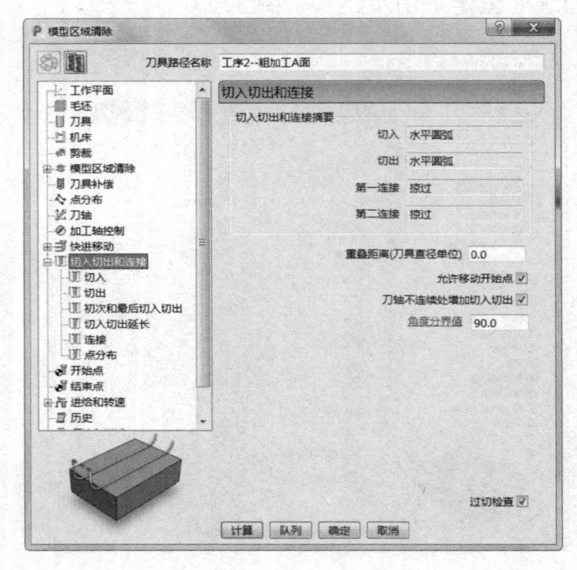

a）

b）

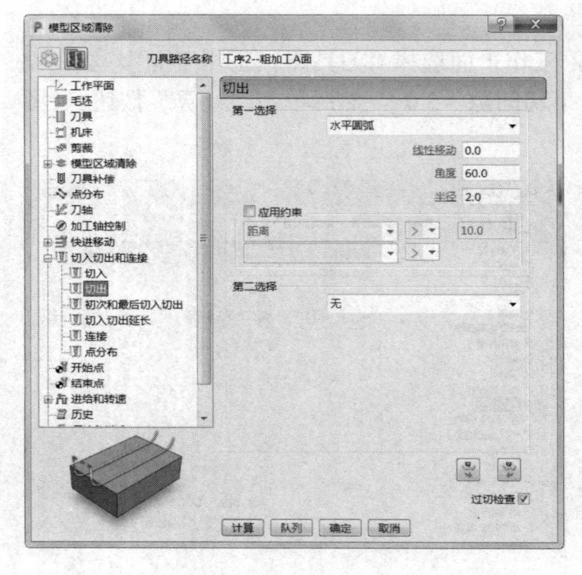

c）

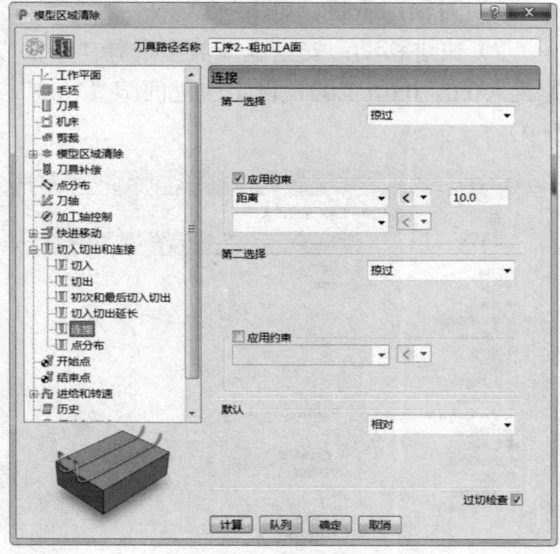

d）

图 5-10

9）开始点和结束点：开始点选择“第一点安全高度”，结束点选择“最后一点安全高度”。勾选“相对下切”“单独进刀”及“单独退刀”，设定进刀距离“5.0”、相对下切距离“1.0”，

自毛坯测量，退刀距离“5.0”，沿刀轴进刀与退刀。（图 5-11）

a）

b）

图 5-11

10）进给和转速：设定主轴转速 1500.0r/min、切削进给率 1000.0mm/min、下切进给率 500.0mm/min、掠过进给率 3000.0mm/min，标准冷却。（图 5-12）

11）单击图 5-12 中的“计算”按钮，刀具路径如图 5-13 所示。

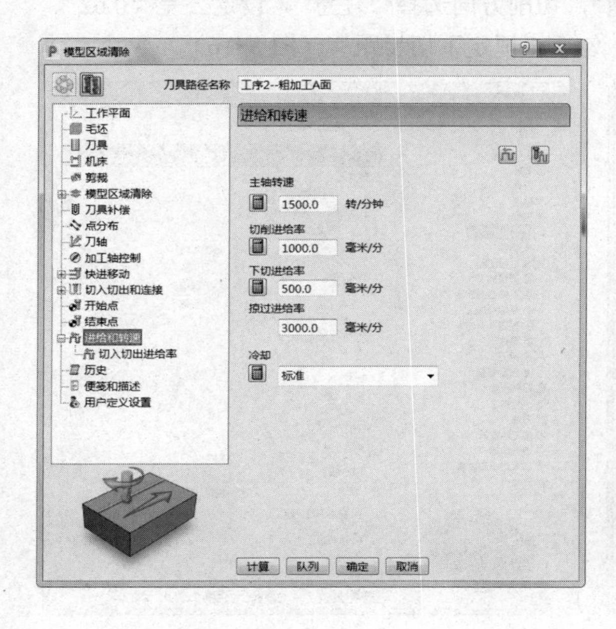

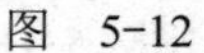
图 5-12

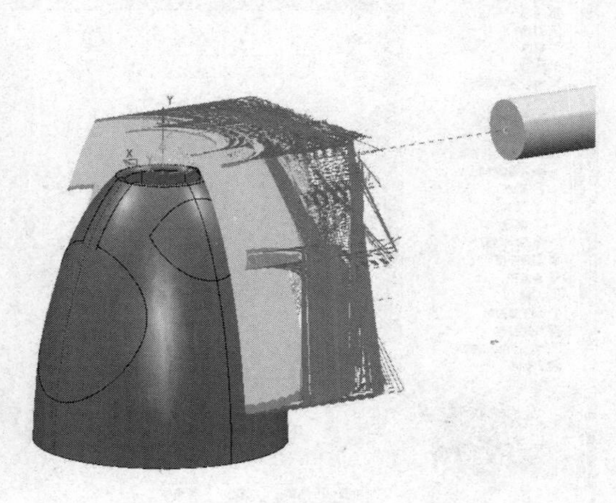

图 5-13

5.5.2 粗加工（B 面）

步骤：单击“主页”→“刀具路径”图标，弹出“策略选择器”表格，单击“3D 区域清除”→“模型区域清除”，如图 5-14 所示。

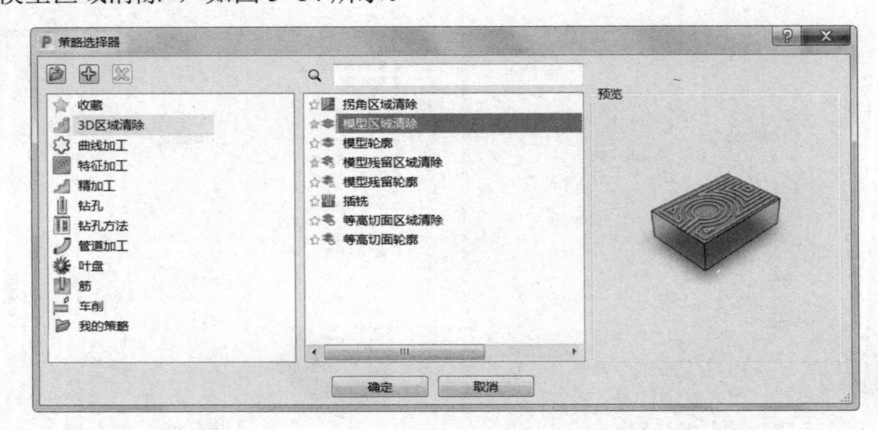

图 5-14

需要设定的参数如下：

1）工作平面：选择“B 面”坐标系。

2）毛坯：选择要加工的曲面计算即可。

3）刀具：选择“ϕ6 立铣刀”，伸出 30mm 即可。

4）剪裁：设定 Z 限界最小值为“–0.5”。（图 5-15）

5）模型区域清除：样式选择“偏移模型”，切削方向选择“任意”。设定公差“0.02”、余量“0.3”、行距“3.5”、下切步距“0.05”，勾选“恒定下切步距”。（图 5-16）

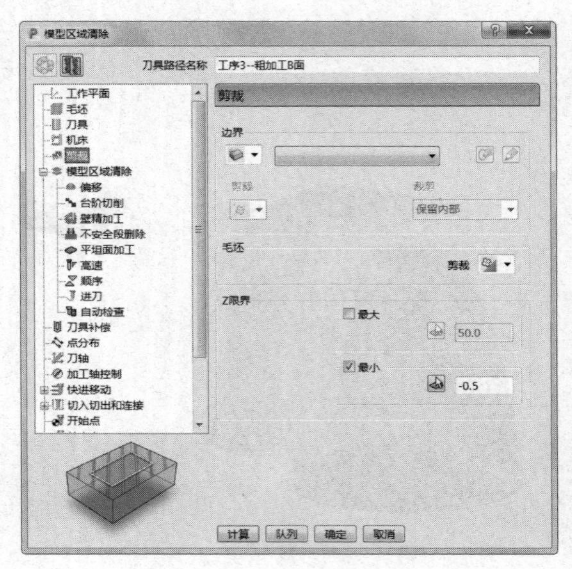

图 5-15

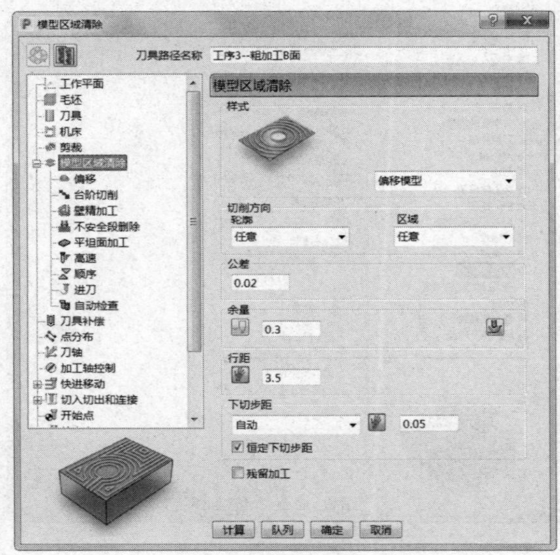

图 5-16

6）刀轴：垂直。（图 5-17）

7）快进移动：安全区域类型选择“平面”，工作平面选择“刀具路径工作平面”，法线设定为（0.0，0.0，1.0），设定快进间隙“10.0”、下切间隙“5.0”，然后单击“计算”按钮。（图 5-18）

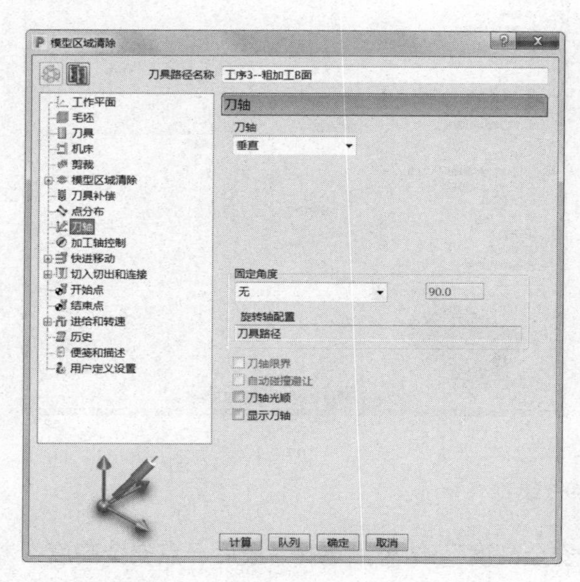

图　5-17

图　5-18

8）切入切出和连接：切入“水平圆弧”，切出“水平圆弧”，第一连接“掠过”，第二连接“掠过”，重叠距离（刀具直径单位）“0.0”，勾选“允许移动开始点”及“刀轴不连续处增加切入切出”，角度分界值“90.0”。（图 5-19）

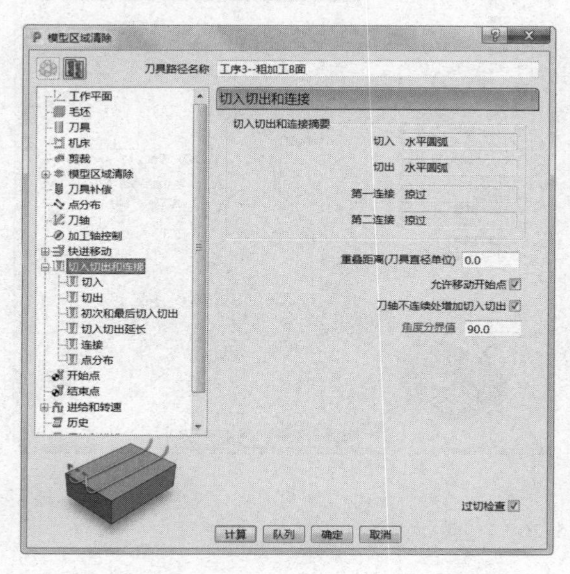

a）

b）

图　5-19

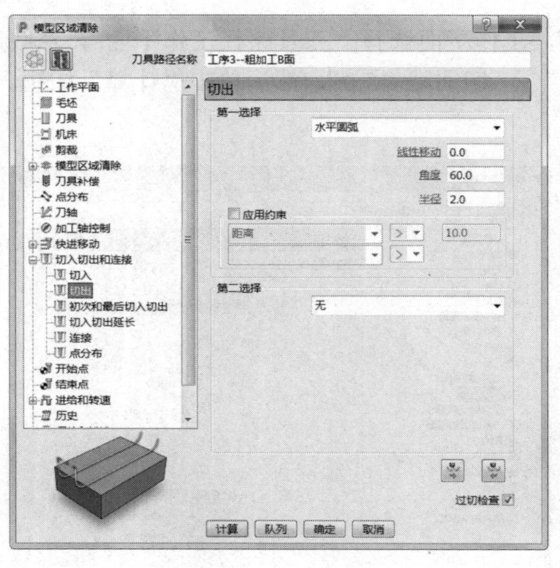

c）

d）

图 5-19（续）

9）开始点和结束点：开始点选择“第一点安全高度”，结束点选择“最后一点安全高度”。勾选“相对下切”“单独进刀”及“单独退刀”，设定进刀距离“5.0”、相对下切距离“1.0”，自毛坯测量，退刀距离“5.0”，沿刀轴进刀与退刀。（图 5-20）

a）

b）

图 5-20

10）进给和转速：设定主轴转速 1500.0r/min、切削进给率 1000.0mm/min、下切进给率 500.0mm/min、掠过进给率 3000.0mm/min，标准冷却。（图 5-21）

11）单击图 5-21 中的“计算”按钮，刀具路径如图 5-22 所示。

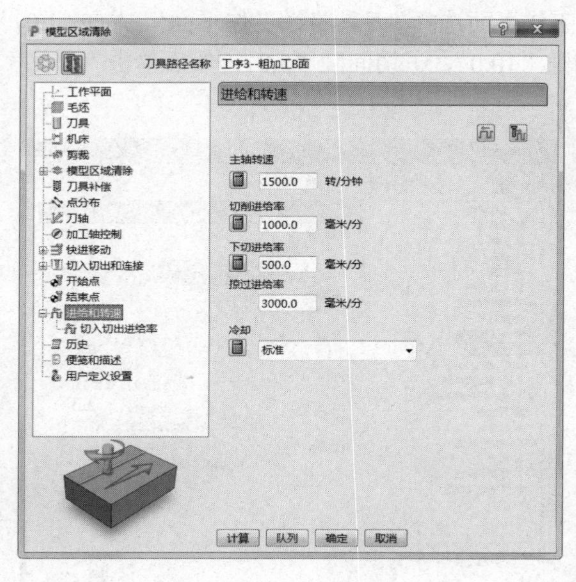

图 5-21

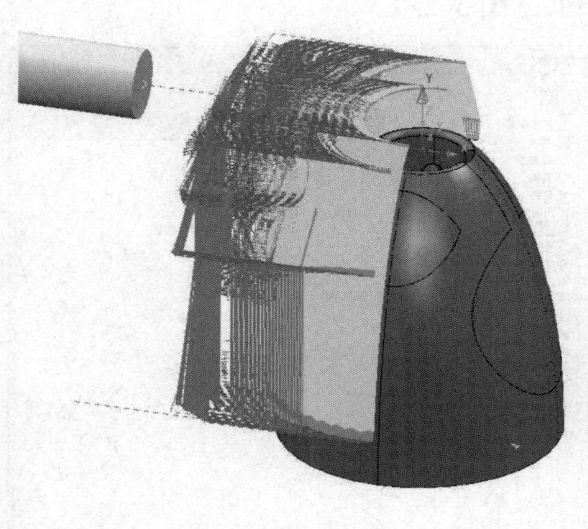

图 5-22

5.5.3 精加工曲面

步骤：单击“主页”→“刀具路径”图标，弹出“策略选择器”表格，单击“3D 区域清除”→“旋转精加工”，如图 5-23 所示。

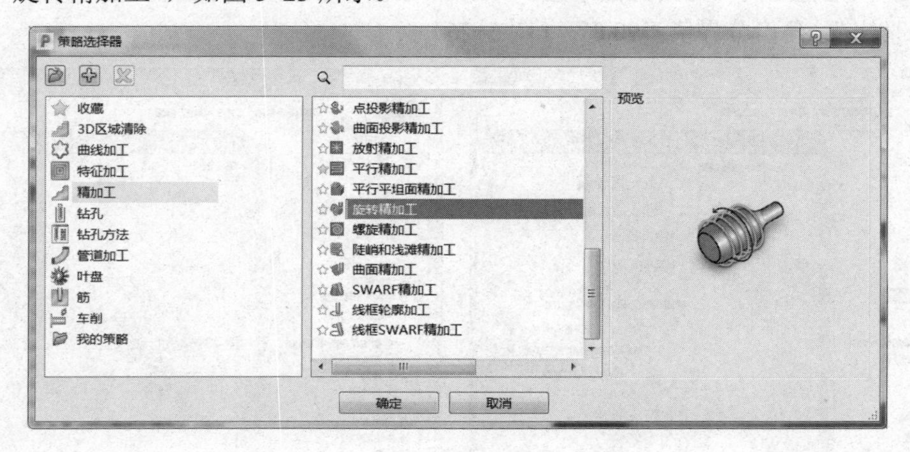

图 5-23

需要设定的参数如下：

1）工作平面：选择“旋转精加工”坐标系。

2）毛坯：选择要加工的曲面计算即可。

3）刀具：选择“ϕ6 球头刀”，伸出 30mm 即可。

4）旋转精加工：设定 X 限界开始为“-26.146 1”，结束为“1.0”；参考线样式设定为“螺

旋”，Y 轴偏移“0.0”；公差“0.004”，切削方向“顺铣”；余量“0.0”，行距“0.05”。（图 5-24）

5）快进移动：安全区域类型选择“圆柱”，工作平面选择“刀具路径工作平面”，方向（1.0，0.0，0.0），设定多边形化公差“0.05”、快进间隙“10.0”、下切间隙“5.0”，然后单击“计算”按钮。（图 5-25）

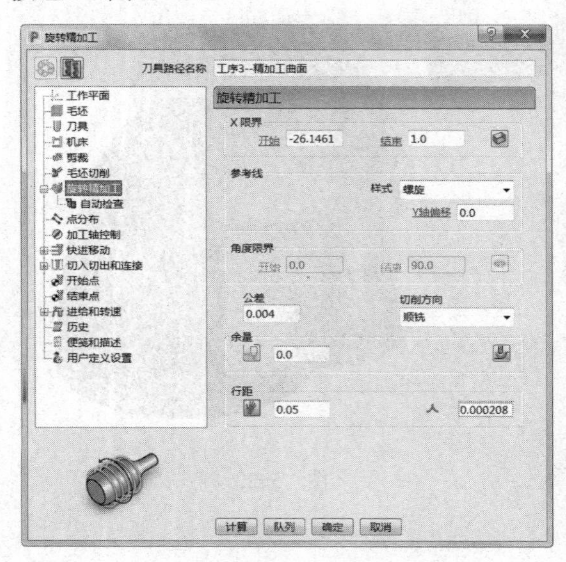

图 5-24

图 5-25

6）切入切出和连接：切入“水平圆弧”，切出“垂直圆弧”，第一连接 “掠过”，第二连接 “掠过”，重叠距离（刀具直径单位）“0.0”，勾选“允许移动开始点”及“刀轴不连续处增加切入切出”，角度分界值“90.0”。（图 5-26）

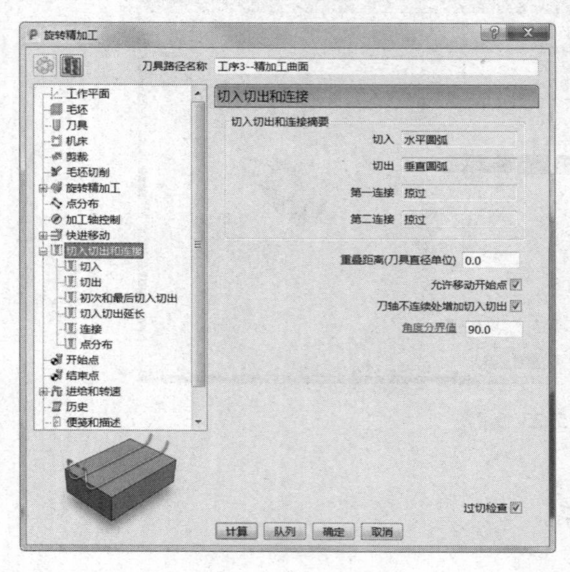

a）

b）

图 5-26

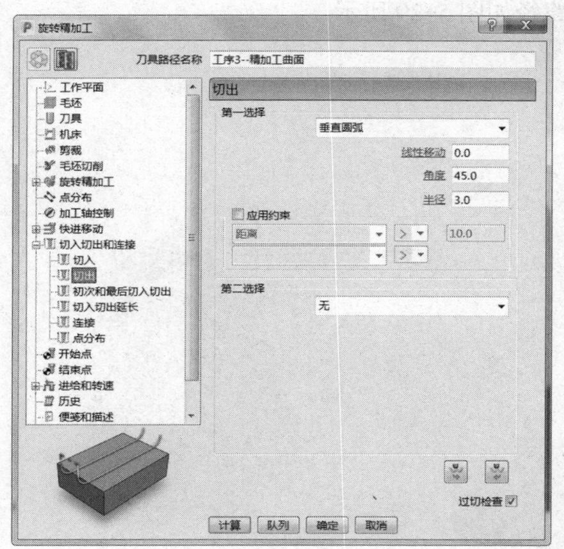

c）

d）

图 5-26（续）

7）开始点和结束点：开始点选择“第一点安全高度”，结束点选择“最后一点安全高度”。勾选“相对下切”“单独进刀”与“单独退刀”，设定进刀距离“5.0”、相对下切距离“1.0”、退刀距离“5.0”，沿刀轴进刀与退刀。（图 5-27）

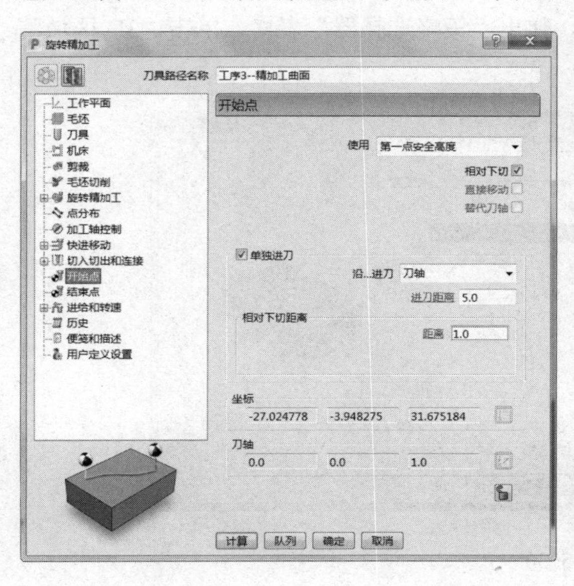

a）

b）

图 5-27

8）进给和转速：设定主轴转速 1500.0r/min、切削进给率 1000.0mm/min、下切进给率 500.0mm/min、掠过进给率 3000.0mm/min，标准冷却。（图 5-28）

9）单击图 5-28 中的“计算”按钮，刀具路径如图 5-29 所示。

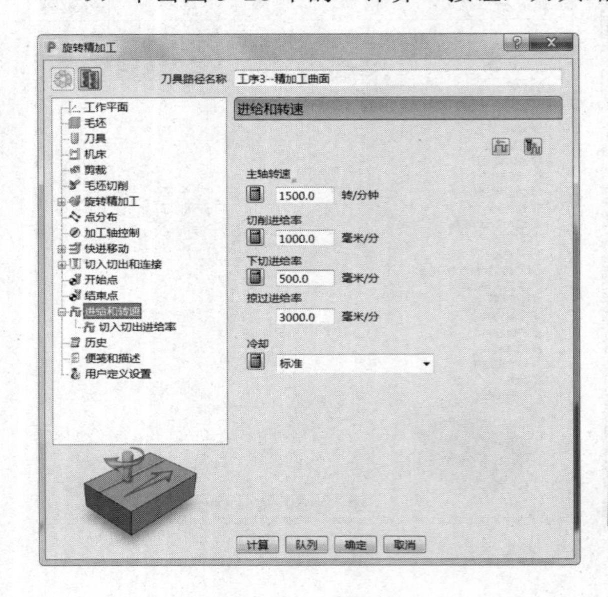

图 5-28

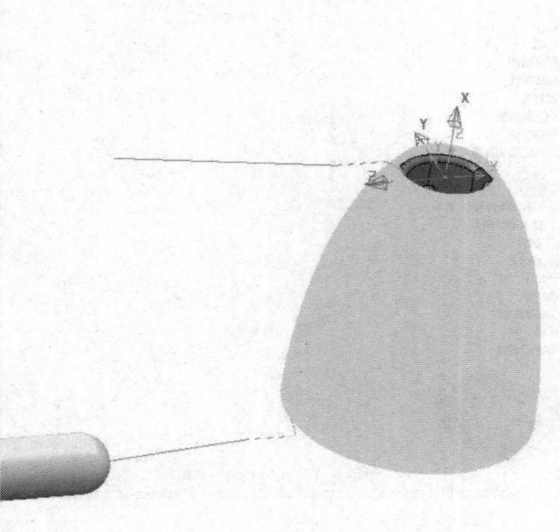

图 5-29

5.5.4 加工ϕ14mm 的孔

步骤：单击“主页”→“刀具路径”图标，弹出“策略选择器”表格，单击“3D 区域清除”→“模型轮廓”，如图 5-30 所示。

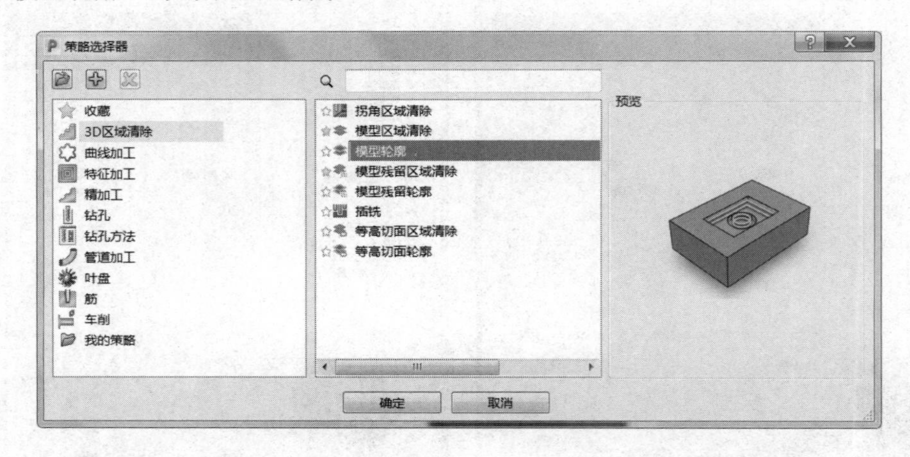

图 5-30

需要设定的参数如下：

1）工作平面：选择“A 面”坐标系。

2）毛坯：选择要加工的曲面计算即可。

3）刀具：选择“ϕ6 立铣刀”，伸出 30mm 即可。

4）剪裁：边界选择“1”，裁剪“保留内部”。（图 5-31）

5）模型轮廓：选择切削方向“顺铣”，其它轮廓“顺铣”，公差“0.005”，余量“0.0”，行距“2.0”，下切步距“0.06”，勾选“恒定下切步距”。（图 5-32）

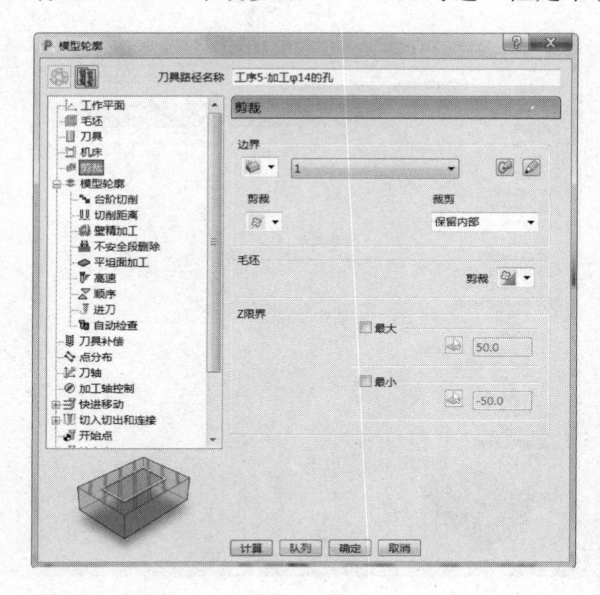

图 5-31

图 5-32

6）刀轴：垂直。（图 5-33）

7）快进移动：安全区域类型选择“平面”，工作平面选择“刀具路径工作平面”，法线设定为（0.0，0.0，1.0），设定快进间隙“10.0”、下切间隙“5.0”，然后单击“计算”按钮。（图 5-34）

图 5-33

图 5-34

8）切入切出和连接：切入“斜向”，切出“垂直圆弧”，第一连接“掠过”，第二连接“掠过”，重叠距离（刀具直径单位）“0.0”，勾选“允许移动开始点”及“刀轴不连续处增加切入切出”，角度分界值“90.0”。（图 5-35）

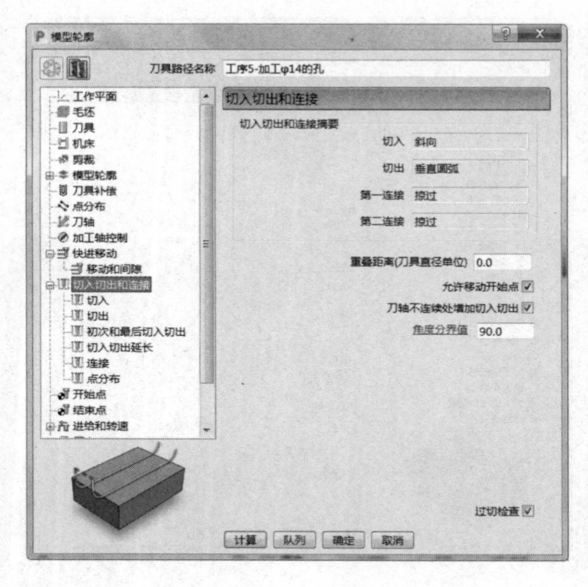

a）

b）

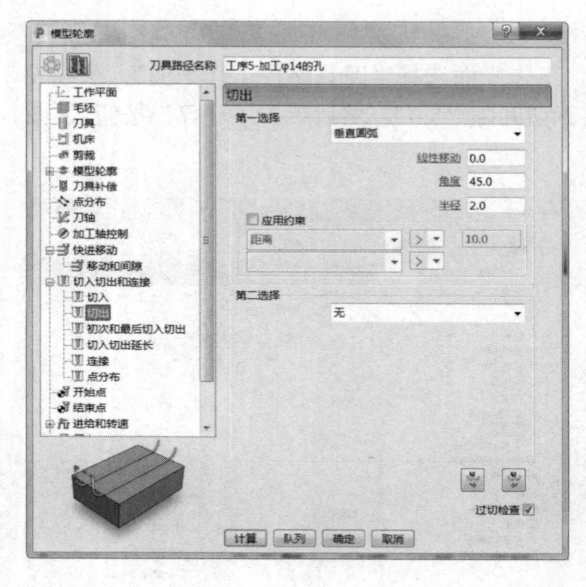

c）

d）

图 5-35

9）开始点和结束点：开始点选择“第一点安全高度”，结束点选择“最后一点安全高度”。勾选“相对下切”“单独进刀”与“单独退刀”，设定进刀距离“5.0”、相对下切距离“1.0”，

自毛坯测量，退刀距离“5.0”，沿刀轴进刀与退刀。（图 5-36）

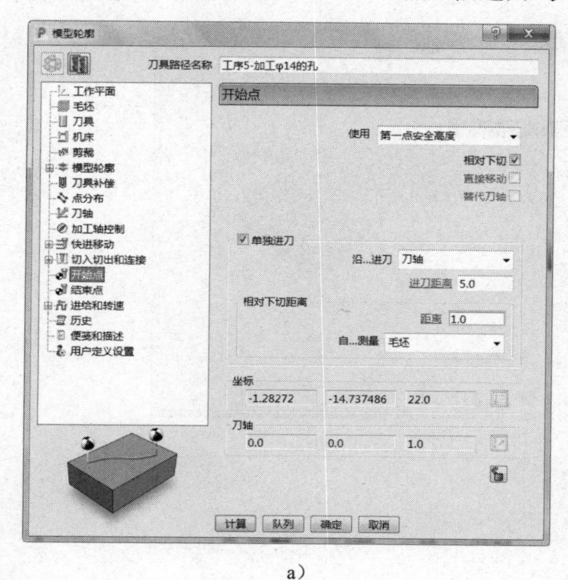

a）

b）

图 5-36

10）进给和转速：设定主轴转速 1500.0r/min、切削进给率 1000.0mm/min、下切进给率 500.0mm/min、掠过进给率 3000.0mm/min，标准冷却。（图 5-37）

11）单击图 5-37 中的“计算”按钮，刀具路径如图 5-38 所示。

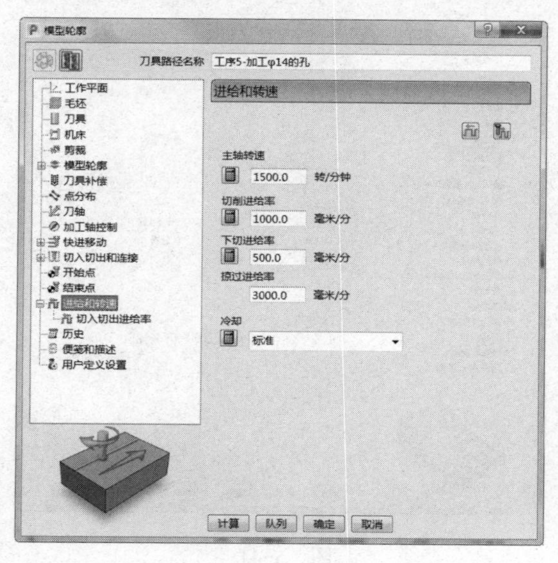

图 5-37

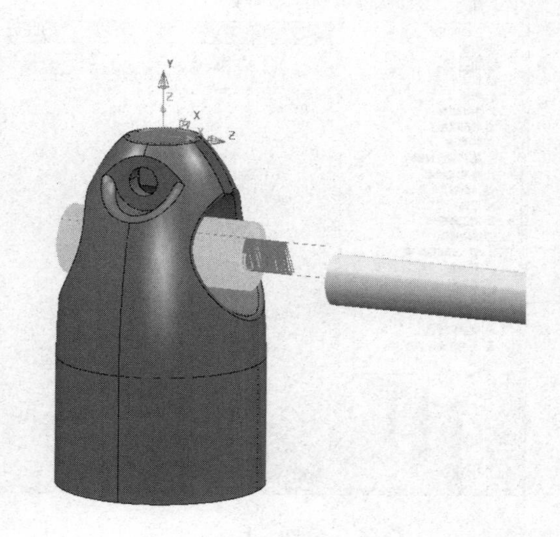

图 5-38

5.5.5 加工 C 面的槽

步骤：单击“主页”→“刀具路径”图标，弹出“策略选择器”表格，单击“精加工”

→“等高精加工”，如图 5-39 所示。

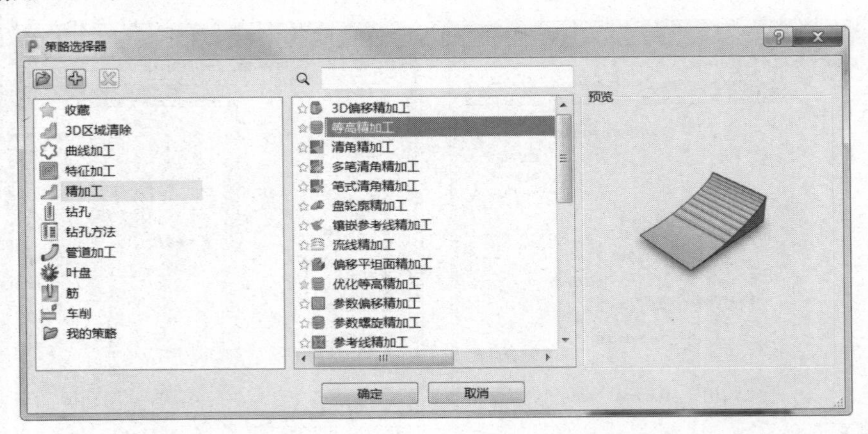

图 5-39

需要设定的参数如下：

1）工作平面：选择“C 面”坐标系。

2）毛坯：选择要加工的曲面计算即可。

3）刀具：选择“ϕ6 立铣刀”，伸出 30mm 即可。（图 5-40）

4）等高精加工：排序方式选择“区域”，设定其它毛坯“0.3”，勾选“螺旋”，设定公差“0.005”、切削方向“任意”、余量“0.0”、最小下切步距“0.03”。（图 5-41）

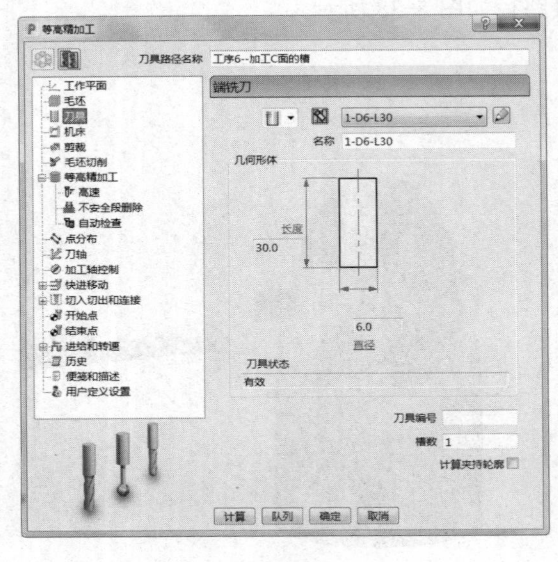

图 5-40

图 5-41

5）刀轴：垂直。（图 5-42）

6）快进移动：安全区域类型选择“平面”，工作平面选择“刀具路径工作平面”，法线设定为（0.0，0.0，1.0），设定快进间隙“10.0”、下切间隙“5.0”，然后单击“计算”按钮。（图 5-43）

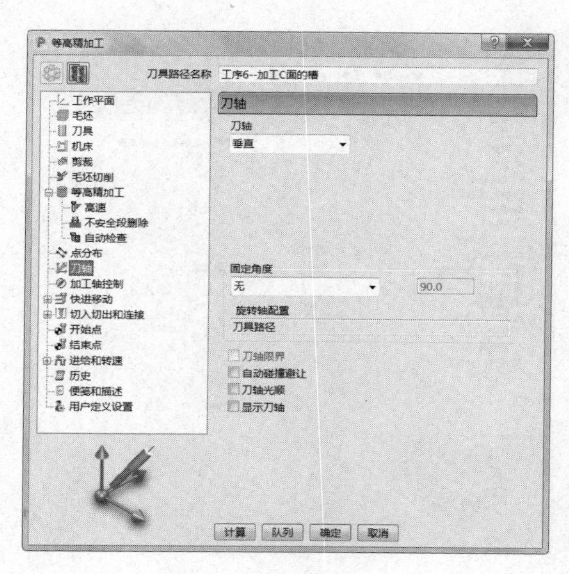

图 5-42

图 5-43

7）切入切出和连接：切入“无”，切出“无”，第一连接“曲面上”，第二连接“掠过”，重叠距离（刀具直径单位）“0.0”，勾选“允许移动开始点”及“刀轴不连续处增加切入切出”，角度分界值“90.0”。（图 5-44）

a）

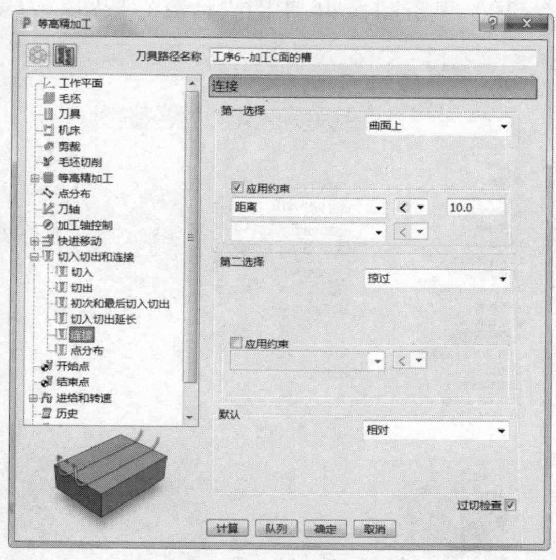

b）

图 5-44

8）开始点和结束点：开始点选择“第一点安全高度”，结束点选择“最后一点安全高度”。勾选“相对下切”“单独进刀”及“单独退刀”，设定进刀距离“5.0”、相对下切距离“1.0”、退刀距离“5.0”，沿刀轴进刀与退刀。（图 5-45）

a）　　　　b）

图　5-45

9）进给和转速：设定主轴转速 12000.0r/min、切削进给率 1500.0mm/min、下切进给率 1500.0mm/min、掠过进给率 3000.0mm/min，标准冷却。（图 5-46）

10）单击图 5-46 中的“计算”按钮，刀具路径如图 5-47 所示。

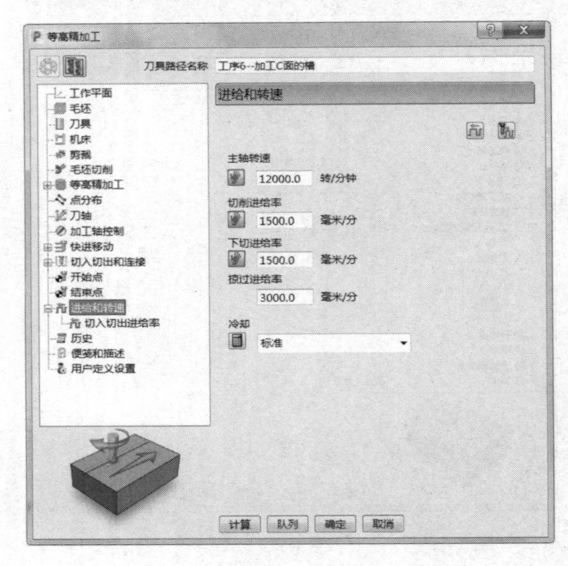

图　5-46

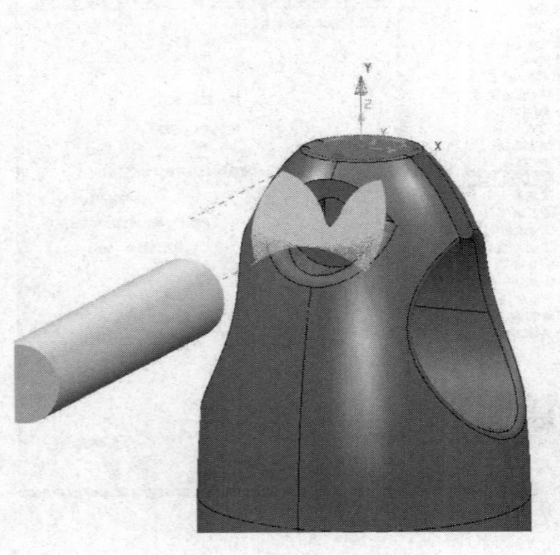

图　5-47

5.5.6　加工 C 面的圆孔

步骤：单击“主页”→“刀具路径”图标，弹出“策略选择器”表格，单击“精加工”

→“等高精加工”，如图 5-48 所示。

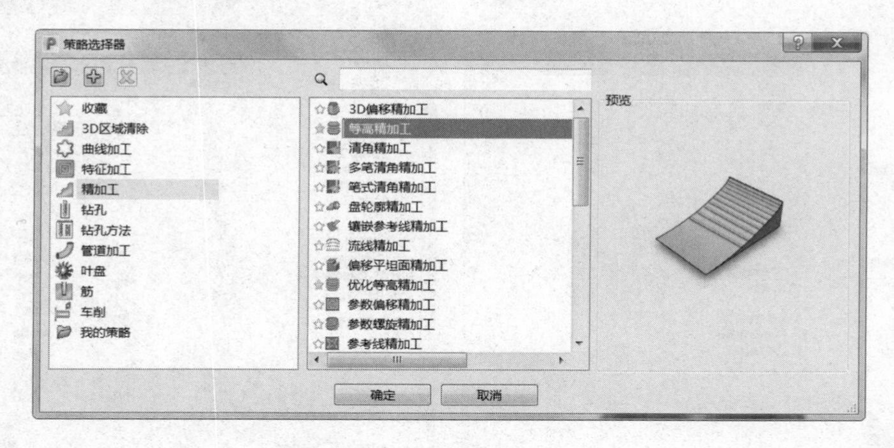

图 5-48

需要设定的参数如下：

1）工作平面：选择“C 面”坐标系。

2）毛坯：选择要加工的曲面计算即可。

3）刀具：选择“ϕ3 立铣刀”，伸出 30mm 即可。（图 5-49）

4）等高精加工：排序方式选择“层”，设定其它毛坯“0.15”，勾选“螺旋”，设定公差“0.005”、切削方向“顺铣”、余量“0.0”、最小下切步距“0.03”。（图 5-50）

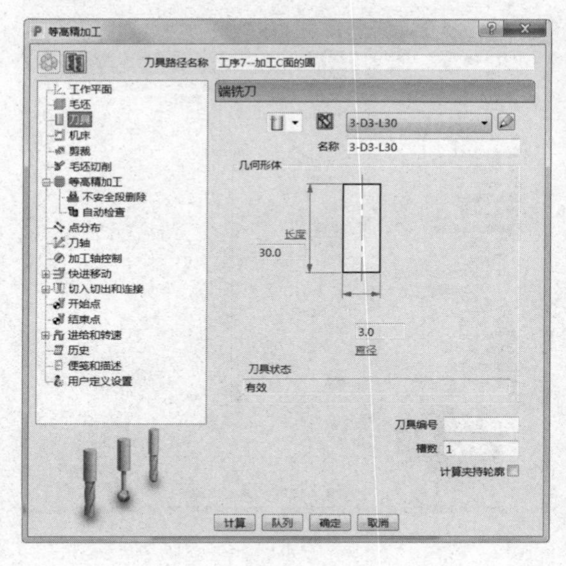

图 5-49

图 5-50

5）刀轴：垂直。（图 5-51）

6）快进移动：安全区域类型选择“平面”，工作平面选择“刀具路径工作平面”，法线设定为（0.0，0.0，1.0），设定快进间隙“10.0”、下切间隙“5.0”，然后单击“计算”按钮。（图 5-52）

图 5-51　　　　图 5-52

7）切入切出和连接：切入“斜向”，切出“无”，第一连接“曲面上”，第二连接“掠过”，重叠距离（刀具直径单位）“0.0”，勾选“允许移动开始点”及“刀轴不连续处增加切入切出”，角度分界值“90.0”。（图 5-53）

a）

b）

图 5-53

8）开始点和结束点：开始点选择“第一点安全高度”，结束点选择“最后一点”。勾选“相对下切”“单独进刀”及“单独退刀”，设定进刀距离“5.0”、相对下切距离“1.0”、退刀距离“5.0”，沿刀轴进刀与退刀。（图 5-54）

a） b）

图 5-54

9）进给和转速：设定主轴转速 12000.0r/min、切削进给率 1500.0mm/min、下切进给率 1500.0mm/min、掠过进给率 3000.0mm/min，标准冷却。（图 5-55）

10）单击图 5-55 中的“计算”按钮，刀具路径如图 5-56 所示。

图 5-55

图 5-56

5.5.7 加工圆角

步骤：单击“主页”→“刀具路径”图标，弹出“策略选择器”表格，单击“精加工”

→“参数偏移精加工”，如图 5-57 所示。

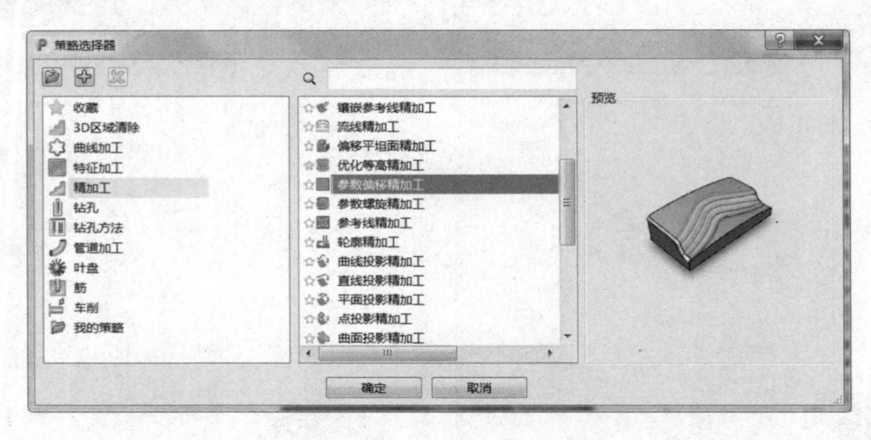

图　5-57

需要设定的参数如下：

1）工作平面：选择“A 面”坐标系。

2）毛坯：选择要加工的曲面计算即可。

3）刀具：选择“ϕ1.5 球头刀”，伸出 30mm 即可。（图 5-58）

4）参数偏移精加工：设定开始曲线为曲线“1”，结束曲线为曲线“2”，偏移方向选择“沿着”，剪裁方法选择“刀尖位置”，设定公差“0.005”、切削方向“顺铣”、余量“0.0”、最大行距“0.03”。（图 5-59）

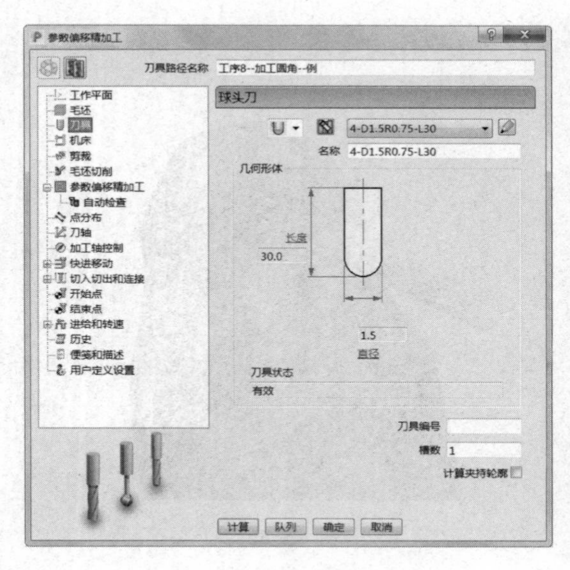

图　5-58

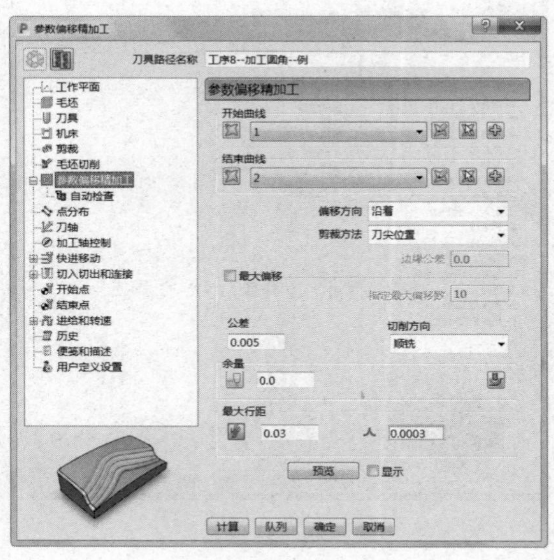

图　5-59

5）刀轴：垂直。（图 5-60）

6）快进移动：安全区域类型选择“平面”，工作平面选择“刀具路径工作平面”，法线

设定为（0.0，0.0，1.0），设定快进间隙“10.0”、下切间隙“5.0”，然后单击“计算”按钮。（图 5-61）

图 5-60

图 5-61

7）切入切出和连接：切入“无”，切出“无”，第一连接“曲面上”，第二连接“掠过”，重叠距离（刀具直径单位）“0.0”，勾选“允许移动开始点”及“刀轴不连续处增加切入切出”，角度分界值“90.0”。（图 5-62）

a）

b）

图 5-62

8）开始点和结束点：开始点选择“第一点安全高度”，结束点选择“最后一点”。勾选“相对下切”“单独进刀”及“单独退刀”，设定进刀距离“5.0”、相对下切距离“1.0”、退刀距离“5.0”，沿刀轴进刀与退刀。（图 5-63）

a）

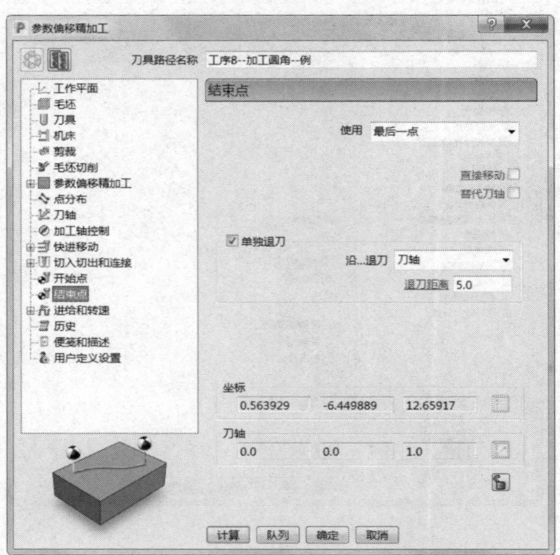

b）

图 5-63

9）进给和转速：设定主轴转速 12000.0r/min、切削进给率 1500.0mm/min、下切进给率 1500.0mm/min、掠过进给率 3000.0mm/min，标准冷却。（图 5-64）

10）单击图 5-64 中的“计算”按钮，刀具路径如图 5-65 所示。

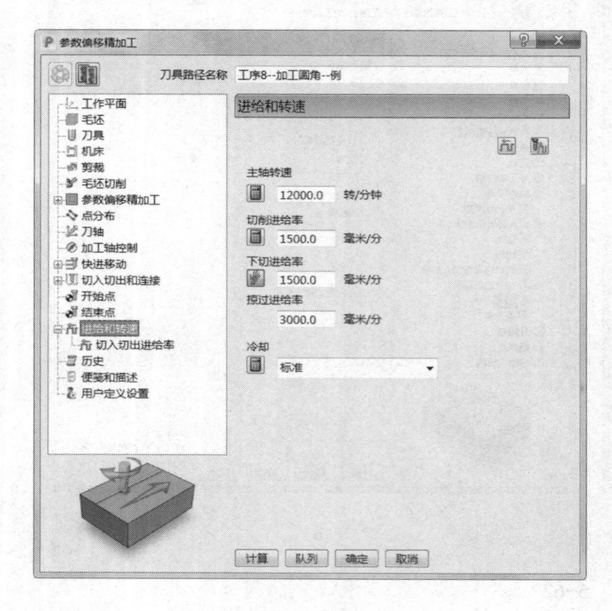

图 5-64

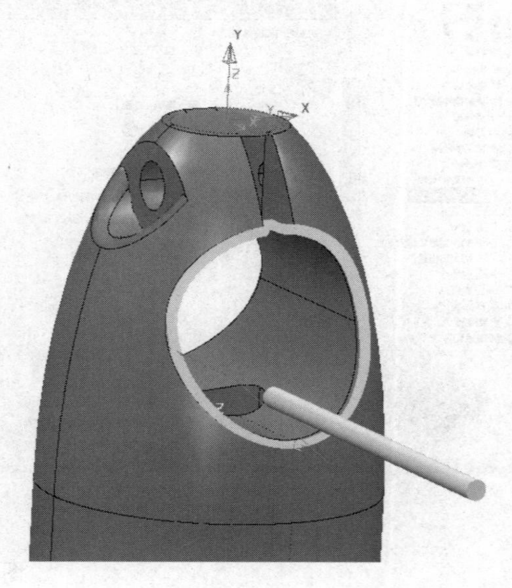

图 5-65

5.5.8 切断

步骤：单击“主页”→“刀具路径”图标，弹出“策略选择器”表格，单击“精加工”→“参考线精加工”，如图 5-66 所示。

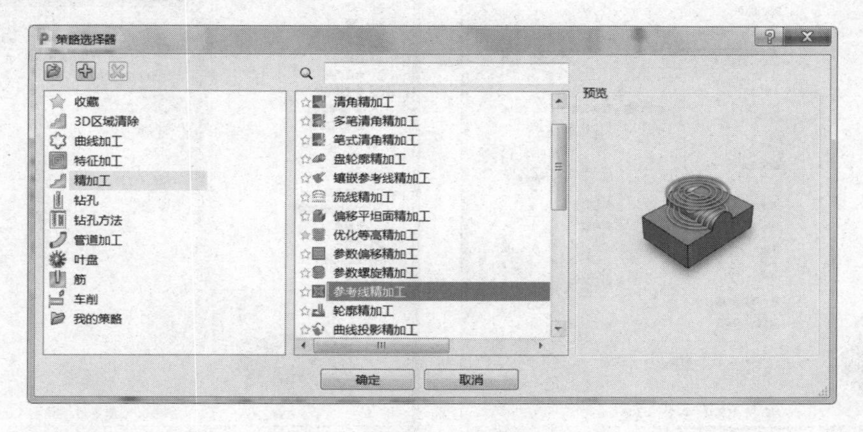

图 5-66

需要设定的参数如下：

1）工作平面：选择“C 面”坐标系。

2）毛坯：选择要加工的曲面计算即可。

3）刀具：选择“ϕ6 立铣刀”，伸出 30mm 即可。（图 5-67）

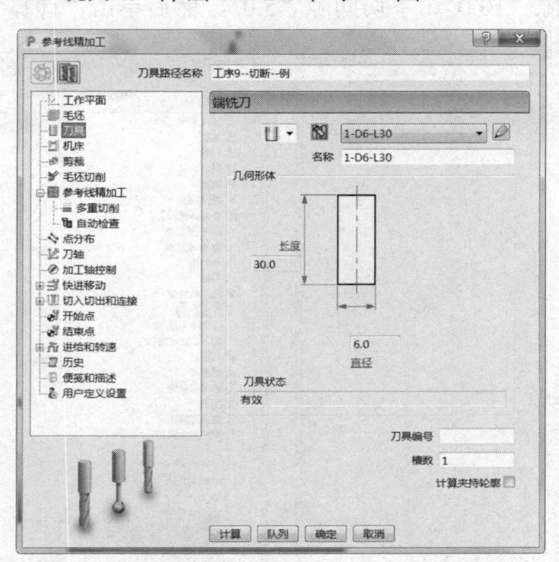

图 5-67

4）参考线精加工：选择参考线“3”，底部位置选择“驱动曲线”，设定轴向偏移“0.0”，设定公差“0.005”、加工顺序“参考线”、余量“0.0”、最大下切步距“0.05”。在“多重切削”

选项中模式选择“向上偏移”，排序方式选择“层”，设定上限“12.0”、最大下切步距“0.05”。（图 5-68）

a）

b）

图 5-68

5）刀轴：垂直。（图 5-69）

6）快进移动：安全区域类型选择“平面”，工作平面选择“A 面”，法线设定为（0.0，0.0，1.0），设定快进间隙“10.0”、下切间隙“5.0”，然后单击“计算”按钮。（图 5-70）

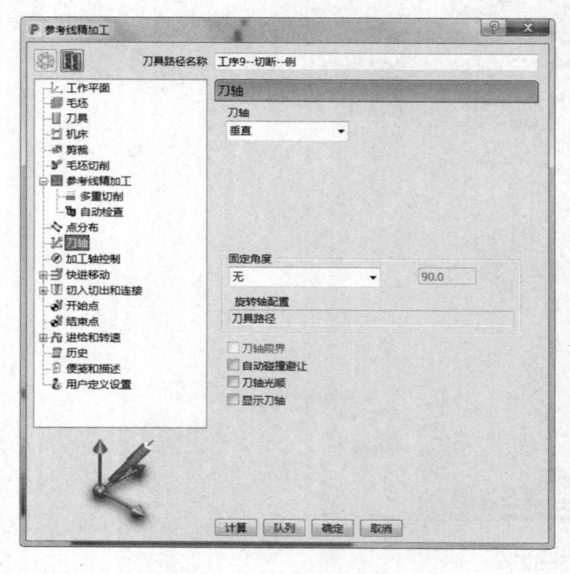

图 5-69

图 5-70

7）切入切出和连接：切入“直”，切出“直”，第一连接“掠过”，第二连接“掠过”，重

叠距离（刀具直径单位）“0.0”，勾选“允许移动开始点”及“刀轴不连续处增加切入切出”，角度分界值“90.0”。（图 5-71）

a）

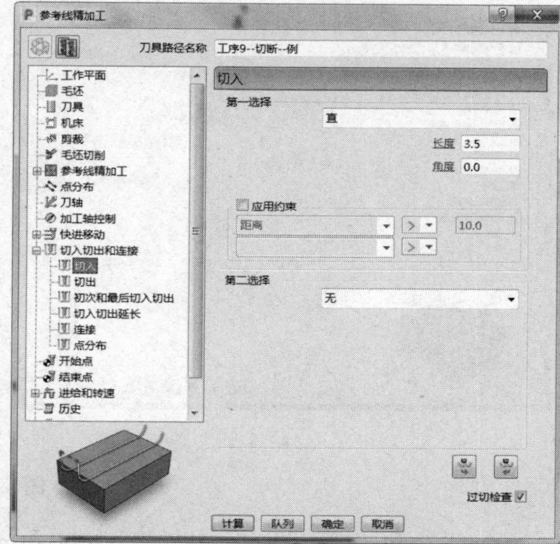

b）

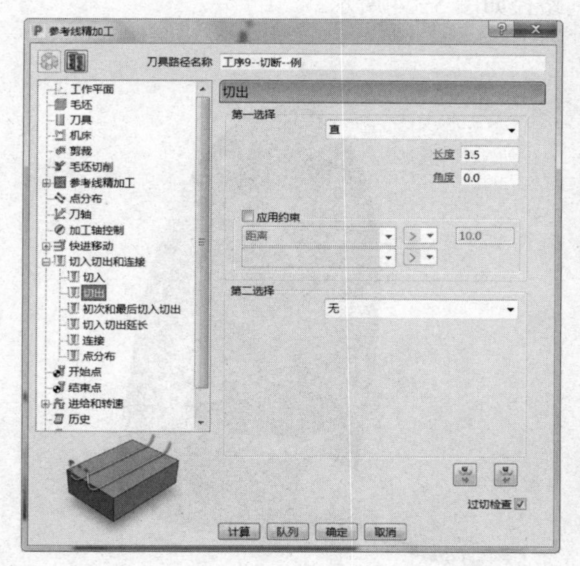

c）

d）

图 5-71

8）开始点和结束点：开始点选择“第一点”，结束点选择“最后一点”。勾选“相对下切”“单独进刀”及“单独退刀”，设定进刀距离“5.0”、相对下切距离“1.0”、退刀距离“5.0”，沿刀轴进刀与退刀。（图 5-72）

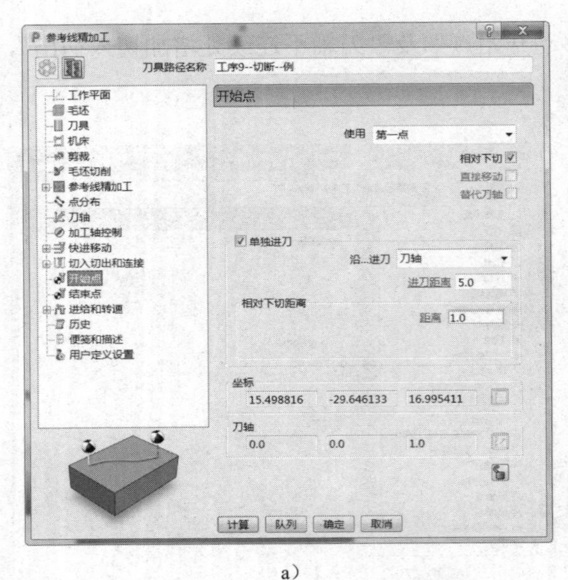

a）

b）

图 5-72

9）进给和转速：设定主轴转速 12000.0r/min、切削进给率 1500.0mm/min、下切进给率 1500.0mm/min、掠过进给率 3000.0mm/min，标准冷却。（图 5-73）

10）单击图 5-73 中的“计算”按钮，刀具路径如图 5-74 所示。

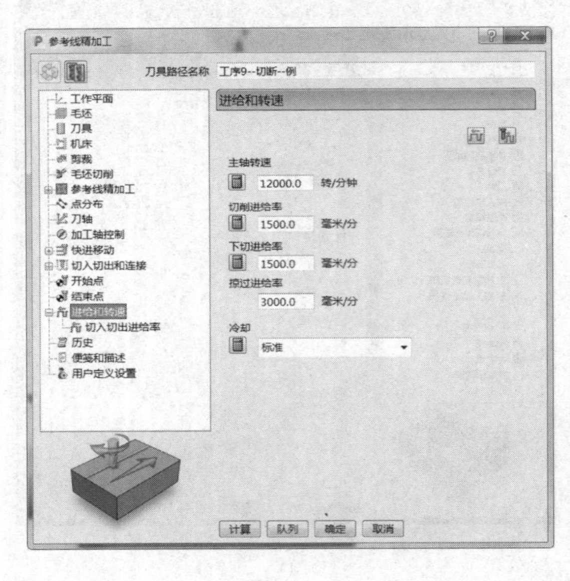

图 5-73

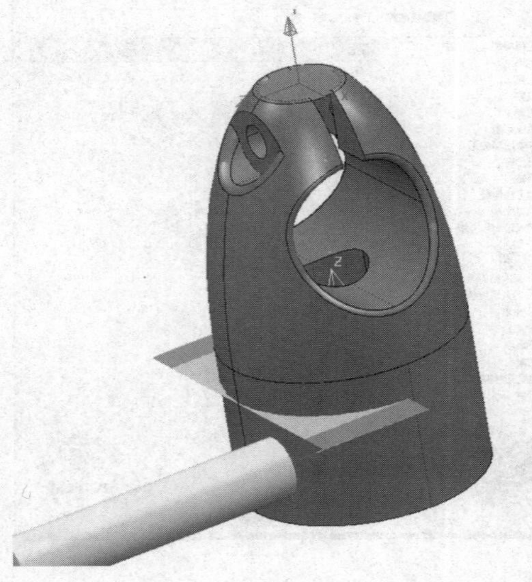

图 5-74

5.5.9 环形槽及中间圆孔的加工

步骤：单击“主页”→“刀具路径”图标，弹出“策略选择器”表格，单击“3D 区域清除”→“模型区域清除”，如图 5-75 所示。

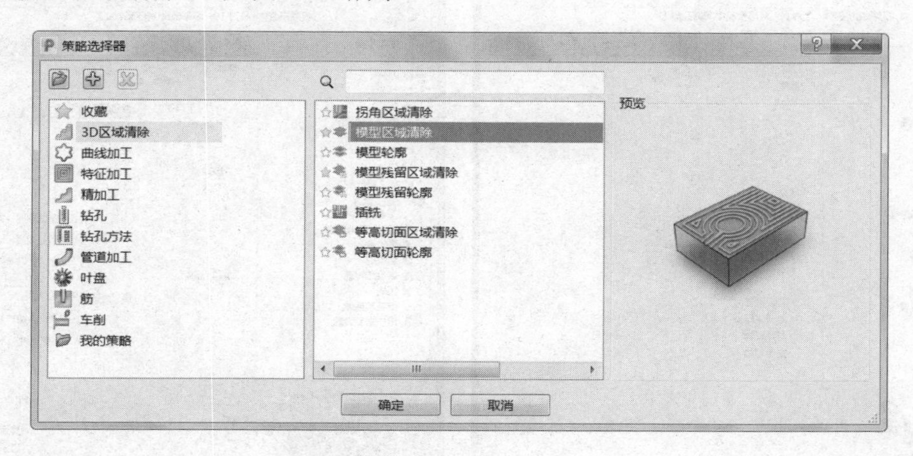

图 5-75

需要设定的参数如下：

1）工作平面：选择“端面”坐标系。

2）毛坯：选择要加工的曲面计算即可。

3）刀具：选择“$\phi3$ 立铣刀”，伸出 30mm 即可。（图 5-76）

4）模型区域清除：样式选择“偏移所有”，切削方向选择“任意”，设定公差“0.002”、余量“0.0”、行距“1.0”、下切步距“0.06”，勾选“恒定下切步距”。（图 5-77）

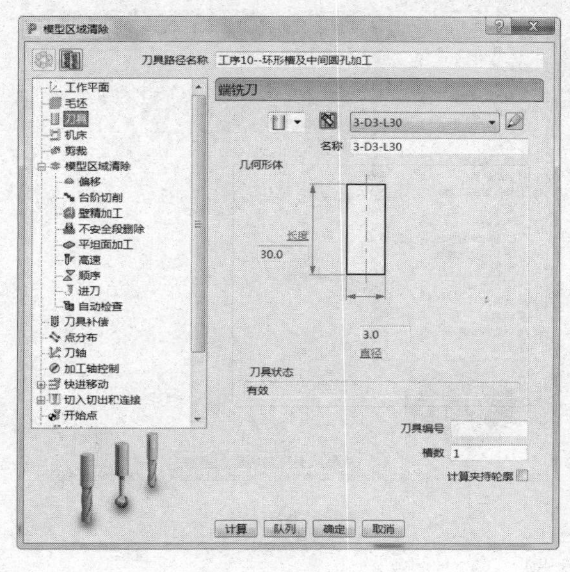

图 5-76

图 5-77

5）刀轴：垂直。（图 5-78）

6）快进移动：安全区域类型选择“平面”，工作平面选择“刀具路径工作平面”，法线设定为（0.0，0.0，1.0），设定快进间隙“10.0”、下切间隙“5.0”，然后单击“计算”按钮。（图 5-79）

图 5-78

图 5-79

7）切入切出和连接：切入“斜向”，切出“无”，第一连接“掠过”，第二连接“掠过”，重叠距离（刀具直径单位）“0.0”，勾选“允许移动开始点”及“刀轴不连续处增加切入切出”，角度分界值“90.0”。（图 5-80）

a)

b)

图 5-80

8）开始点和结束点：开始点选择“第一点”，结束点选择“最后一点”。勾选“相对下切”“单独进刀”及“单独退刀”，设定进刀距离“5.0”、相对下切距离“1.0”，自毛坯测量，退刀距离“5.0”，沿刀轴进刀与退刀。（图 5-81）

a）

b）

图 5-81

9）进给和转速：设定主轴转速 12000.0r/min、切削进给率 1500.0mm/min、下切进给率 1500.0mm/min、掠过进给率 3000.0mm/min，标准冷却。（图 5-82）

10）单击图 5-82 中的“计算”按钮，刀具路径如图 5-83 所示。

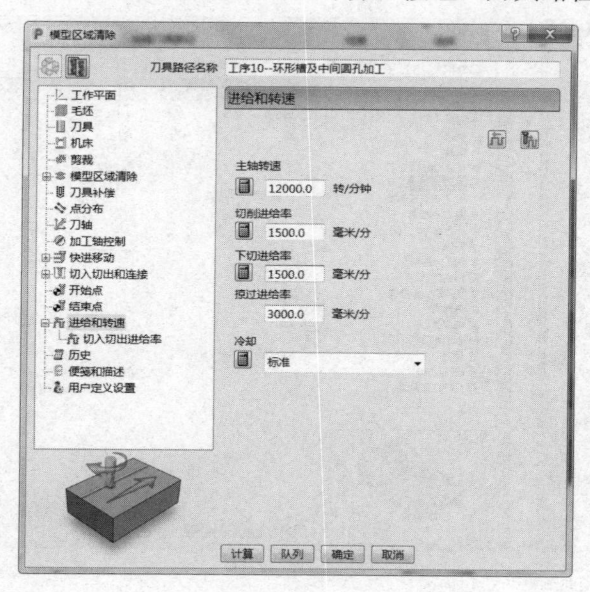

图 5-82

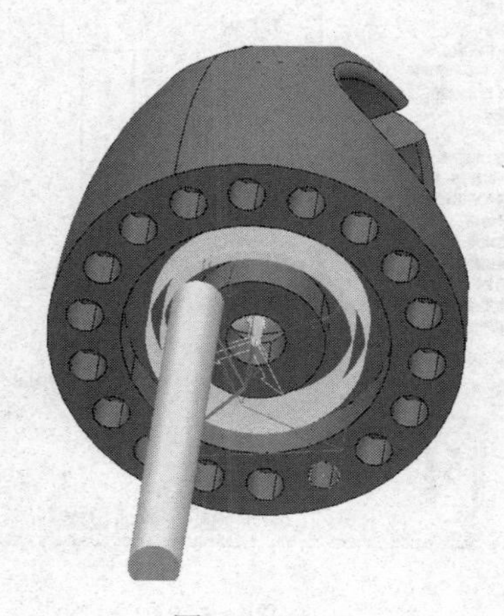

图 5-83

5.5.10 环形孔铣削

步骤：单击“主页”→“刀具路径”图标→弹出“策略选择器”表格→“精加工”→“等

高精加工”，如图 5-84 所示。

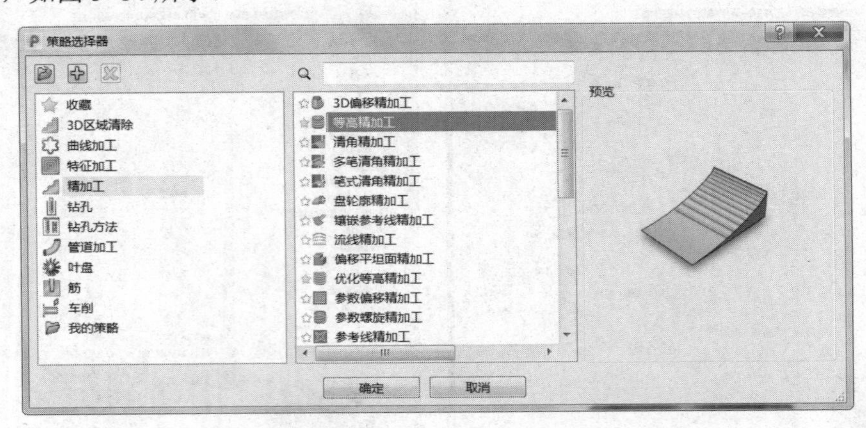

图 5-84

需要设定的参数如下：

1）工作平面：选择“端面”坐标系。

2）毛坯：选择要加工的曲面计算即可。

3）刀具：选择“ϕ2 立铣刀”，伸出 30mm 即可。（图 5-85）

4）等高精加工：排序方式选择“层”，设定其它毛坯“0.1”，勾选“螺旋”，设定公差“0.005”、切削方向“顺铣”、余量“0.0”、最小下切步距“0.03”。（图 5-86）

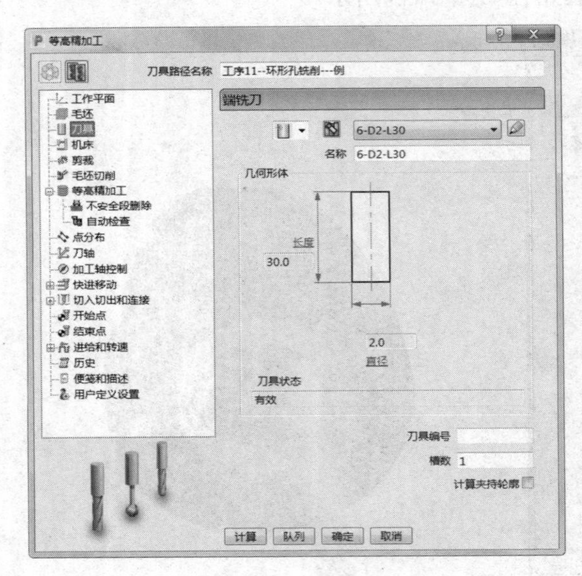

图 5-85

图 5-86

5）刀轴：垂直。（图 5-87）

6）快进移动：安全区域类型选择“平面”，工作平面选择“刀具路径工作平面”，法线设定为（0.0，0.0，1.0），设定快进间隙“10.0”、下切间隙“5.0”，然后单击“计算”按钮。（图 5-88）

图 5-87

图 5-88

7）切入切出和连接：切入“斜向”，切出“无”，第一连接“掠过”，第二连接“掠过”，重叠距离（刀具直径单位）“0.0”，勾选“允许移动开始点”及“刀轴不连续处增加切入切出”，角度分界值“90.0”。（图 5-89）

a）

b）

图 5-89

8）开始点和结束点：开始点选择“第一点”，结束点选择“最后一点”。勾选“相对下切”“单独进刀”及“单独退刀”，设定进刀距离“5.0”、相对下切距离“1.0”、退刀距离“5.0”，沿刀轴进刀与退刀。（图 5-90）

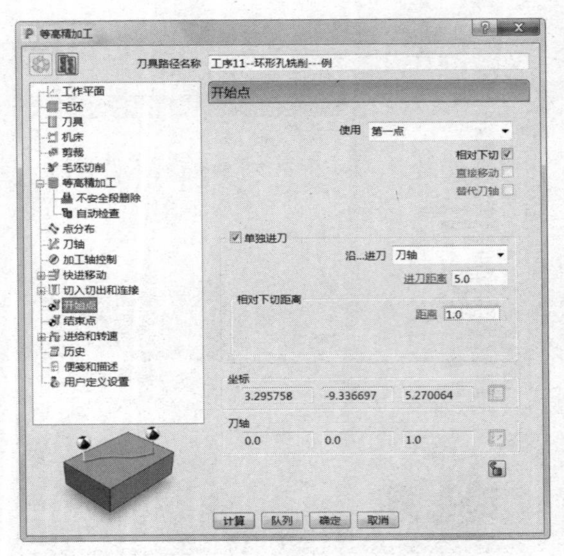

a）

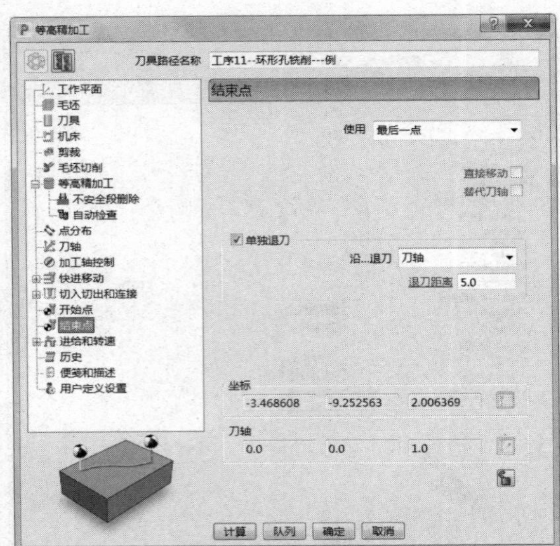

b）

图 5-90

9）进给和转速：设定主轴转速 12000.0r/min、切削进给率 1500.0mm/min、下切进给率 1500.0mm/min、掠过进给率 3000.0mm/min，标准冷却。（图 5-91）

10）单击图 5-91 中的“计算”按钮，刀具路径如图 5-92 所示。

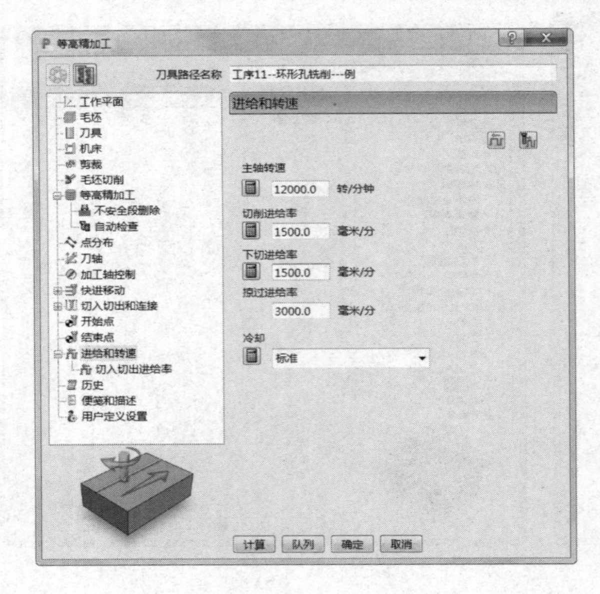

图 5-91

图 5-92

5.5.11 加工ϕ 1.8mm 孔

步骤：单击“主页”→“刀具路径”图标，弹出“策略选择器”表格，单击“钻孔”→

“钻孔”，如图 5-93 所示。

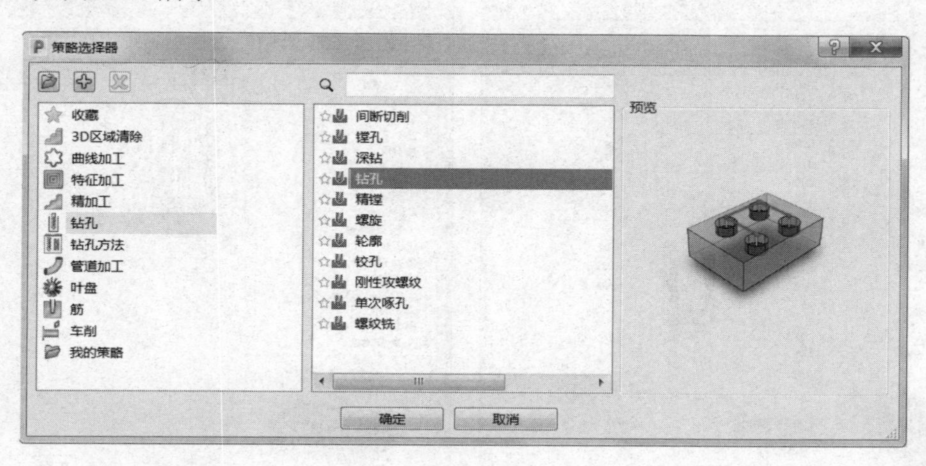

图 5-93

需要设定的参数如下：

1）孔：特征设置选择特征“1”，自模型创建，设定公差“0.1”，勾选“创建复合孔”。

2）工作平面：选择“端面”坐标系。

3）毛坯：选择要加工的曲面计算即可。

4）刀具：选择“ϕ1.8 钻头”，伸出 30mm 即可。（图 5-94）

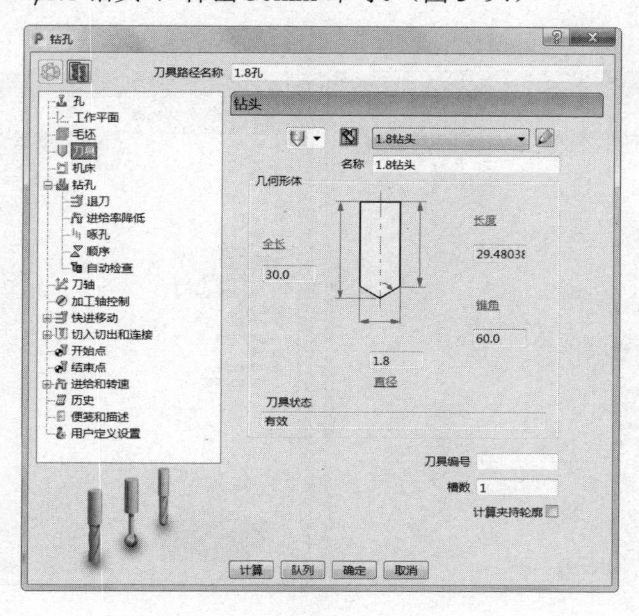

图 5-94

5）钻孔：选择循环类型“深钻”，定义顶部“孔顶部”，操作“通孔”，设定间隙“0.2”、啄孔深度“0.2”、开始“1.0”、停留时间“0.0”、公差“0.05”、余量“0.0”，勾选“钻孔循环输出”。在“退刀”子选项中设定退刀方式为“全”，勾选“快进退刀”。（图 5-95）

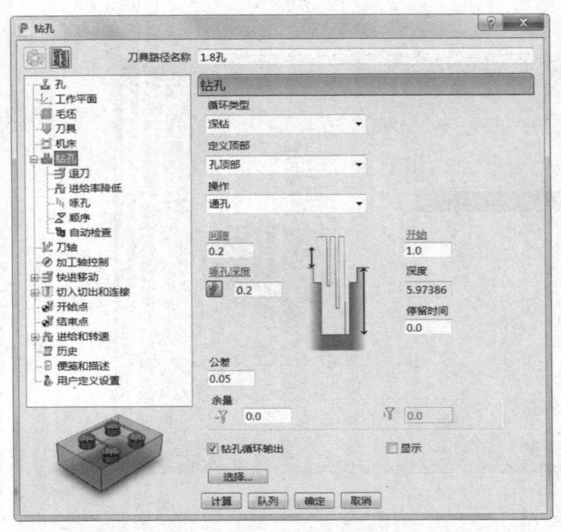

a）

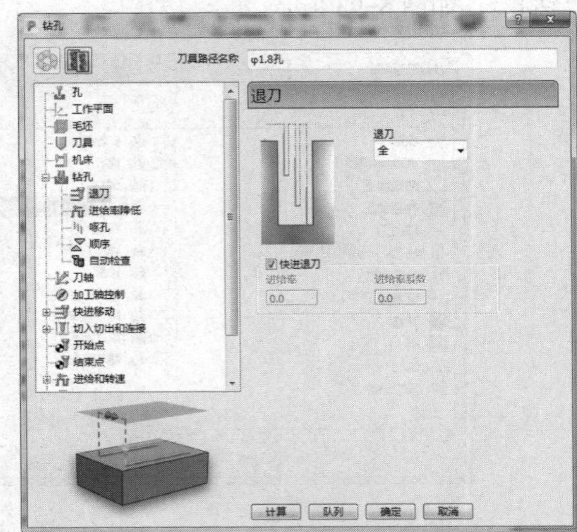

b）

图　5-95

6）刀轴：垂直。（图 5-96）

7）快进移动：安全区域类型选择“平面”，工作平面选择“刀具路径工作平面”，法线设定为（0.0，0.0，1.0），设定快进间隙“10.0”、下切间隙“5.0”，然后单击“计算”按钮。（图 5-97）

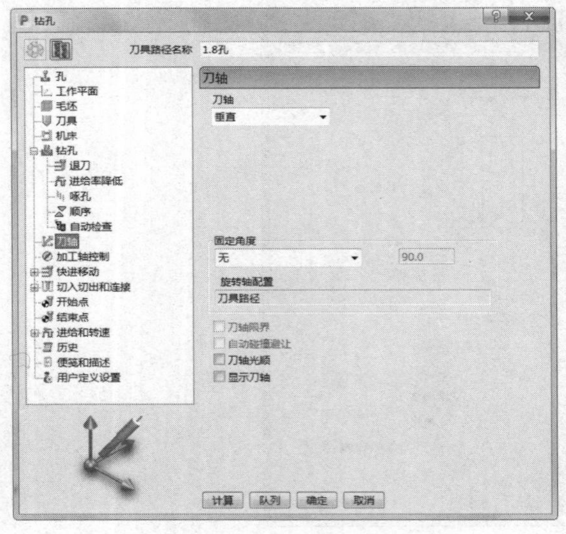

图　5-96

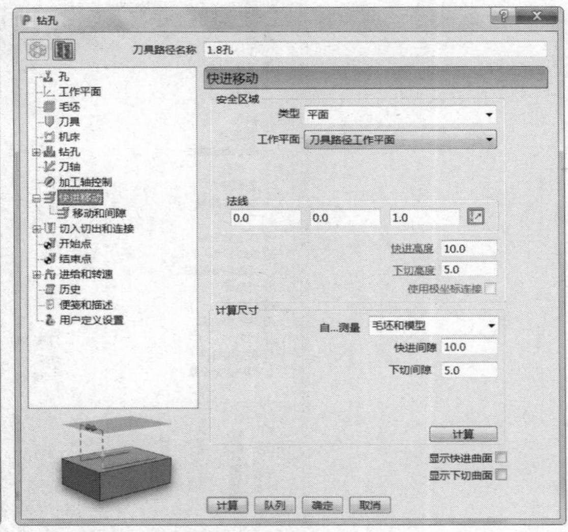

图　5-97

8）切入切出和连接：切入“无”，切出“无”，第一连接“安全高度”，第二连接“安全高度”，重叠距离（刀具直径单位）“0.0”，勾选“允许移动开始点”及“刀轴不连续处增加切入切出”，角度分界值“90.0”。（图 5-98）

a）

b）

图 5-98

9）开始点和结束点：开始点选择“第一点”，结束点选择“最后一点”。勾选“单独进刀”与“单独退刀”，设定进刀距离“5.0”、退刀距离“5.0”，沿刀轴进刀与退刀。（图 5-99）

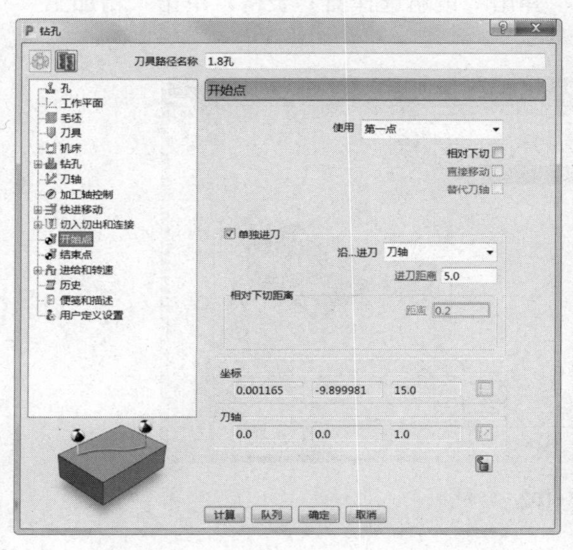

a）

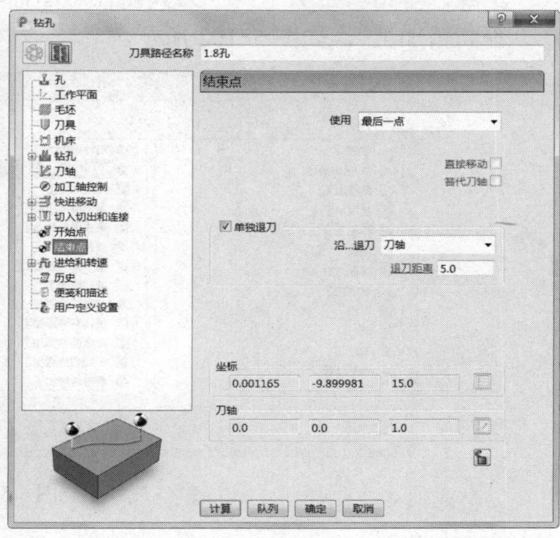

b）

图 5-99

10）进给和转速：设定主轴转速 2000.0r/min、切削进给率 30.0mm/min、下切进给率 30.0mm/min、掠过进给率 3000.0mm/min，标准冷却。（图 5-100）

11）单击图 5-100 中的“计算”按钮，刀具路径如图 5-101 所示。

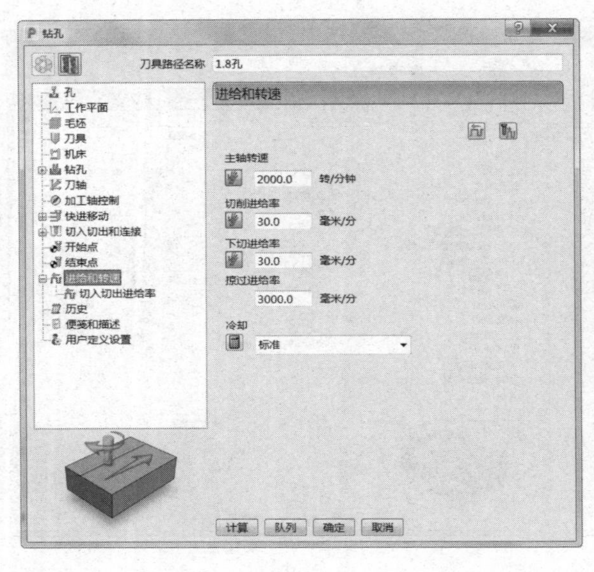

图 5-100

图 5-101

5.5.12 侧面槽的铣削

步骤：单击“主页”→“刀具路径”图标，弹出“策略选择器”表格，单击“精加工”→“等高精加工”，如图 5-102 所示。

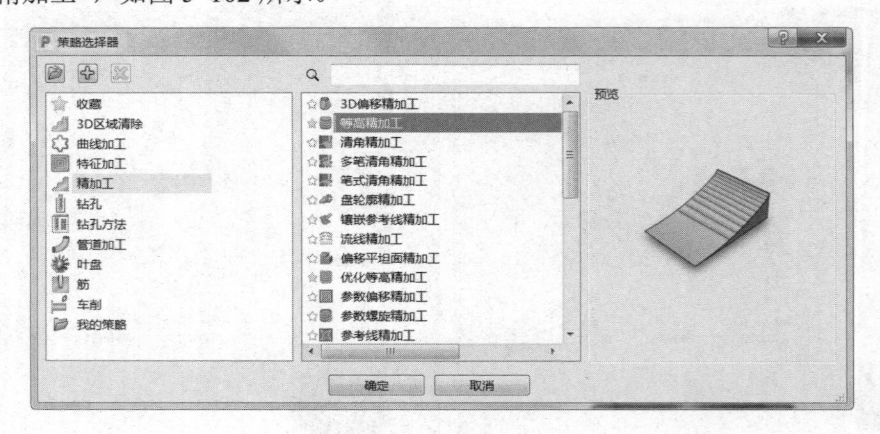

图 5-102

需要设定的参数如下：

1）工作平面：选择“前端”坐标系。

2）毛坯：选择要加工的曲面计算即可。

3）刀具：选择“ϕ6 立铣刀”，伸出 30mm 即可。（图 5-103）

4）等高精加工：排序方式选择“区域”，设定其它毛坯“0.3”、公差“0.005”、切削方向“任意”、余量“0.0”、最小下切步距“0.03”。（图 5-104）

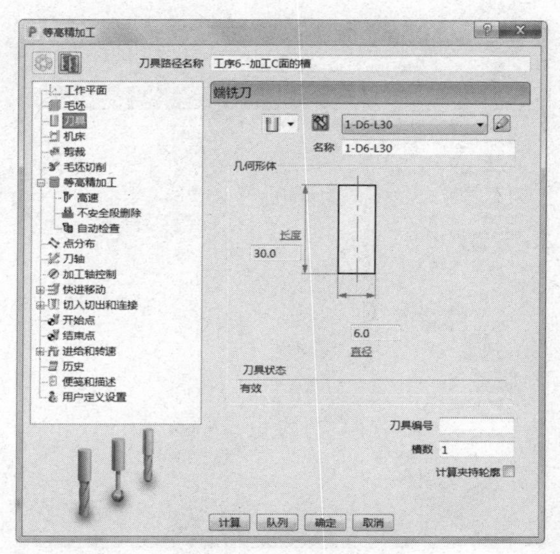

图 5-103

图 5-104

5）刀轴：垂直。（图 5-105）

6）快进移动：安全区域类型选择“平面”，工作平面选择“刀具路径工作平面”，法线设定为（0.0，0.0，1.0），设定快进间隙“10.0”、下切间隙“5.0”，然后单击“计算”按钮。（图 5-106）

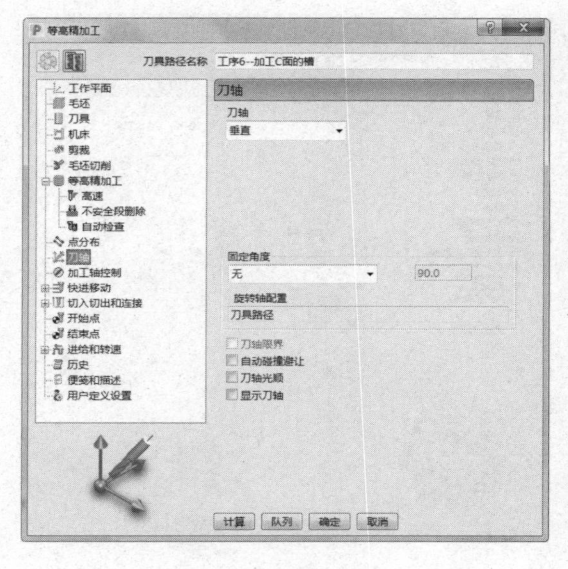

图 5-105

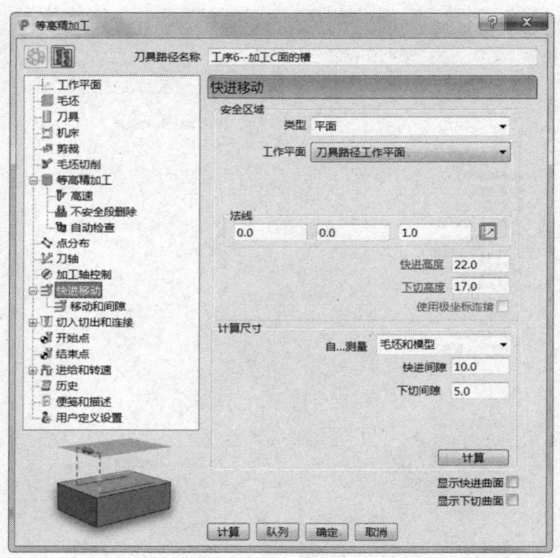

图 5-106

7）切入切出和连接：切入“无”，切出“无”，第一连接“曲面上”，第二连接“掠过”，重叠距离（刀具直径单位）“0.0”，勾选“允许移动开始点”及“刀轴不连续处增加切入切出”，角度分界值“90.0”。（图 5-107）

a)

b)

图 5-107

8）开始点和结束点：开始点选择“第一点安全高度”，结束点选择“最后一点安全高度”。勾选“相对下切”“单独进刀”及“单独退刀”，设定进刀距离“5.0”、相对下切距离“1.0”、退刀距离“5.0”，沿刀轴进刀与退刀。（图 5-108）

a)

b)

图 5-108

9）进给和转速：设定主轴转速 12000.0r/min、切削进给率 1500.0mm/min、下切进给率 1500.0mm/min、掠过进给率 3000.0mm/min，标准冷却。（图 5-109）

10）单击图 5-109 中的“计算”按钮，刀具路径如图 5-110 所示。

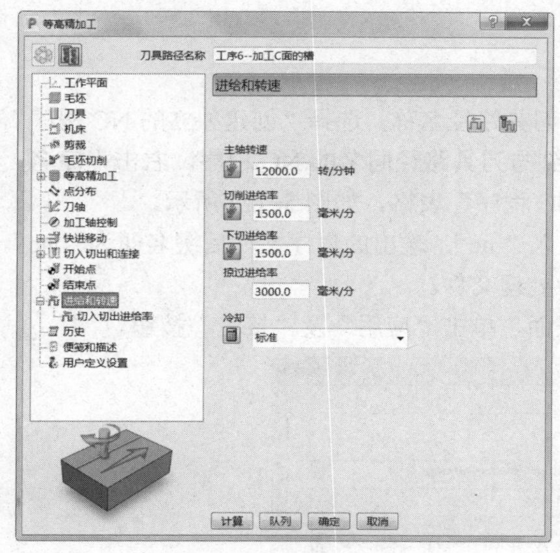

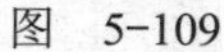
图 5-109

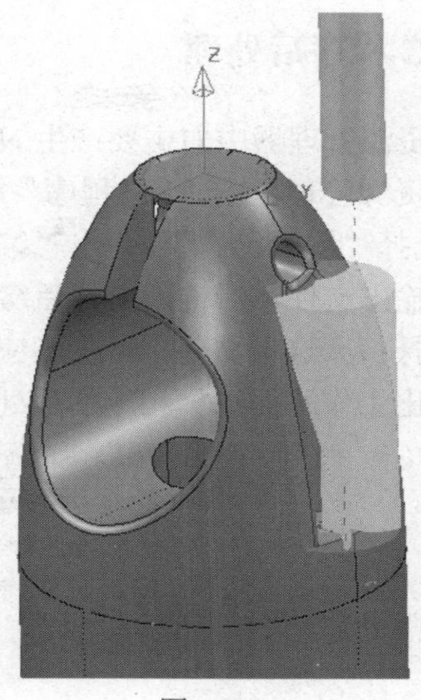
图 5-110

5.6 NC 程序仿真及后处理

5.6.1 NC 程序仿真

以“粗加工（A 面）”刀具路径为例：

1）打开主界面的“仿真”标签，单击开关使之处于打开状态。

2）在“条目”下拉菜单中单击选择要进行仿真的刀具路径。

3）单击“运行”按钮来查看仿真。在“仿真控制”栏中可对仿真过程进行暂停、回退等操作。

4）单击“退出 ViewMill”按钮来终止仿真。仿真效果如图 5-111 所示。

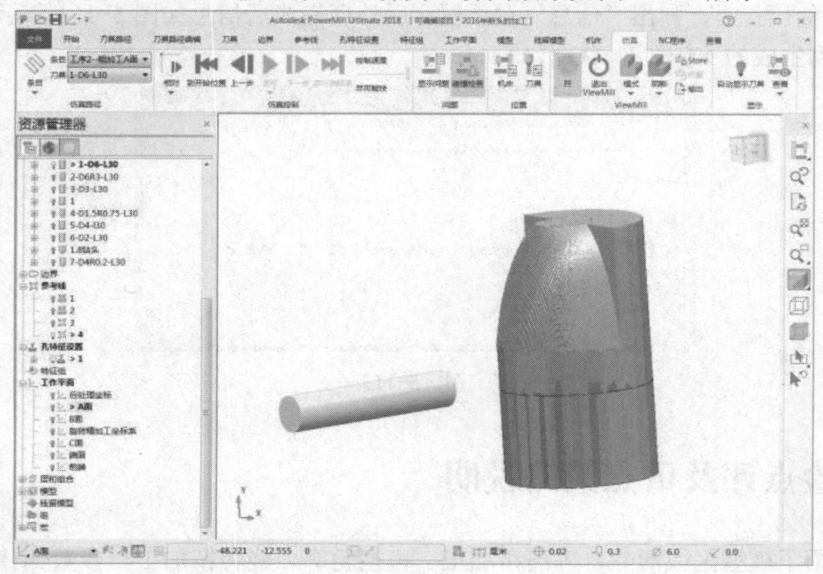
图 5-111

5.6.2 NC 程序后处理

1）在资源管理器中右击要产生 NC 程序的刀具路径名称，选择“创建独立的 NC 程序”。

2）在资源管理器中“NC 程序”标签下找到与刀具路径同名的 NC 程序，右击程序名，在菜单中选择“编辑已选”，弹出“编辑已选 NC 程序”表格，如图 5-112 所示。

3）在输出文件名后键入文件后缀，例如键入“.nc”，输出的程序文件后缀名即为“.nc”。

4）选择机床选项文件，单击相应的机床后处理文件。

5）输出工作平面选择相应的后处理工作平面，单击“应用”及“接受”按钮。

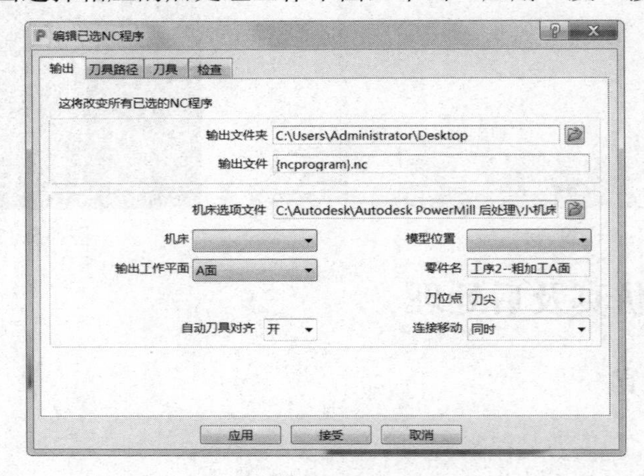

图 5-112

5.6.3 生成 G 代码

在 PowerMill 2018 的资源管理器中右击“NC 程序”标签下要生成 G 代码的程序文件，在菜单中选择“写入”，弹出“信息”对话框。后处理完成后信息如图 5-113 所示，并可以在相应路径找到生成的 NC 文件（G 代码）。

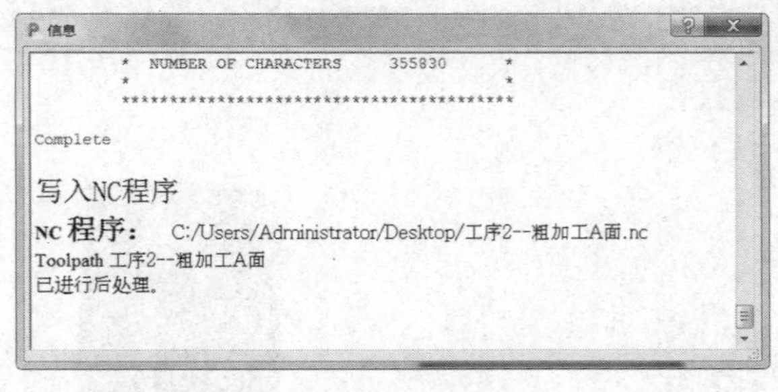

图 5-113

5.7 经验点评及重点策略说明

本章介绍了模型区域清除、等高精加工、模型轮廓、旋转精加工、参数偏移精加工、优化等高精加工、钻孔等操作，此零件是典型的四轴加工零件，旋转精加工策略在四轴加工里是较为常用的。其创建和编辑步骤如下：

旋转精加工是为装夹在第四可编程旋转轴上加工零件的加工方法而设计的编程策略。铣削过程中，部件绕X轴旋转而刀具进行同步的三轴运动，常用于铣削回转体零件。

在PowerMill 2018主界面功能图标区“刀具路径”选项卡下选择“刀具路径”，打开“策略选择器”表格，选择“精加工”选项卡，在该选项卡内选择“旋转精加工”，然后单击“确定”按钮，即可打开“旋转精加工”表格。

旋转精加工参数的功能及应用如下：

1）X限界：X限界用于定义精加工路径沿旋转轴X轴的加工距离，可由操作者手动输入，或单击右侧的按钮来定义X轴限界为毛坯限界。

2）参考线：用于指定旋转铣削的加工方法，样式可选择圆形、直线或螺旋；Y轴偏移用于定义避免使用刀具中心切削的偏移距离。

3）角度限界：表格的角度限界部分仅在使用圆形和直线铣削方式时有效。角度限界通过开始角和结束角来定义，以沿正X轴查看时的逆时针方向测量，加工区域在开始角和结束角之间。另外，单击按钮来进行360°全范围刀具路径的生成。

旋转精加工必须选择X轴为旋转轴，否则无法生成刀具路径，后处理程序可以为其他旋转轴而不为X轴。

第6章 无人机下壳的四轴加工

6.1 加工任务概述

图 6-1 所示为无人机下壳的加工图（成品及毛坯），要求在ϕ32mm 的端面加工孔以及加工圆弧倒角，并在圆柱侧面加工一个圆孔，长度为 44mm，材质为硬铝 2A12。

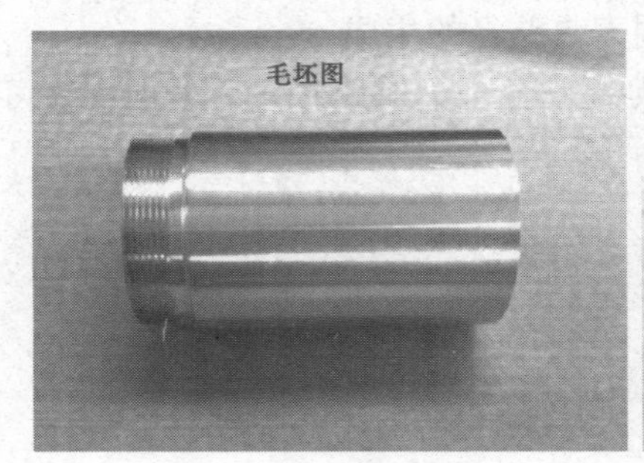

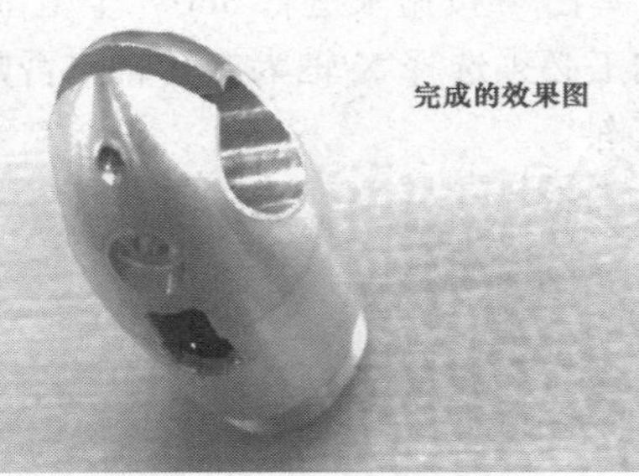

图 6-1

6.2 工艺方案分析

无人机下壳的加工工艺方案见表 6-1。

表 6-1

工序号	加工内容	加工方式	机床	刀具
1	下料ϕ32mm×62mm	车削（外螺纹配作）	数控车	
2	粗加工（A、B 面）	模型区域清除	UCAR-DPCNC4S150	ϕ6mm 立铣刀
3	精加工曲面	旋转精加工	UCAR-DPCNC4S150	ϕ6mm 球头刀
4	精加工ϕ14mm 的孔	模型轮廓	UCAR-DPCNC4S150	ϕ6mm 立铣刀
5	加工沉头孔（A、B 面）	等高精加工	UCAR-DPCNC4S150	ϕ6mm 立铣刀
6	粗加工 B 面的槽	模型区域清除	UCAR-DPCNC4S150	ϕ4mm 立铣刀
7	精加工 B 面的槽	等高精加工	UCAR-DPCNC4S150	ϕ2mm 立铣刀
8	B 面ϕ3mm 的孔加工	等高精加工	UCAR-DPCNC4S150	ϕ2mm 立铣刀
9	圆弧倒角	参数偏移精加工	UCAR-DPCNC4S150	ϕ1.5mm 球头刀
10	切 C 面 3mm 槽	参考线精加工	UCAR-DPCNC4S150	ϕ3mm 立铣刀

此类零件装夹比较简单，可利用自定心卡盘装夹，装夹方案如图 6-2 所示。

图 6-2

6.3 准备加工模型

启动 PowerMill 2018，进入主界面，输入模型，步骤如下：

单击“文件”→“输入”→“模型”，选择文件路径打开，如图 6-3 所示。

图 6-3

6.4 毛坯的设定

进入“毛坯”表格：单击选择“圆柱”→“计算”，显示“毛坯”表格，如图 6-4 所示。

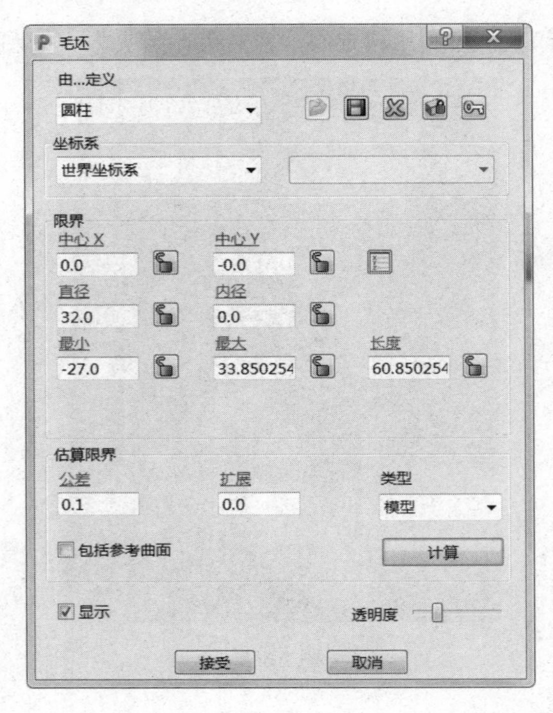

图 6-4

6.5 编程详细操作步骤

根据表 6-1 依次制订工序 2～10 的刀具路径。

创建坐标系：在左边资源管理器中右击“工作平面”，在“创建并定向工作平面”菜单下选择“使用毛坯定位工作平面”，如图 6-5 所示，并将创建的坐标系重命名为“后处理坐标系”。

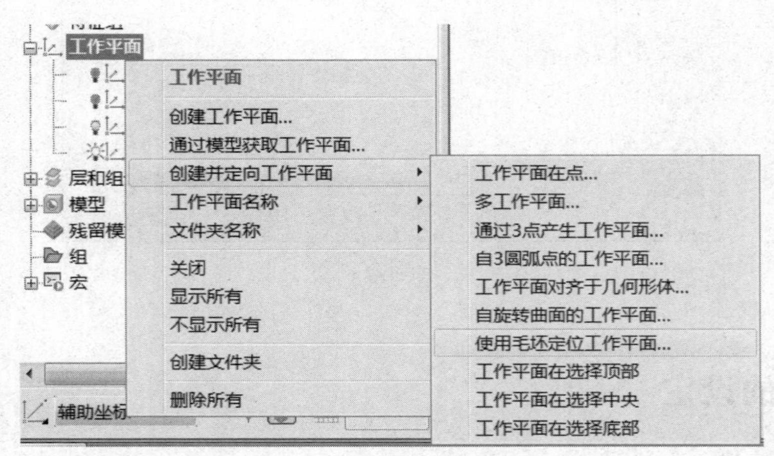

图 6-5

6.5.1 粗加工（A 面）

步骤：单击“主页”→“刀具路径”图标，弹出“策略选择器”表格，单击“3D 区域清除”→“模型区域清除”，如图 6-6 所示。

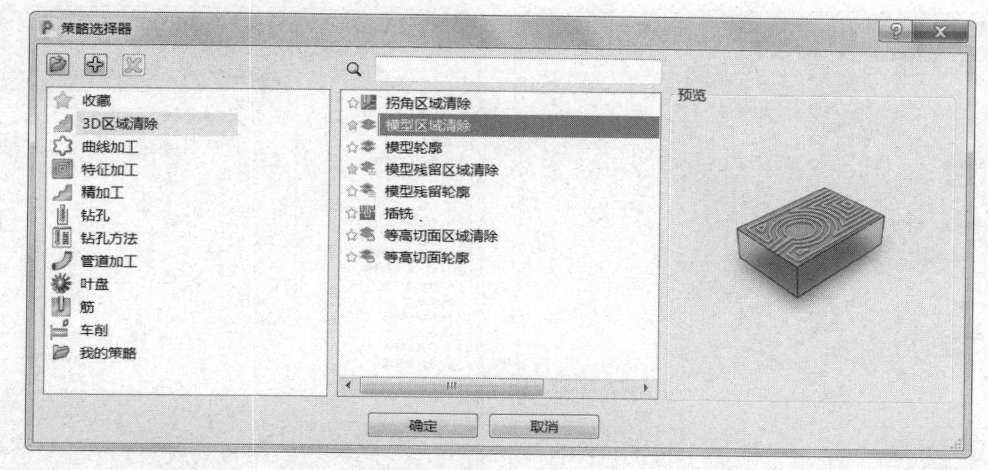

图 6-6

需要设定的参数如下：

1）工作平面：选择“A 面”坐标系。

2）毛坯：选择要加工的曲面计算即可。

3）刀具：选择“ϕ6 立铣刀”，伸出 30mm 即可。

4）剪裁：设定 Z 限界最小值为“–0.5”。（图 6-7）

5）模型区域清除：样式选择“偏移模型”，切削方向中的轮廓、区域均选择“任意”，设定公差“0.1”、余量“0.4”、行距“4.0”、下切步距“0.05”，勾选“恒定下切步距”。（图 6-8）

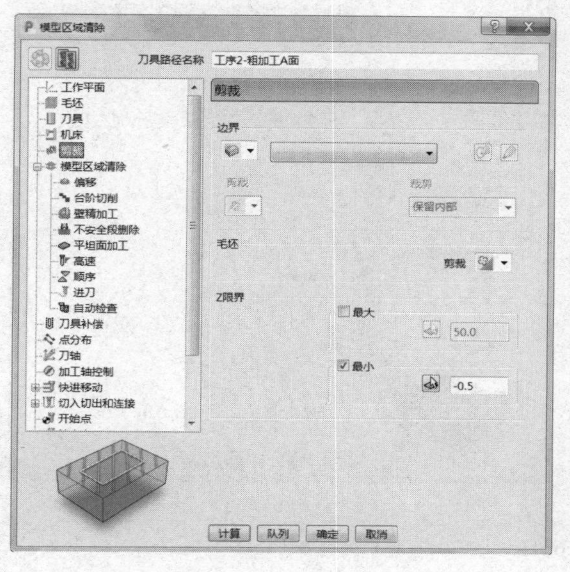

图 6-7

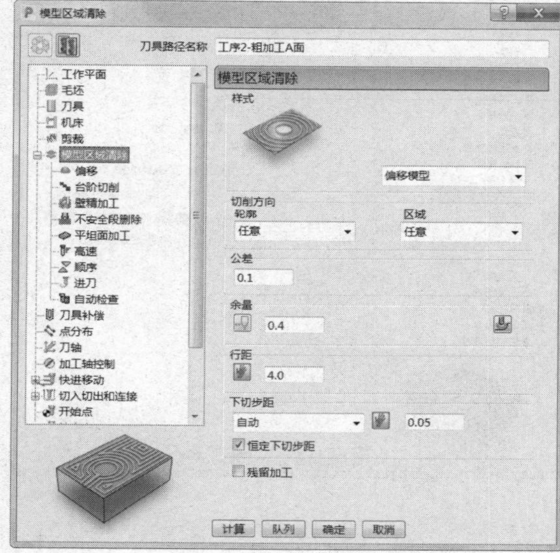

图 6-8

6）刀轴：垂直。（图 6-9）

7）快进移动：安全区域类型选择“平面”，工作平面选择“刀具路径工作平面”，法线设定为（0.0，0.0，1.0），设定快进间隙“10.0”、下切间隙“5.0”，然后单击“计算”按钮。（图 6-10）

图 6-9

图 6-10

8）切入切出和连接：切入“无”，切出“无”，第一连接“掠过”，第二连接“掠过”，重叠距离（刀具直径单位）“0.0”，勾选“允许移动开始点”及“刀轴不连续处增加切入切出”，角度分界值“90.0”。（图 6-11）

a）

b）

图 6-11

9）开始点和结束点：开始点选择“第一点安全高度”，结束点选择“最后一点安全高度”。勾选“相对下切”“单独进刀”及“单独退刀”，设定进刀距离“5.0”，相对下切距离“1.0”，自毛坯测量，退刀距离“5.0”，沿刀轴进刀与退刀。（图 6-12）

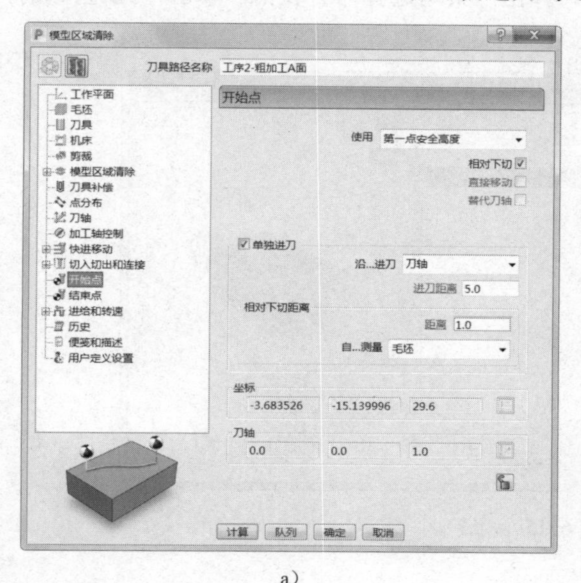

a）

b）

图 6-12

10）进给和转速：设定主轴转速 12000.0r/min、切削进给率 3000.0mm/min、下切进给率 3000.0mm/min、掠过进给率 3000.0mm/min，标准冷却。（图 6-13）

11）单击图 6-13 中的“计算”按钮，刀具路径如图 6-14 所示。

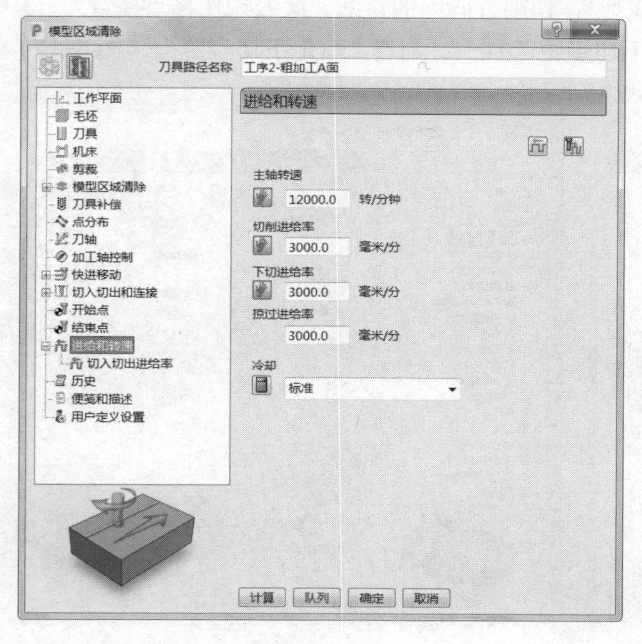

图 6-13

图 6-14

6.5.2 粗加工（B 面）

步骤：单击“主页”→“刀具路径”图标，弹出“策略选择器”表格，单击“3D 区域清除”→“模型区域清除”，如图 6-15 所示。

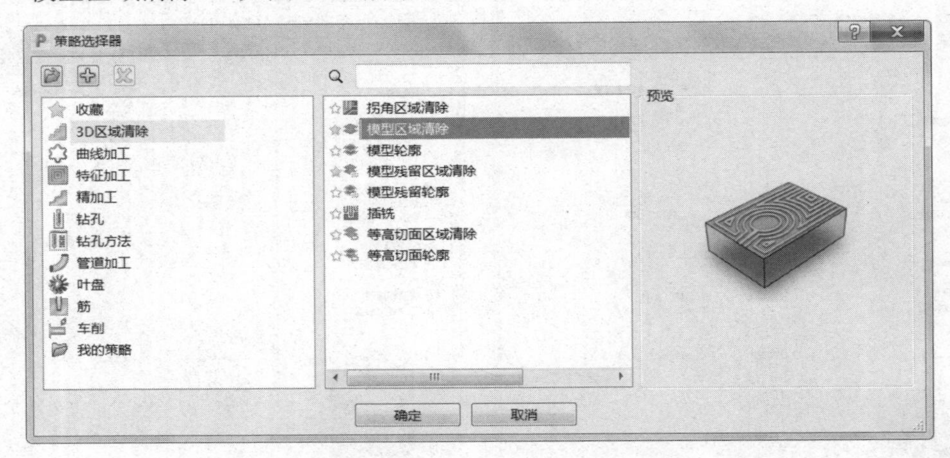

图 6-15

需要设定的参数如下：

1）工作平面：选择“B 面”坐标系。

2）毛坯：选择要加工的曲面计算即可。

3）刀具：选择“ϕ6 立铣刀”，伸出 30mm 即可。

4）剪裁：设定最小值为“–0.5”。（图 6-16）

5）模型区域清除：样式选择“偏移模型”，切削方向中的轮廓、区域均选择“任意”，设定公差“0.1”、余量“0.4”、行距“4.0”、下切步距“0.05”，勾选“恒定下切步距”。（图 6-17）

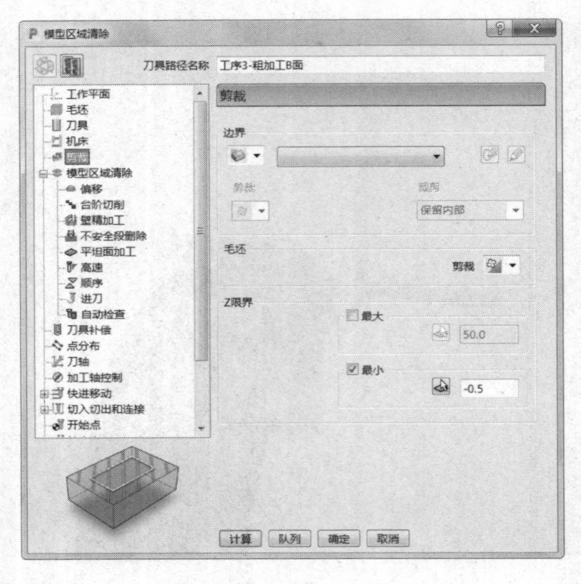

图 6-16

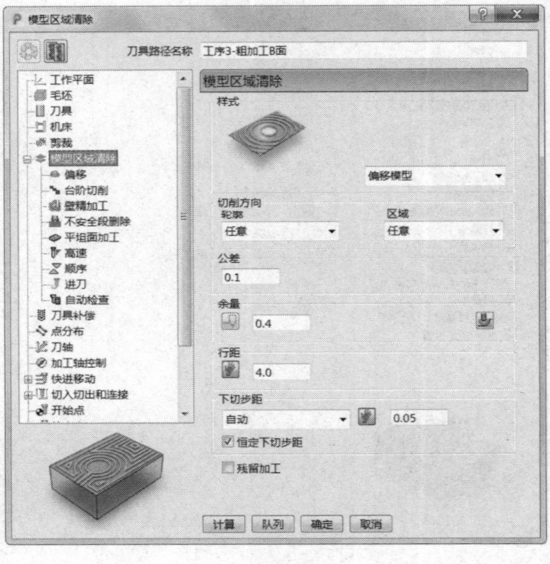

图 6-17

6）刀轴：垂直。（图 6-18）

7）快进移动：安全区域类型选择“平面”，工作平面选择“刀具路径工作平面”，法线设定为（0.0，0.0，1.0），设定快进间隙“10.0”，下切间隙“5.0”，然后单击“计算”按钮。（图 6-19）

图 6-18

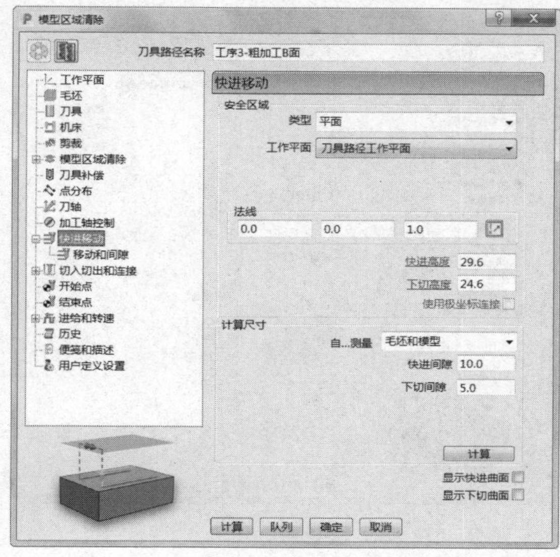

图 6-19

8）切入切出和连接：切入“无”，切出“无”，第一连接“掠过”，第二连接“掠过”，重叠距离（刀具直径单位）“0.0”，勾选“允许移动开始点”及“刀轴不连续处增加切入切出”，角度分界值“90.0”。（图 6-20）

a）

b）

图 6-20

9）开始点和结束点：开始点选择“第一点安全高度”，结束点选择“最后一点安全高度”。勾选“相对下切”“单独进刀”及“单独退刀”，设定进刀距离“5.0”，相对下切距离“1.0”，自毛坯测量，退刀距离“5.0”，沿刀轴进刀与退刀。（图 6-21）

a）

b）

图 6-21

10）进给和转速：设定主轴转速 12000.0r/min、切削进给率 3000.0mm/min、下切进给率 3000.0mm/min、掠过进给率 3000.0mm/min，标准冷却。（图 6-22）

11）单击图 6-22 中的“计算”按钮，刀具路径如图 6-23 所示。

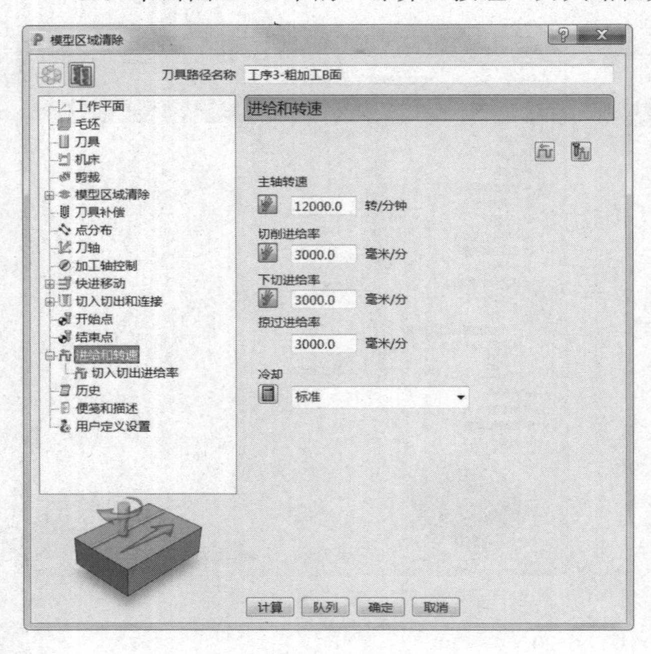

图 6-22

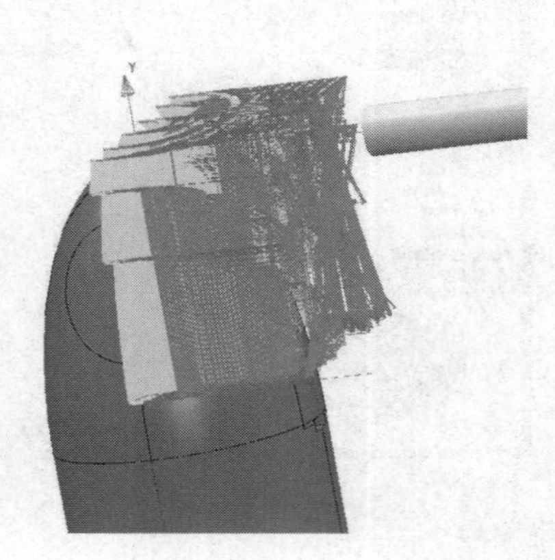

图 6-23

6.5.3 精加工曲面

步骤：单击“主页”→“刀具路径”图标，弹出“策略选择器”表格，单击“3D 区域清除”→“旋转精加工”，如图 6-24 所示。

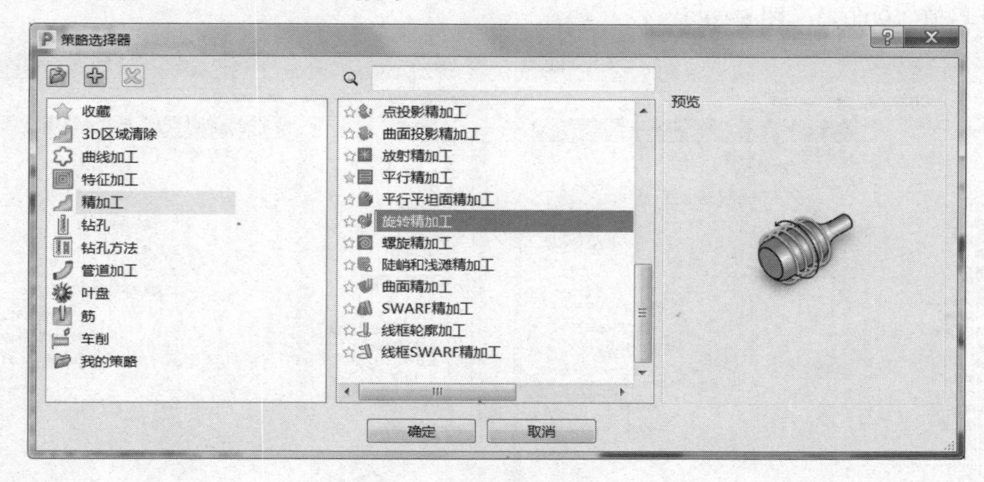

图 6-24

需要设定的参数如下：

1）工作平面：选择“旋转精加工”坐标系。

2）毛坯：选择要加工的曲面计算即可。

3）刀具：选择“ϕ6 球头刀”，伸出 30mm 即可。（图 6-25）

4）旋转精加工：设定 X 限界开始为“-0.0”，结束为“38.0”，参考线样式设定为“螺旋”，Y 轴偏移“0.0”，公差“0.02”，切削方向“任意”，余量“0.0”，行距“0.05”。（图 6-26）

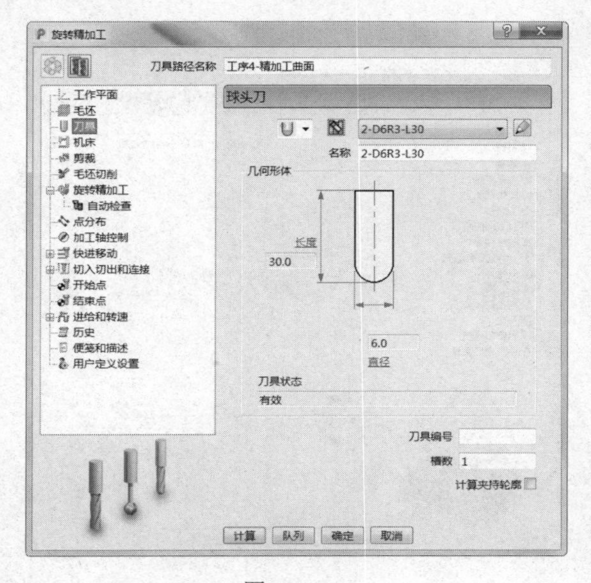

图 6-25

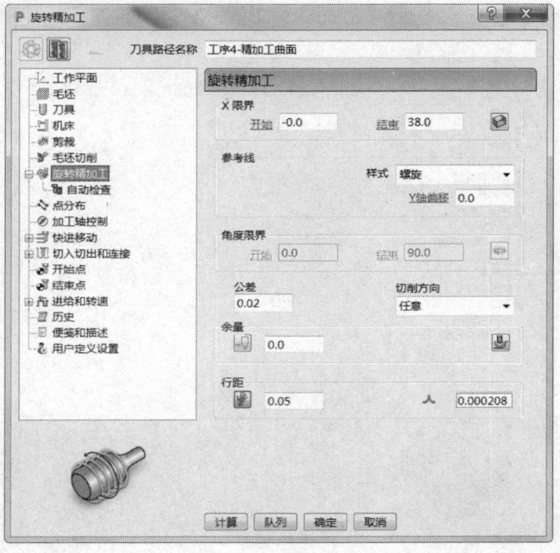

图 6-26

5）快进移动：安全区域类型选择“圆柱”，工作平面选择“刀具路径工作平面”，方向设定为（1.0，0.0，0.0），快进间隙“10.0”，下切间隙“5.0”，然后单击“计算”按钮。（图 6-27）

6）切入切出和连接：切入“无”，切出“无”，第一连接“掠过”，第二连接“掠过”，重叠距离（刀具直径单位）“0.0”，勾选“允许移动开始点”及“刀轴不连续处增加切入切出”，角度分界值“90.0”。（图 6-28）

图 6-27

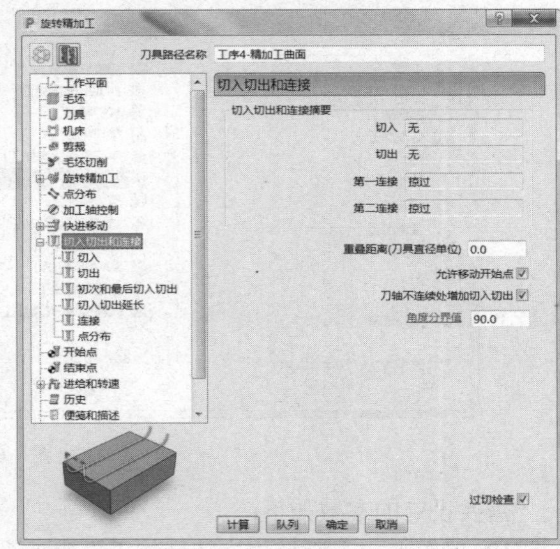

图 6-28

7）开始点和结束点：开始点选择“第一点安全高度”，结束点选择“最后一点安全高度”。勾选“相对下切”“单独进刀”与“单独退刀”，设定进刀距离“5.0”、相对下切距离“1.0”、退刀距离“5.0”，沿刀轴进刀与退刀。（图 6-29）

a）

b）

图 6-29

8）进给和转速：设定主轴转速 12000.0r/min、切削进给率 1800.0mm/min、下切进给率 1800.0mm/min、掠过进给率 3000.0mm/min，标准冷却。（图 6-30）

9）单击图 6-30 中的“计算”按钮，刀具路径如图 6-31 所示。

图 6-30

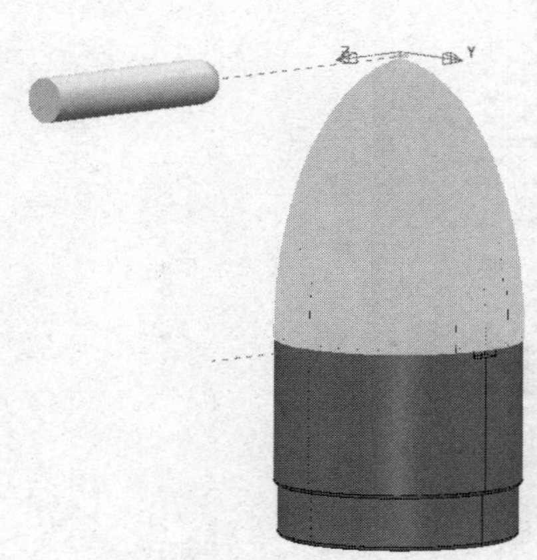

图 6-31

6.5.4 精加工 ϕ14mm 的孔

步骤：单击“主页”→“刀具路径”图标，弹出“策略选择器”表格，单击“3D 区域清除”→“模型轮廓”，如图 6-32 所示。

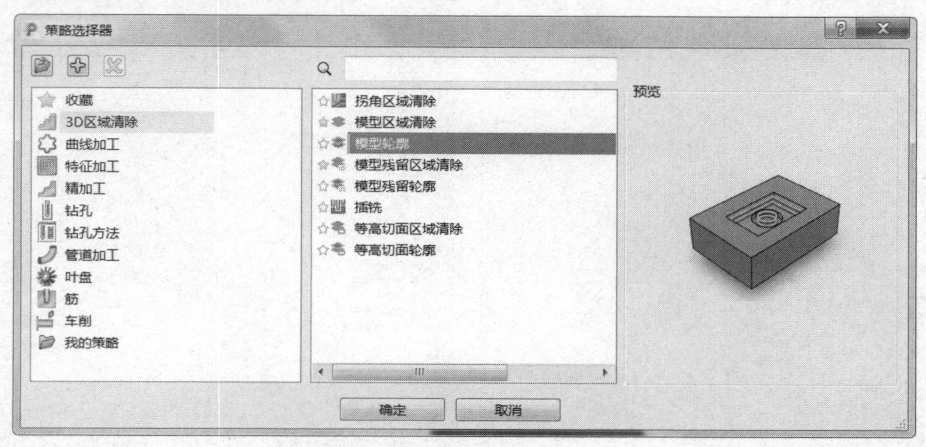

图 6-32

需要设定的参数如下：

1）工作平面：选择“C 面”坐标系。

2）毛坯：选择要加工的曲面计算即可。

3）刀具：选择“ϕ6 立铣刀”，伸出 30mm 即可。

4）剪裁：边界选择“2”，裁剪选择“保留内部”。（图 6-33）

5）模型轮廓：选择切削方向“顺铣”，其它轮廓“顺铣”，公差“0.01”，余量“0.0”，行距“3.0”，下切步距“0.05”，勾选“恒定下切步距”。（图 6-34）

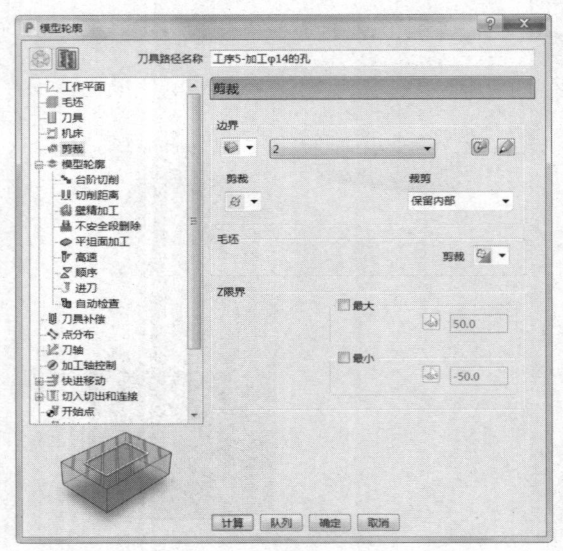

图 6-33

图 6-34

6）刀轴：垂直。（图 6-35）

7）快进移动：安全区域类型选择“平面”，工作平面选择“刀具路径工作平面”，法线设定为（0.0，0.0，1.0），设定快进间隙“10.0”，下切间隙“5.0”，然后单击“计算”按钮。（图 6-36）

图 6-35

图 6-36

8）切入切出和连接：切入“斜向”，切出“无”，第一连接“掠过”，第二连接“掠过”，

重叠距离（刀具直径单位）“0.0”，勾选“允许移动开始点”及“刀轴不连续处增加切入切出”，角度分界值“90.0”。（图 6-37）

a）

b）

图 6-37

9）开始点和结束点：开始点选择“第一点安全高度”，结束点选择“最后一点安全高度”。勾选“相对下切”“单独进刀”与“单独退刀”，设定进刀距离“5.0”、相对下切距离“1.0”，自毛坯测量，退刀距离“5.0”，沿刀轴进刀与退刀。（图 6-38）

a）

b）

图 6-38

10）进给和转速：设定主轴转速 12000.0r/min、切削进给率 1800.0mm/min、下切进给率 1800.0mm/min、掠过进给率 3000.0mm/min，标准冷却。（图 6-39）

11）单击图 6-39 中的“计算”按钮，刀具路径如图 6-40 所示。

图 6-39

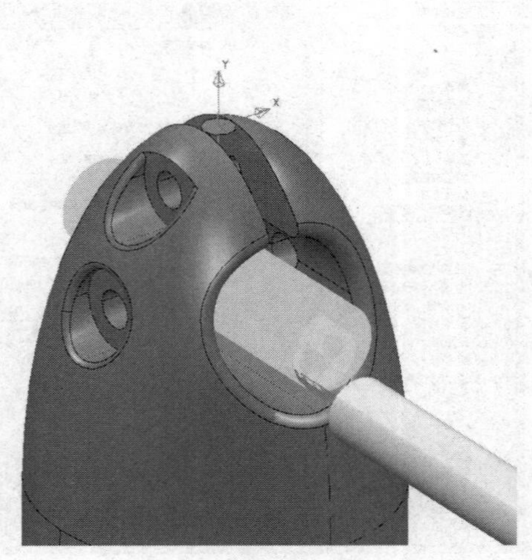

图 6-40

6.5.5 加工沉头孔（A 面 1）

步骤：单击“主页”→“刀具路径”图标，弹出“策略选择器”表格，单击“精加工”→“等高精加工”，如图 6-41 所示。

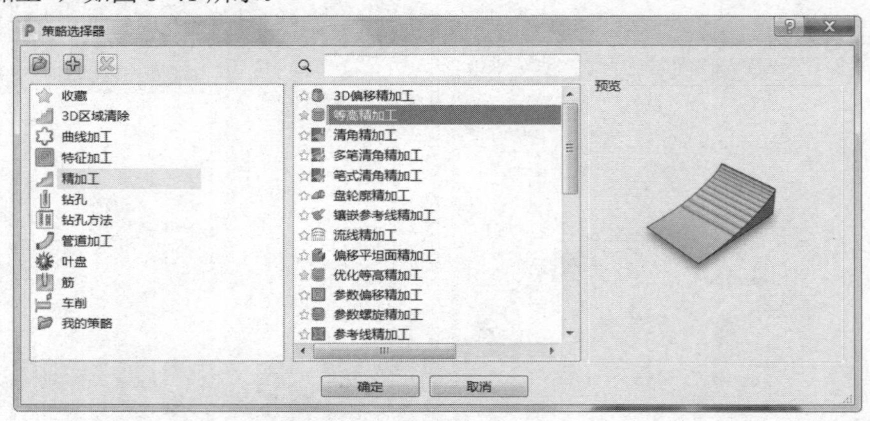

图 6-41

需要设定的参数如下：

1）工作平面：选择“A 面”坐标系。

2）毛坯：选择要加工的曲面计算即可。

3）刀具：选择“ϕ6 立铣刀”，伸出 30mm 即可。（图 6-42）

4）等高精加工：排序方式选择“区域”，设定其它毛坯“0.3”，勾选“螺旋”，设定公差“0.01”、切削方向“顺铣”、余量“0.0”、最小下切步距“0.05”。（图 6-43）

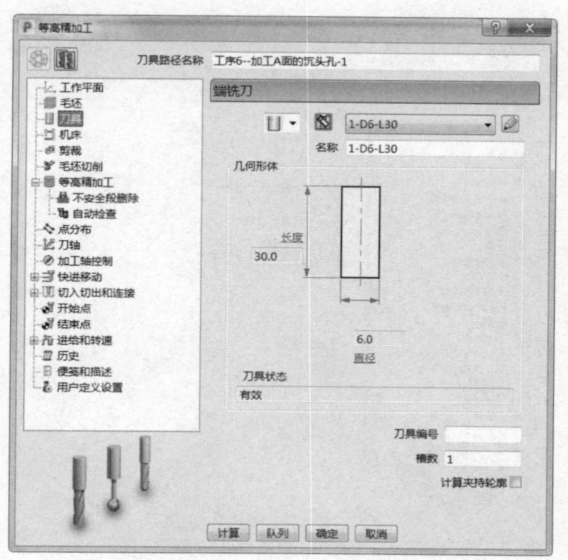

图 6-42

图 6-43

5）刀轴：垂直。（图 6-44）

6）快进移动：安全区域类型选择“平面”，工作平面选择“刀具路径工作平面”，法线设定为（0.0，0.0，1.0），设定快进间隙“10.0”、下切间隙“5.0”，然后单击“计算”按钮。（图 6-45）

图 6-44

图 6-45

7）切入切出和连接：切入“斜向”，切出“无”，第一连接“曲面上”，第二连接“掠过”，重叠距离（刀具直径单位）“0.0”，勾选“允许移动开始点”及“刀轴不连续处增加切入切出”，角度分界值“90.0”。（图 6-46）

a）

b）

图 6-46

8）开始点和结束点：开始点选择“第一点安全高度”，结束点选择“最后一点安全高度”。勾选“相对下切”“单独进刀”及“单独退刀”，设定进刀距离“5.0”、相对下切距离“1.0”、退刀距离“5.0”，沿刀轴进刀与退刀。（图 6-47）

a）

b）

图 6-47

9）进给和转速：设定主轴转速 12000.0r/min、切削进给率 1800.0mm/min、下切进给率 1800.0mm/min、掠过进给率 3000.0mm/min，标准冷却。（图 6-48）

10）单击图 6-48 中的“计算”按钮，刀具路径如图 6-49 所示。

图 6-48

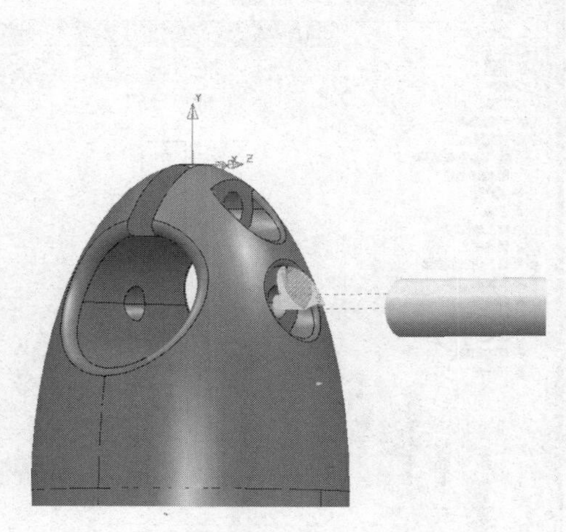

图 6-49

6.5.6 加工沉头孔（A 面 2）

步骤：单击“主页”→“刀具路径”图标，弹出“策略选择器”表格，单击“精加工”→“等高精加工”，如图 6-50 所示。

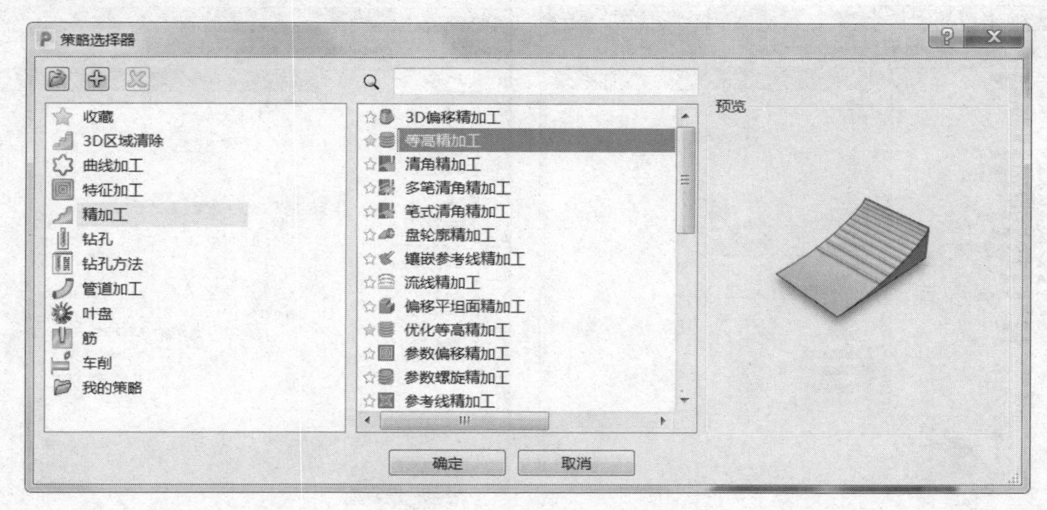

图 6-50

需要设定的参数如下：

1）工作平面：选择“A 面”坐标系。

2）毛坯：选择要加工的曲面计算即可。

3）刀具选择“ϕ6 立铣刀”，伸出 30mm 即可。（图 6-51）

4）等高精加工：排序方式选择“区域”，设定其它毛坯“0.3”，勾选“螺旋”，设定公差“0.01”、切削方向“任意”、余量“0.0”、最小下切步距“0.05”。（图 6-52）

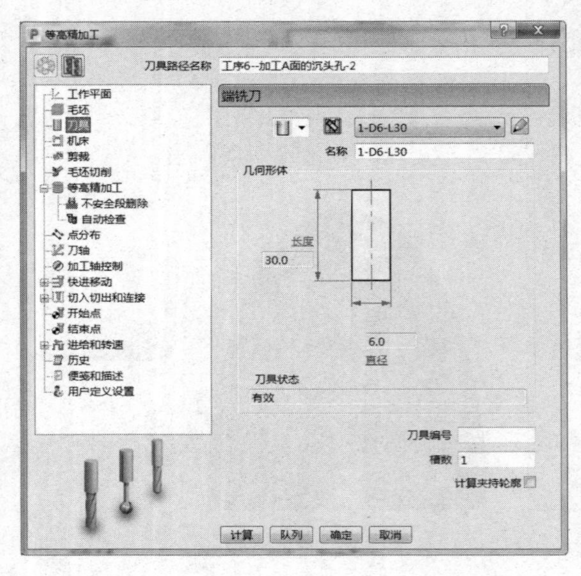

图 6-51

图 6-52

5）刀轴：垂直。（图 6-53）

6）快进移动：安全区域类型选择“平面”，工作平面选择“刀具路径工作平面”，法线设定为（0.0，0.0，1.0），设定快进间隙“10.0”、下切间隙“5.0”，然后单击“计算”按钮。（图 6-54）

图 6-53

图 6-54

7）切入切出和连接：切入“无”，切出“无”，第一连接“曲面上”，第二连接“掠过”，重叠距离（刀具直径单位）“0.0”，勾选“允许移动开始点”及“刀轴不连续处增加切入切出”，角度分界值“90.0”。（图 6-55）

a）

b）

图 6-55

8）开始点和结束点：开始点选择“第一点安全高度”，结束点选择“最后一点安全高度”。勾选“相对下切”“单独进刀”及“单独退刀”，设定进刀距离“5.0”、相对下切距离“1.0”、退刀距离“5.0”，沿刀轴进刀与退刀。（图 6-56）

a）

b）

图 6-56

9）进给和转速：设定主轴转速 12000.0r/min、切削进给率 1800.0mm/min、下切进给率 1800.0mm/min、掠过进给率 3000.0mm/min，标准冷却。（图 6-57）

10）单击图 6-57 中的“计算”按钮，刀具路径如图 6-58 所示。

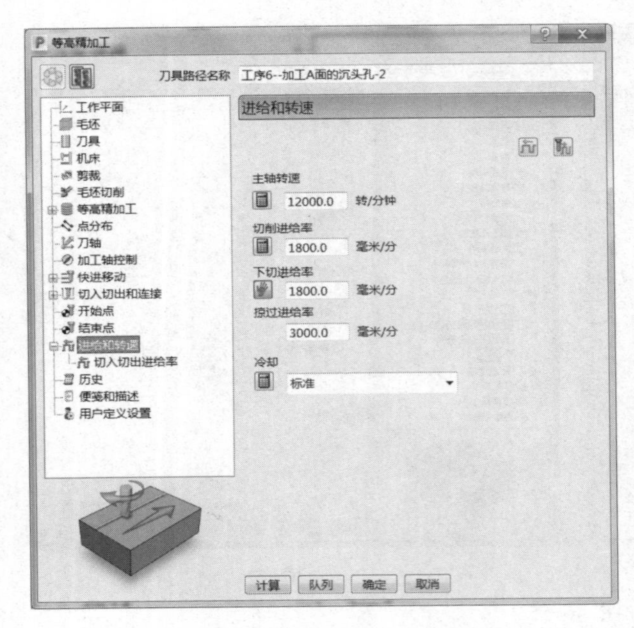

图 6-57

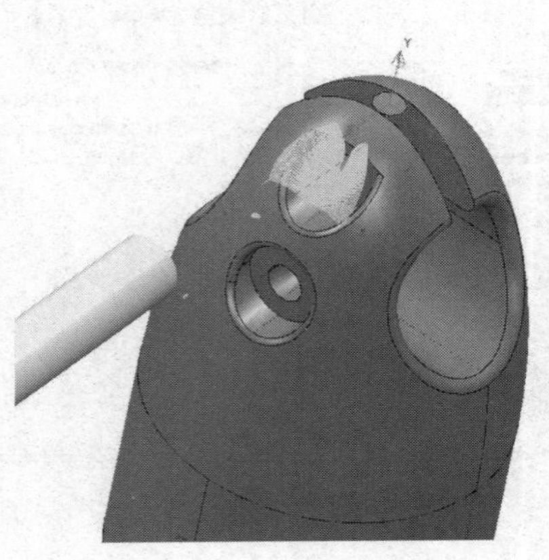

图 6-58

6.5.7 加工沉头孔（B 面）

步骤：单击“主页”→“刀具路径”图标，弹出“策略选择器”表格，单击“精加工”→“等高精加工”，如图 6-59 所示。

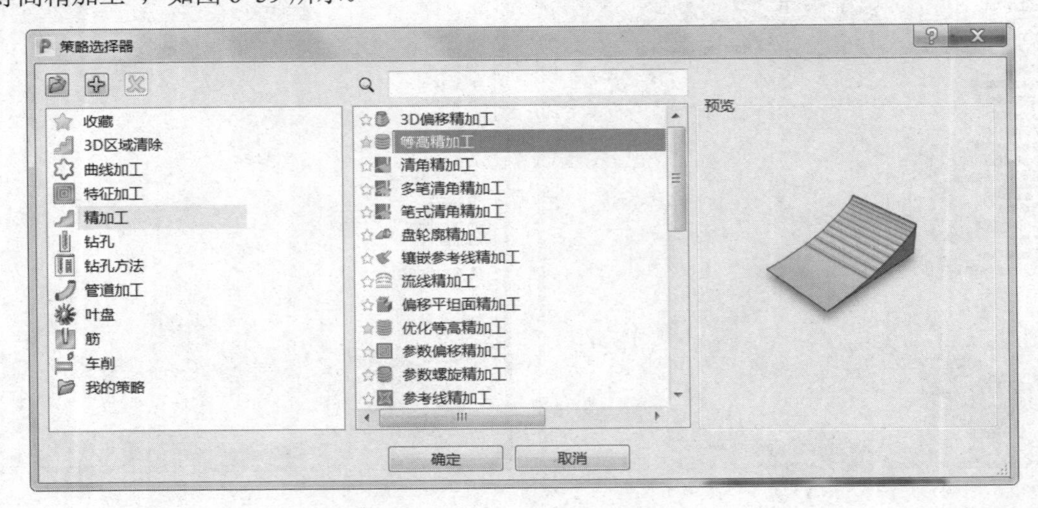

图 6-59

需要设定的参数如下：

1）工作平面：选择“B 面”坐标系。

2）毛坯：选择要加工的曲面计算即可。

3）刀具：选择“$\phi 6$ 立铣刀”，伸出 30mm 即可。（图 6-60）

4）等高精加工：排序方式选择“区域”，设定其它毛坯“0.3”，勾选“螺旋”，设定公差“0.01”、切削方向“任意”、余量“0.0”、最小下切步距“0.05”。（图 6-61）

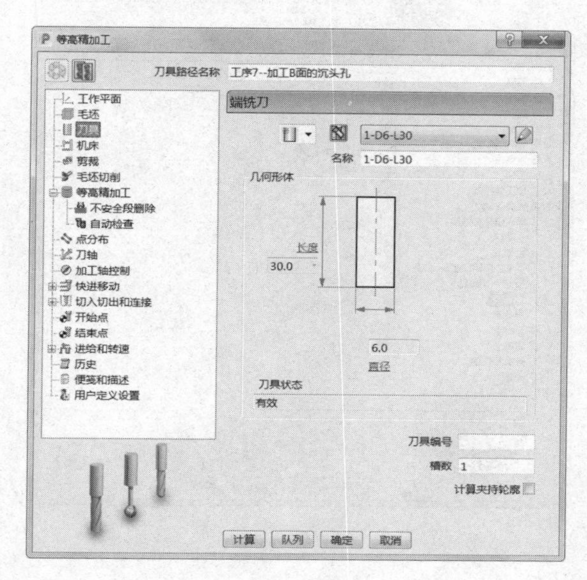

图 6-60

图 6-61

5）刀轴：垂直。（图 6-62）

6）快进移动：安全区域类型选择“平面”，工作平面选择“刀具路径工作平面”，法线设定为（0.0，0.0，1.0），设定快进间隙“10.0”、下切间隙“5.0”，然后单击“计算”按钮。（图 6-63）

图 6-62

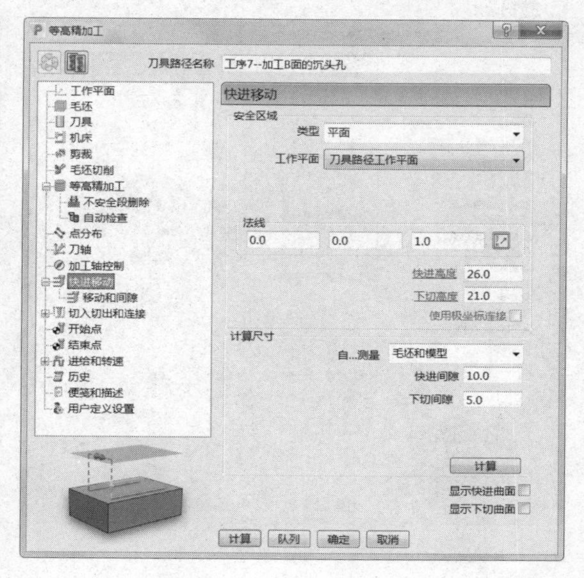

图 6-63

7）切入切出和连接：切入“无”，切出“无”，第一连接“曲面上”，第二连接“掠过”，重叠距离（刀具直径单位）“0.0”，勾选“允许移动开始点”及“刀轴不连续处增加切入切出”，

角度分界值“90.0”。（图 6-64）

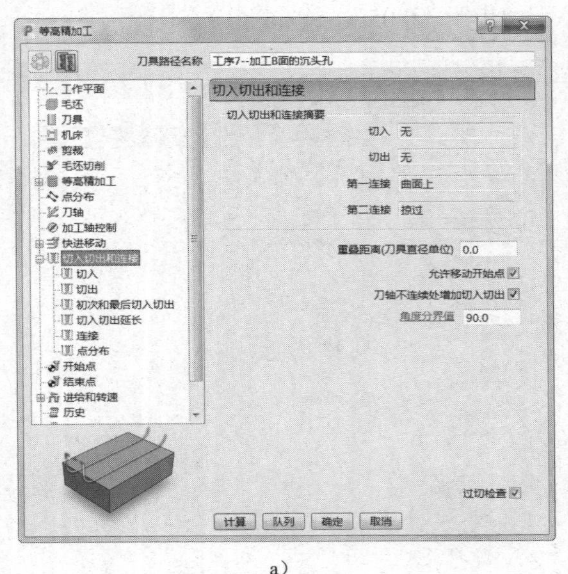

a）

b）

图　6-64

8）开始点和结束点：开始点选择“第一点安全高度”，结束点选择“最后一点安全高度”。勾选“相对下切”“单独进刀”及“单独退刀”，设定进刀距离“5.0”、相对下切距离“1.0”、退刀距离“5.0”，沿刀轴进刀与退刀。（图 6-65）

a）

b）

图　6-65

9）进给和转速：设定主轴转速 12000.0r/min、切削进给率 1800.0mm/min、下切进给率 1800.0mm/min、掠过进给率 3000.0mm/min，标准冷却。（图 6-66）

10）单击图 6-66 中的“计算”按钮，刀具路径如图 6-67 所示。

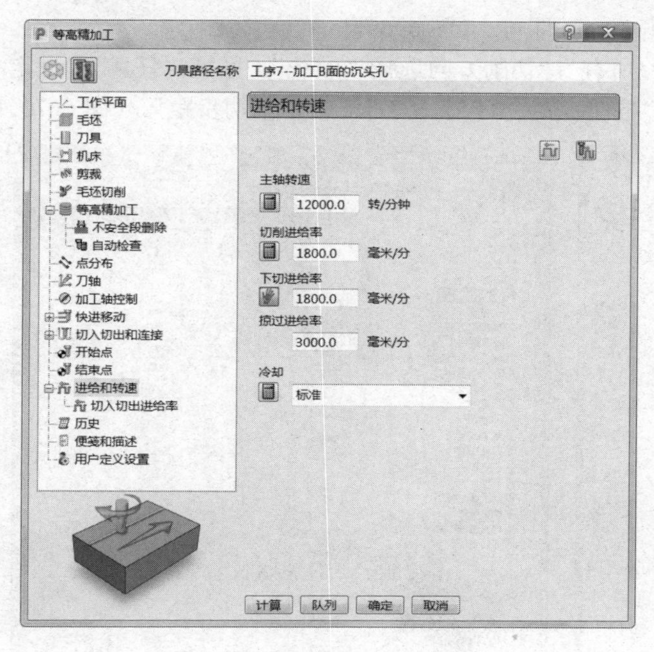

图 6-66

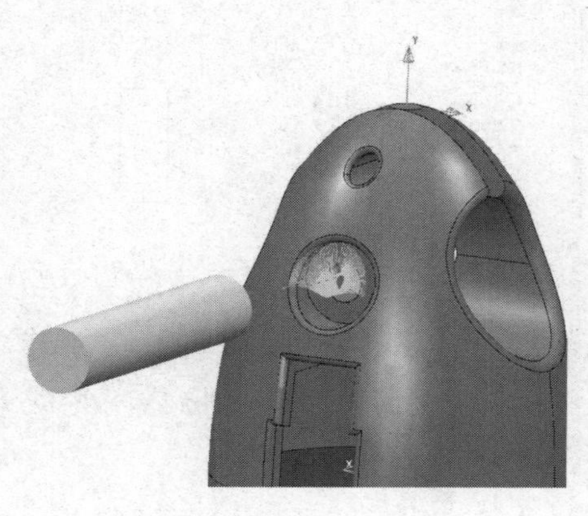

图 6-67

6.5.8 粗加工 B 面的槽

步骤：单击“主页”→“刀具路径”图标，弹出“策略选择器”表格，单击“3D 区域清除”→“模型区域清除”，如图 6-68 所示。

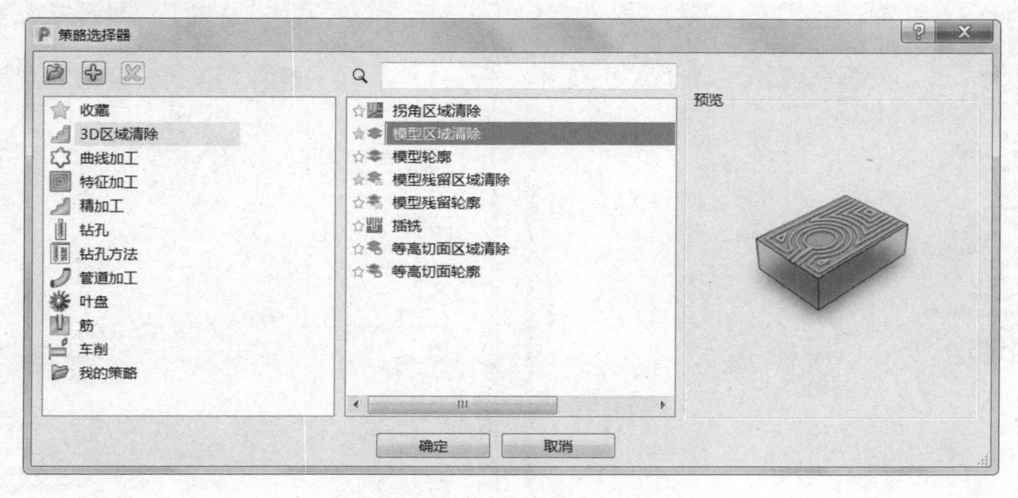

图 6-68

需要设定的参数如下：

1）工作平面：选择“B 面”坐标系。

2）毛坯：选择要加工的曲面计算即可。

3）刀具：选择“$\phi 4$ 立铣刀”，伸出 30mm 即可。（图 6-69）

4）模型区域清除：样式选择“偏移所有”，切削方向选择“顺铣”，区域“任意”，设定公差“0.01”、余量“1.0”、行距“3.0”、下切步距“0.05”，勾选“恒定下切步距”。（图 6-70）

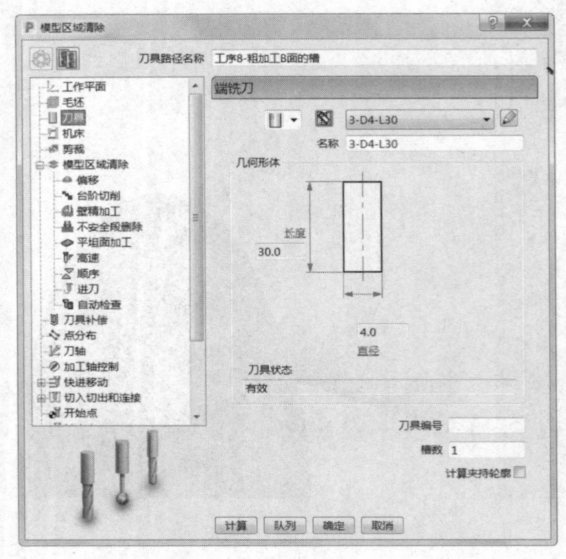

图 6-69

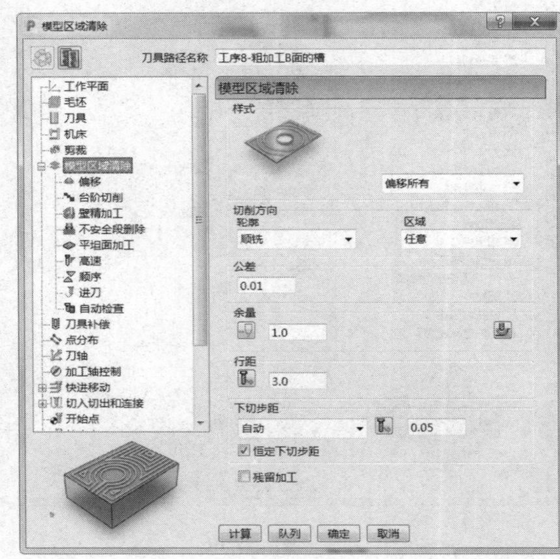

图 6-70

5）刀轴：垂直。（图 6-71）

6）快进移动：安全区域类型选择“平面”，工作平面选择“刀具路径工作平面”，法线设定为（0.0，0.0，1.0），设定快进间隙“10.0”、下切间隙“5.0”，然后单击“计算”按钮。（图 6-72）

图 6-71

图 6-72

7）切入切出和连接：切入“无”，切出“无”，第一连接“掠过”，第二连接“掠过”，重

叠距离（刀具直径单位）“0.0”，勾选“允许移动开始点”及“刀轴不连续处增加切入切出”，角度分界值“90.0”。（图 6-73）

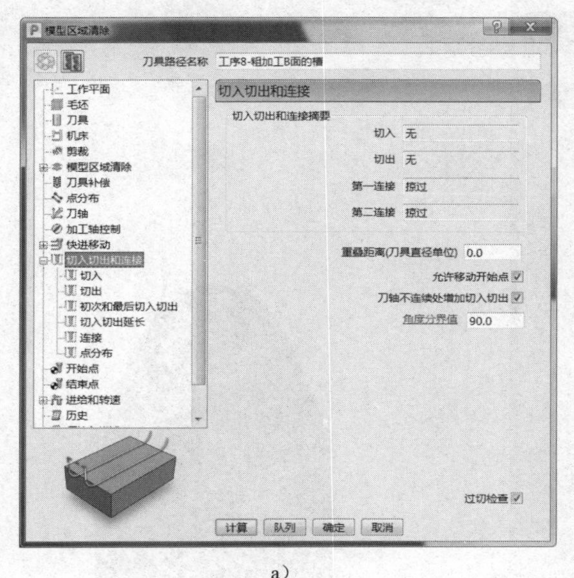

a）

b）

图 6-73

8）开始点和结束点：开始点选择“第一点安全高度”，结束点选择“最后一点安全高度”。勾选“相对下切”“单独进刀”及“单独退刀”，设定进刀距离“5.0”、相对下切距离“1.0”，自毛坯测量，退刀距离“5.0”，沿刀轴进刀与退刀。（图 6-74）

a）

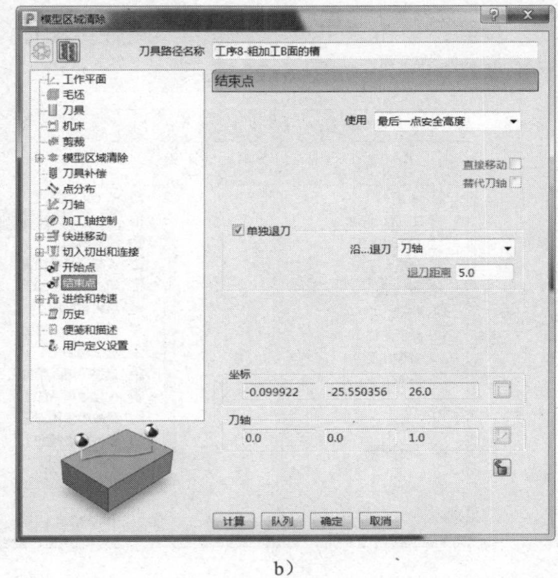

b）

图 6-74

9）进给和转速：设定主轴转速 12000.0r/min、切削进给率 1800.0mm/min、下切进给率

1800.0mm/min、掠过进给率 3000.0mm/min，标准冷却。（图 6-75）

10）单击图 6-75 中的“计算”按钮，刀具路径如图 6-76 所示。

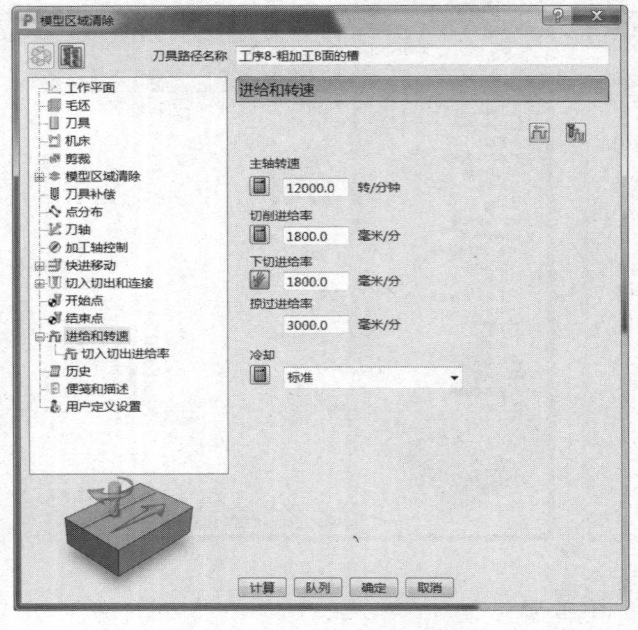

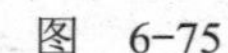

图 6-75

图 6-76

6.5.9 精加工 B 面的槽

步骤：单击“主页”→“刀具路径”图标，弹出“策略选择器”表格，单击“精加工”→“等高精加工”，如图 6-77 所示。

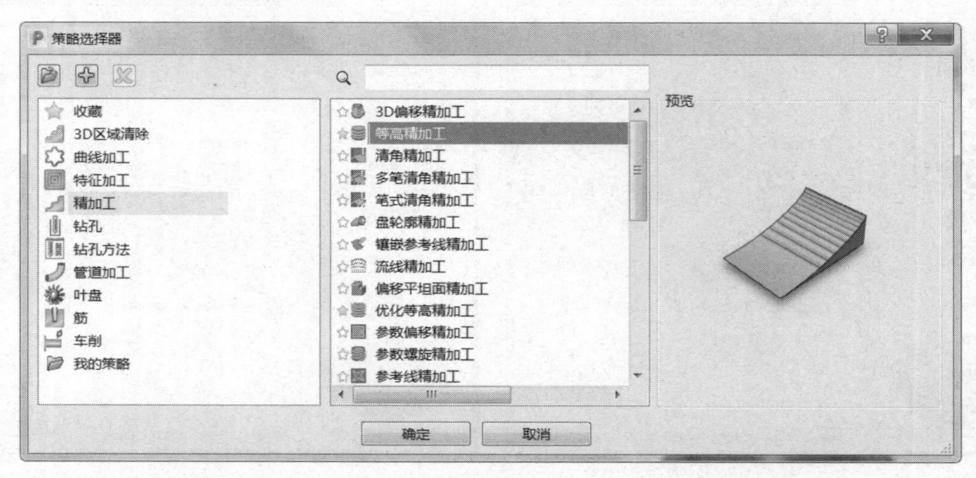

图 6-77

需要设定的参数如下：

1）工作平面：选择“B 面”坐标系。

2）毛坯：选择要加工的曲面计算即可。

3）刀具：选择“ϕ2 立铣刀”，伸出 30mm 即可。（图 6-78）

4）等高精加工：排序方式选择“区域”，设定其它毛坯“0.1”，勾选“螺旋”，设定公差“0.01”、切削方向“任意”、余量“0.0”、最小下切步距“0.05”。（图 6-79）

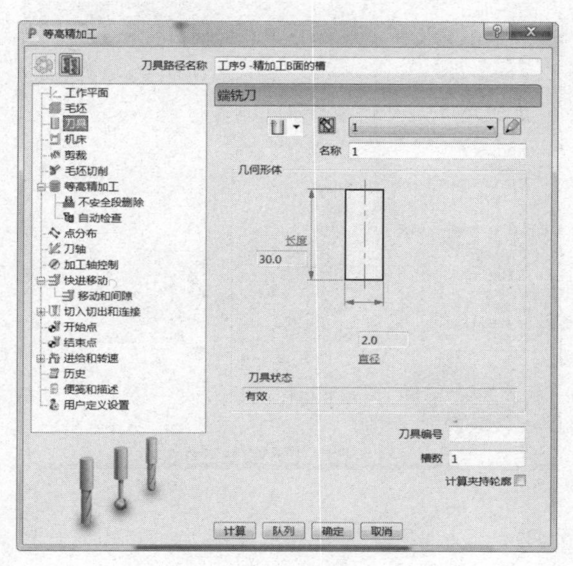

图 6-78

图 6-79

5）刀轴：垂直。（图 6-80）

6）快进移动：安全区域类型选择“平面”，工作平面选择“刀具路径工作平面”，法线设定为（0.0，0.0，1.0），设定快进间隙“10.0”、下切间隙“5.0”，然后单击“计算”按钮。（图 6-81）

图 6-80

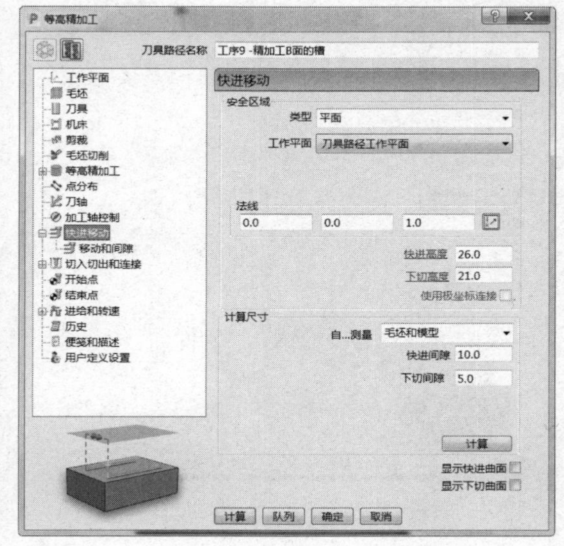

图 6-81

7）切入切出和连接：切入“无”，切出“无”，第一连接“掠过”，第二连接“掠过”，重

叠距离（刀具直径单位）“0.0”，勾选“允许移动开始点”及“刀轴不连续处增加切入切出”，角度分界值“90.0”。（图 6-82）

a）

b）

图 6-82

8）开始点和结束点：开始点选择“第一点安全高度”，结束点选择“最后一点安全高度”。勾选“相对下切”“单独进刀”及“单独退刀”，设定进刀距离“5.0”、相对下切距离“1.0”、退刀距离“5.0”，沿刀轴进刀与退刀。（图 6-83）

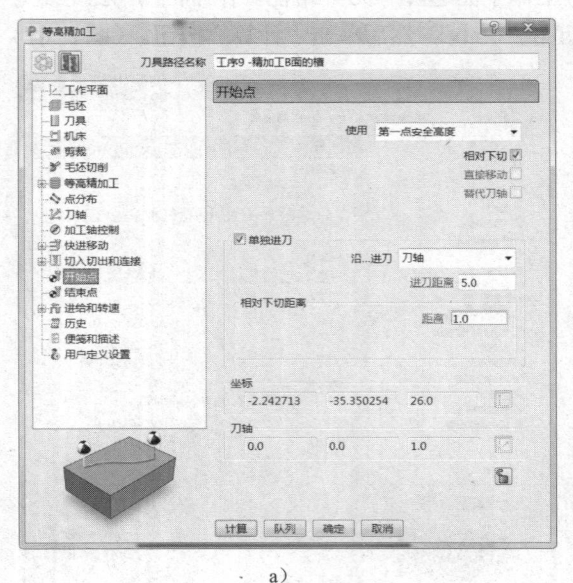

a）

b）

图 6-83

9）进给和转速：设定主轴转速 12000.0r/min、切削进给率 1800.0mm/min、下切进给率

1800.0mm/min、掠过进给率 3000.0mm/min，标准冷却。（图 6-84）

10）单击图 6-84 中的“计算”按钮，刀具路径如图 6-85 所示。

图 6-84

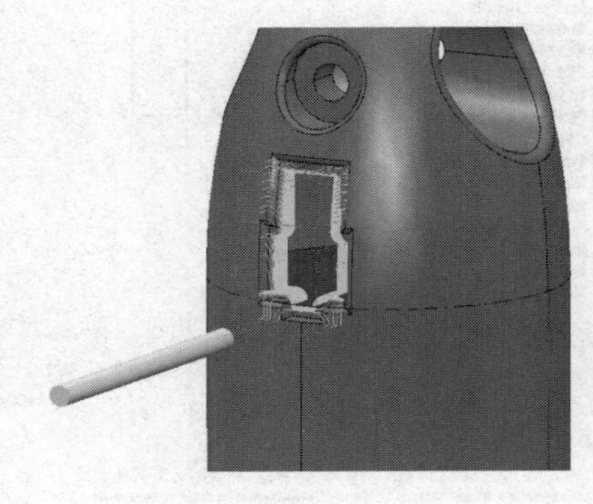

图 6-85

6.5.10 B 面ϕ3mm 的孔加工

步骤：单击“主页”→“刀具路径”图标，弹出“策略选择器”表格，单击“精加工”→“等高精加工”，如图 6-86 所示。

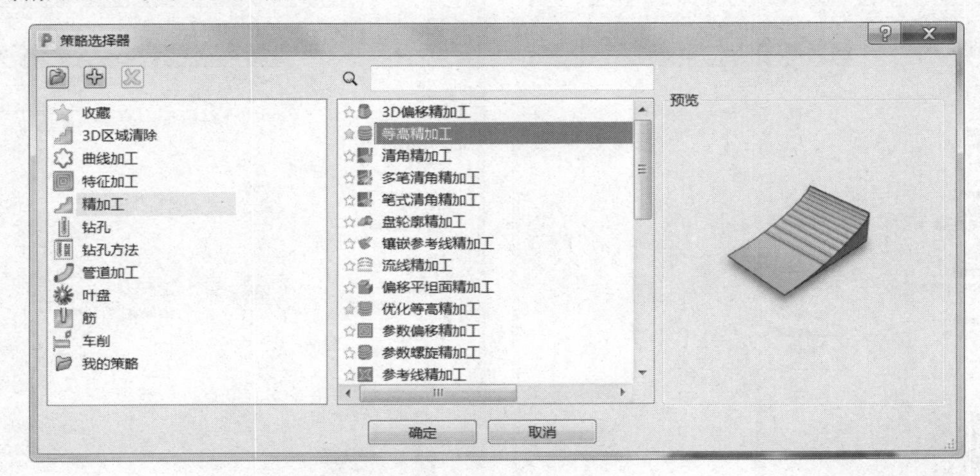

图 6-86

需要设定的参数如下：

1）工作平面：选择“B 面”坐标系。

2）毛坯：选择要加工的曲面计算即可。

3）刀具：选择“ϕ2 立铣刀”，伸出 30mm 即可。（图 6-87）

4）等高精加工：排序方式选择“区域”，设定其它毛坯“0.1”，勾选“螺旋”，设定公差“0.01”、切削方向“任意”、余量“0.0”、最小下切步距“0.05”。（图 6-88）

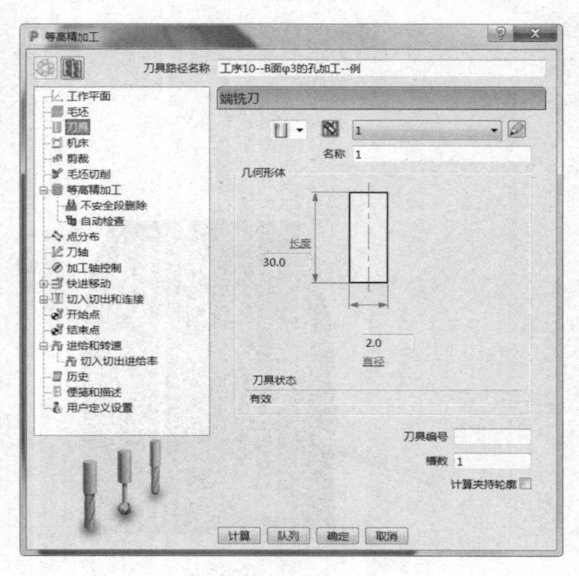

图 6-87

图 6-88

5）刀轴：垂直。（图 6-89）

6）快进移动：安全区域类型选择“平面”，工作平面选择“刀具路径工作平面”，法线设定为（0.0，0.0，1.0），设定快进间隙“10.0”、下切间隙“5.0”，然后单击“计算”按钮。（图 6-90）

图 6-89

图 6-90

7）切入切出和连接：切入“斜向”，切出“无”，第一连接“掠过”，第二连接“掠过”，

重叠距离（刀具直径单位）“0.0”，勾选“允许移动开始点”及“刀轴不连续处增加切入切出”，角度分界值“90.0”。（图 6-91）

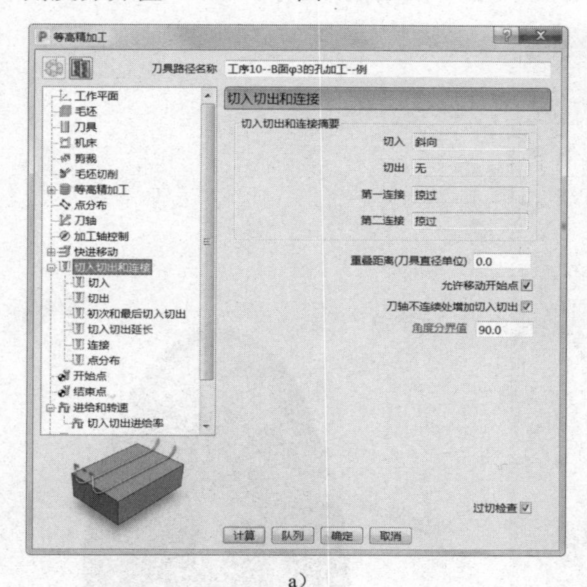

a）

b）

图 6-91

8）开始点和结束点：开始点选择“第一点安全高度”，结束点选择“最后一点安全高度”。勾选“相对下切”“单独进刀”及“单独退刀”，设定进刀距离“5.0”、相对下切距离“1.0”、退刀距离“5.0”，沿刀轴进刀与退刀。（图 6-92）

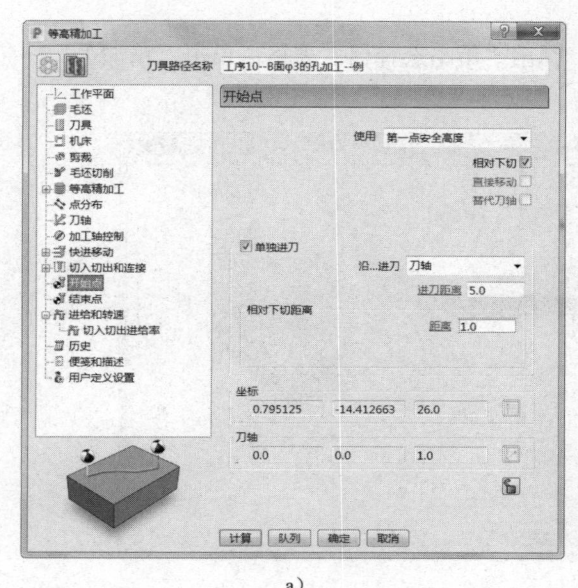

a）

b）

图 6-92

9）进给和转速：设定主轴转速 12000.0r/min、切削进给率 1800.0mm/min、下切进给率

1800.0mm/min、掠过进给率 3000.0mm/min，标准冷却。（图 6-93）

10）单击图 6-93 中的“计算”按钮，刀具路径如图 6-94 所示。

图 6-93

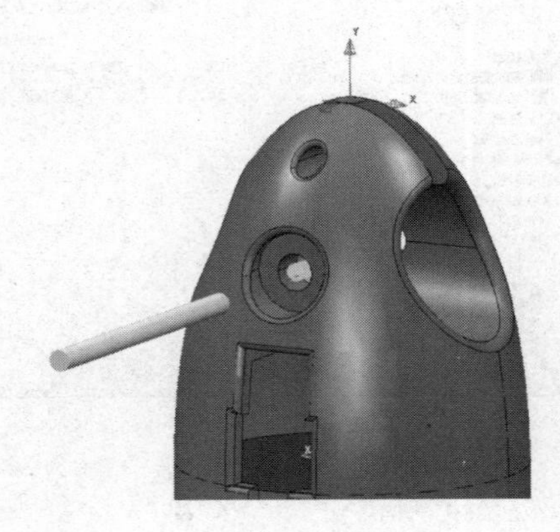

图 6-94

6.5.11 圆弧倒角

步骤：单击“主页”→“刀具路径”图标，弹出“策略选择器”表格，单击“精加工”→“参数偏移精加工”，如图 6-95 所示。

图 6-95

需要设定的参数如下：

1）工作平面：选择“A 面”坐标系。

2）毛坯：选择要加工的曲面计算即可。

3）刀具：选择“ϕ1.5 球头刀”，伸出 30mm 即可。（图 6-96）

4）参数偏移精加工：设定开始曲线为曲线“1”，结束曲线为曲线“2”，偏移方向选择“沿着”，剪裁方法选择“刀尖位置”，设定公差“0.01”、切削方向“任意”、余量“0.0”、最大行距“0.05”。（图 6-97）

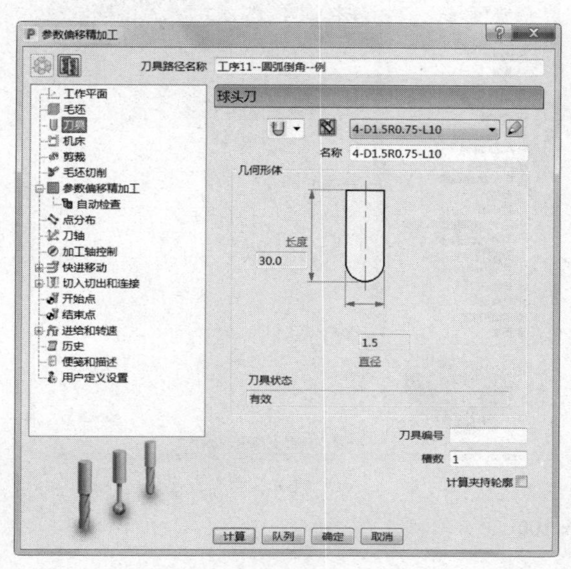

图 6-96

图 6-97

5）刀轴：垂直。（图 6-98）

6）快进移动：安全区域类型选择“平面”，工作平面选择“刀具路径工作平面”，法线设定为（0.0，0.0，1.0），设定快进间隙“10.0”、下切间隙“5.0”，然后单击“计算”按钮。（图 6-99）

图 6-98

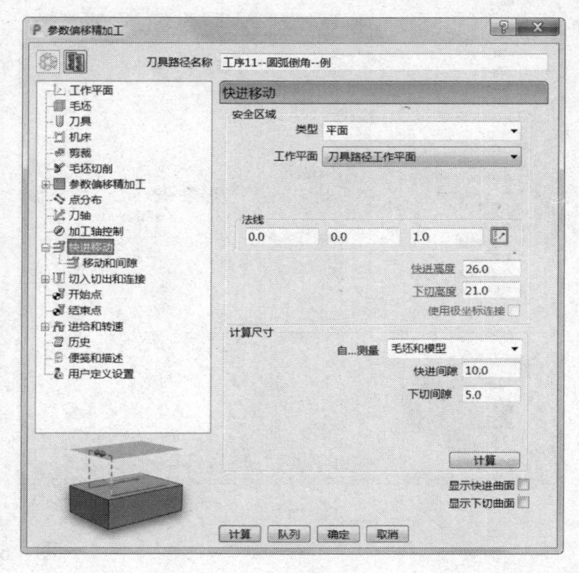

图 6-99

7）切入切出和连接：切入“无”，切出“无”，第一连接“曲面上”，第二连接“掠过”，重叠距离（刀具直径单位）“0.0”，勾选“允许移动开始点”及“刀轴不连续处增加切入切出”，角度分界值“90.0”。（图 6-100）

a）

b）

图 6-100

8）开始点和结束点：开始点选择“第一点安全高度”，结束点选择“最后一点安全高度”。勾选“相对下切”“单独进刀”及“单独退刀”，设定进刀距离“5.0”、相对下切距离“1.0”、退刀距离“5.0”，沿刀轴进刀与退刀。（图 6-101）

a）

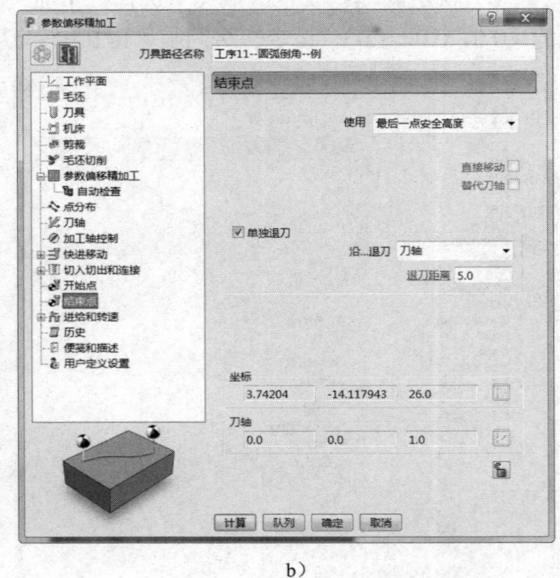

b）

图 6-101

9）进给和转速：设定主轴转速 12000.0r/min、切削进给率 1800.0mm/min、下切进给率

1800.0mm/min、掠过进给率 3000.0mm/min，标准冷却。（图 6-102）

10）单击图 6-102 中的“计算”按钮，刀具路径如图 6-103 所示。

图 6-102

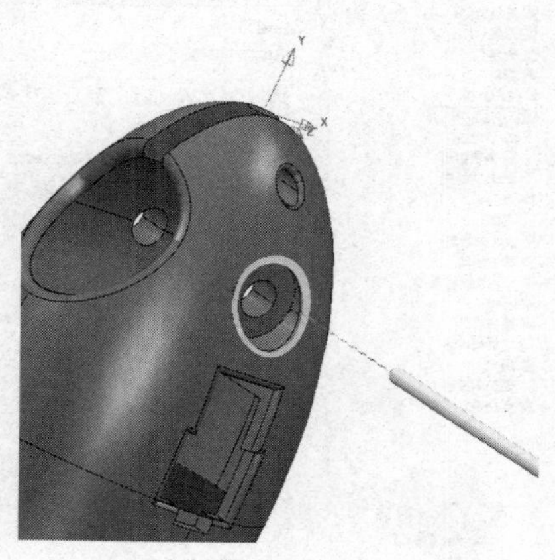

图 6-103

6.5.12 切 C 面 3mm 槽

步骤：单击“主页”→“刀具路径”图标，弹出“策略选择器”表格，单击“精加工”→“参考线精加工”，如图 6-104 所示。

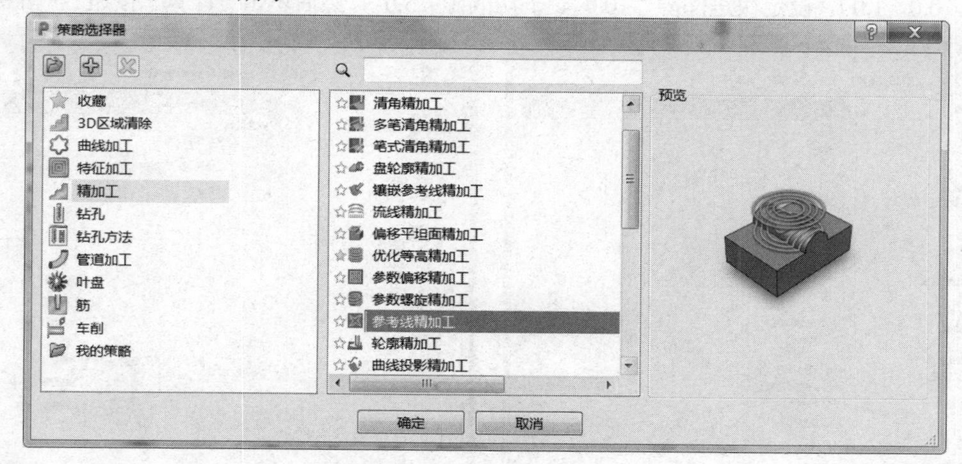

图 6-104

需要设定的参数如下：

1）工作平面：选择“C 面”坐标系。

2）毛坯：选择要加工的曲面计算即可。

3）刀具：选择“$\phi3$ 立铣刀”，伸出 30mm 即可。

4）参考线精加工：选择参考线“3”，底部位置选择“驱动曲线”，设定轴向偏移“0.0”，设定公差“0.005”、加工顺序“自由方向”、余量“-0.01”、最大下切步距“0.2”。在“多重切削”选项中模式选择“向上偏移”，排序方式选择“层”，设定最大切削次数“60”、最大下切步距“0.2”。（图 6-105）

a）

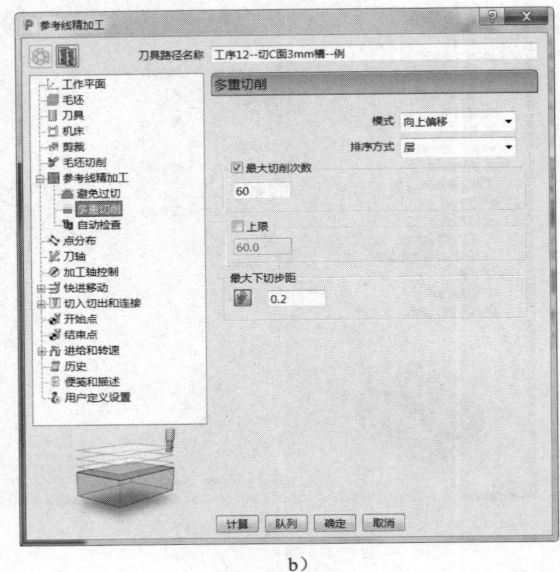

b）

图 6-105

5）刀轴：垂直。（图 6-106）

6）快进移动：安全区域类型选择“平面”，工作平面选择“刀具路径工作平面”，法线设定为（0.0，0.0，1.0），设定快进间隙“10.0”、下切间隙“5.0”，然后单击“计算”按钮。（图 6-107）

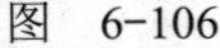

图 6-106

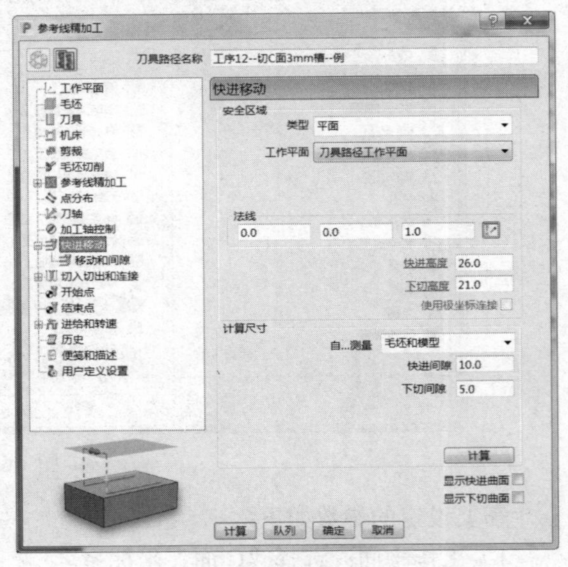

图 6-107

7）切入切出和连接：切入“延长移动”，切出“延长移动”，第一连接“相对”，第二连接“相对”，重叠距离（刀具直径单位）“0.0”，勾选“允许移动开始点”及“刀轴不连续处增加切入切出”，角度分界值“90.0”。（图 6-108）

a）

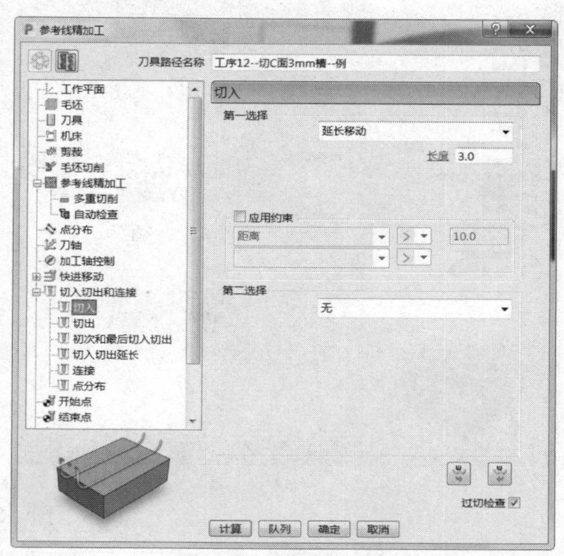

b）

c）

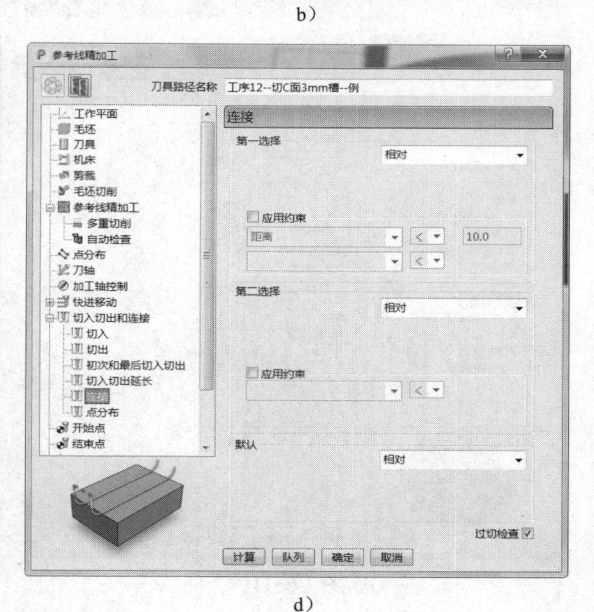

d）

图 6-108

8）开始点和结束点：开始点选择“第一点”，结束点选择“最后一点”。勾选“相对下切”“单独进刀”及“单独退刀”，设定进刀距离“10.0”、相对下切距离“1.0”、退刀距离“10.0”，沿刀轴进刀与退刀。（图 6-109）

9）进给和转速：设定主轴转速 12000.0r/min、切削进给率 1800.0mm/min、下切进给率 1800.0mm/min、掠过进给率 3000.0mm/min，标准冷却。（图 6-110）

10）单击图 6-110 中的“计算”按钮，刀具路径如图 6-111 所示。

a）

b）

图 6-109

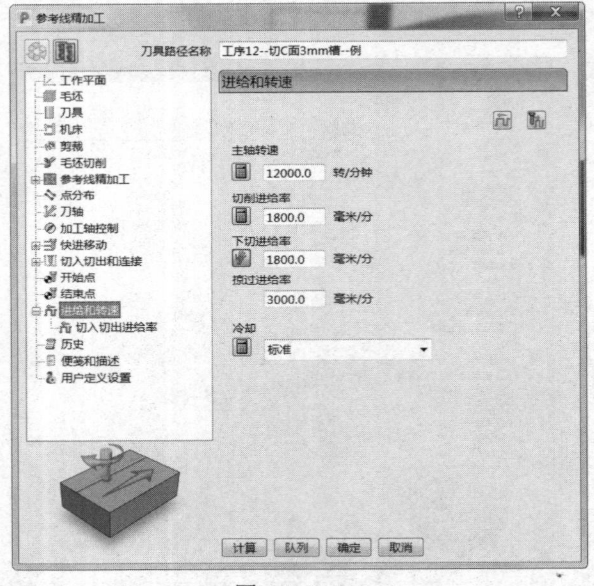

图 6-110

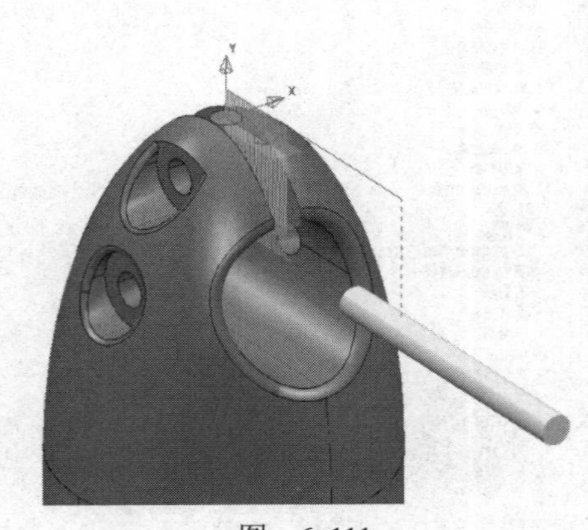

图 6-111

6.6 NC 程序仿真及后处理

6.6.1 NC 程序仿真

以“粗加工（A 面）”刀具路径为例：

1）打开主界面的“仿真”标签，单击开关使之处于打开状态。

2）在“条目”下拉菜单中单击选择要进行仿真的刀具路径。

3）单击“运行”按钮来查看仿真。在“仿真控制”栏中可对仿真过程进行暂停、回退等操作。

4）单击“退出 ViewMill”按钮来终止仿真。仿真效果如图 6-112 所示。

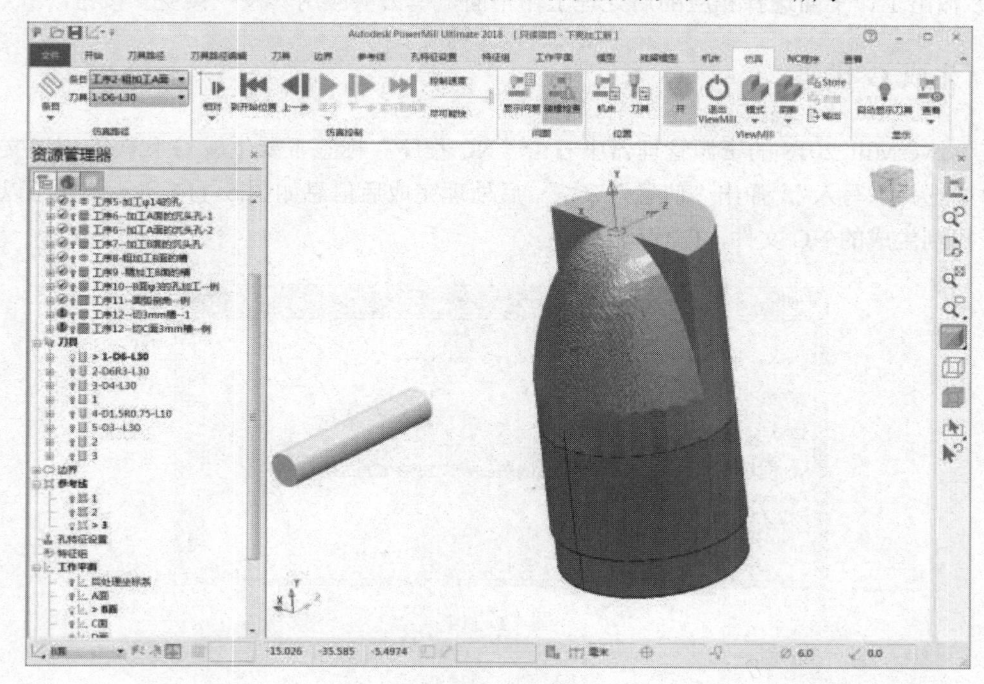

图 6-112

6.6.2 NC 程序后处理

1）在资源管理器中右击要产生 NC 程序的刀具路径名称，选择“创建独立的 NC 程序”。

2）在资源管理器中“NC 程序”标签下找到与刀具路径同名的 NC 程序，右击程序名，在菜单中选择“编辑已选”，弹出“编辑已选 NC 程序”表格，如图 6-113 所示。

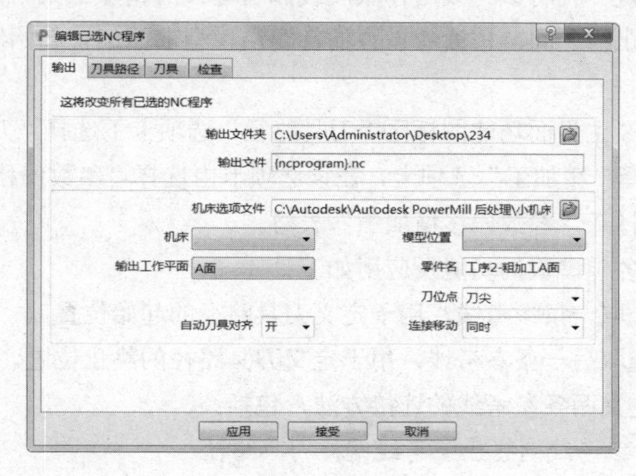

图 6-113

3）在输出文件名后键入文件后缀，例如键入“.nc”，输出的程序文件后缀名即为“.nc”。

4）选择机床选项文件，单击相应的机床后处理文件。

5）输出工作平面选择相应的后处理工作平面，单击“应用”及“接受”按钮。

6.6.3 生成 G 代码

在 PowerMill 2018 的资源管理器中右击“NC 程序”标签下要生成 G 代码的程序文件，在菜单中选择“写入”，弹出“信息”表格。后处理完成后信息如图 6-114 所示，并可以在相应路径找到生成的 NC 文件（G 代码）。

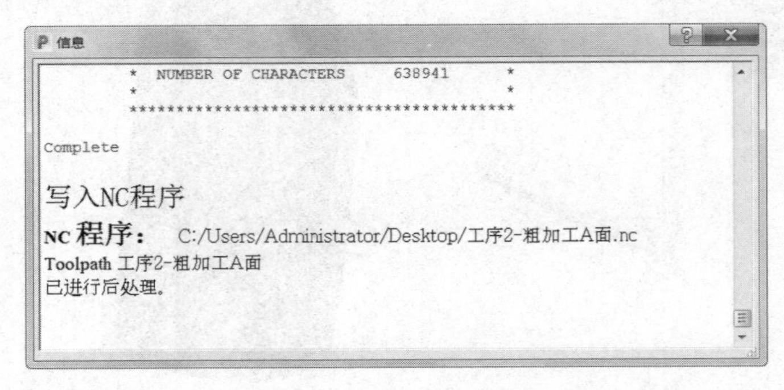

图 6-114

6.7 经验点评及重点策略说明

本章介绍了模型区域清除、等高精加工、模型轮廓、旋转精加工、参数偏移精加工、优化等高精加工、钻孔等操作，此零件是典型的四轴加工零件，参数偏移精加工策略在四轴加工里是较为常用的。其创建和编辑步骤如下：

参数偏移精加工是一种将参考线用作限制线和引导线的精加工策略。参数偏移精加工刀具路径在起始线和终止线之间，按读者设置的行距沿模型曲面偏置起始线和终止线而形成刀具路径。

在 PowerMill 2018 主界面功能图标区“刀具路径”选项卡下选择“刀具路径”，打开“策略选择器”表格，选择“精加工”选项卡，在该选项卡内选择“参数偏移精加工”，然后单击“确定”按钮，即可打开“参数偏移精加工”表格。

参数偏移精加工各项参数的功能及应用如下：

1）开始曲线：选取一条参考线，用于定义刀具路径的起始位置。

2）结束曲线：选取另一条参考线，用于定义刀具路径的终止位置。

3）偏移方向：定义两条参考线的连接方法，包括：

① 沿着：从起始参考线向终止参考线偏移刀具路径。

② 交叉：从起始参考线上的一个点移动到终止参考线上的对应点形成刀具路径。

4）剪裁方法：定义参考线约束刀具路径的方法，包括：

① 刀尖位置：刀尖点落在参考线上。

② 接触点位置：刀具接触点落在参考线上。

5）最大偏移：控制生成刀具路径的数量。

6）最小行距：参数偏置精加工策略根据所使用的刀具半径和公差来定义行距值。注意：默认情况下设定最小行距值为 0，表示行距值由系统自动计算得出。

7）最大行距：如果系统自动计算的行距值过大，可能影响到加工的表面质量。此时操作者可以自行定义最大行距值来限制所允许的最大行距。

参数偏移精加工用于加工参数线限制内的曲面等，其加工应用范围较广。

附　录

附录 A　PowerMill 2018 的一些实用命令

表 A-1 列出了 PowerMill 2018 的一些实用命令。应用这些命令的方法是在 PowerMill 2018 主界面功能图标区找到并单击“宏”菜单下的“回显命令”按钮，然后在界面下方的命令窗口输入命令内容，按回车键运行，如图 A-1 所示。

表　A-1

序　号	命令内容	命令功能
1	Project claim	去除加工项目文件的只读性
2	Edit toolpath;axial offset	此命令通过对一条激活的五轴刀具路径偏置一个距离而生成一条新的五轴刀具路径。新的刀具路径的刀位点沿刀轴矢量偏置
3	Edit toolpath;show_tool_axis 30	此命令显示当前五轴刀具路径的刀轴矢量。命令后的数字 30 为矢量长度，可由操作者自定义
4	EDIT SURFPROJ AUTORANGE OFF	在曲面投影精加工策略中，关闭自动投影距离
	EDIT SURFPROJ RANGEMIN –6	设置曲面投影精加工的投影距离最小值为–6（该值可更改）
	EDIT SURFPROJ RANGEMAX 6	设置曲面投影精加工的投影距离最大值为 6（该值可更改）
5	EDIT SURFPROJ AUTORANGE ON	在曲面投影精加工策略中，打开自动投影距离（不限制投影距离）
6	Lang English	切换到英文界面
7	Lang Chinese	切换到中文界面
8	EDIT UNITS MM	转换到公制（米制）单位
9	EDIT UNITS INCHES	转换到英制单位
10	EDIT PREFERENCE AUTOSAVE YES	批处理完刀具路径后自动保存
11	EDIT PREFERENCE AUTOSAVE NO	批处理完刀具路径后不自动保存
12	EDIT PREFERENCE AUTOMINFINFORM YES	PowerMILL 精加工计算路径时视窗缩小化
13	EDIT PREFERENCE AUTOMINFINFORM NO	PowerMILL 精加工计算路径时视窗不缩小化
14	COMMIT PATTERN ; \r PROCESS TPLEADS	参考线直接转换成刀具路径
15	COMMIT BOUNDARY ; \R PROCESS TPLEADS	边界直接转换成刀具路径

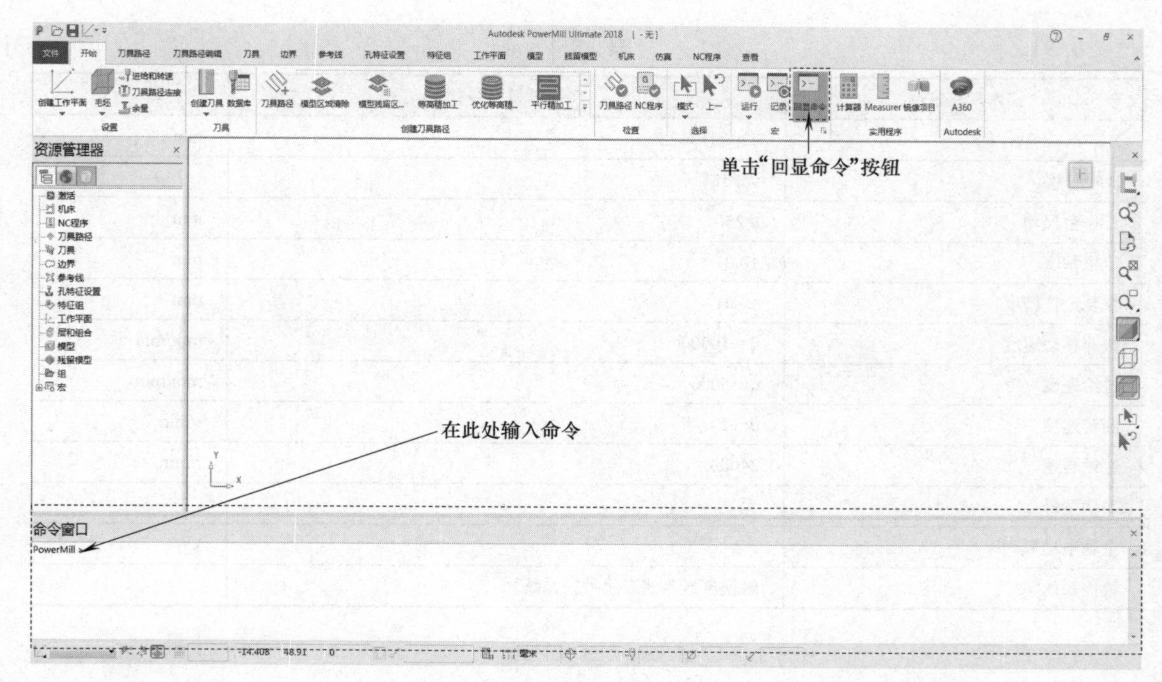

图 A-1

附录 B 实例用机床参数介绍

大部分四轴机床是在三轴联动铣床的工作台上，增加一个绕 X 轴旋转的 A 轴或绕 Y 轴旋转的 B 轴，再由具备同时控制四轴运动的数控系统支配，以获得四轴联合运动。这类机床主要用于加工非圆截面柱状零件，例如带螺旋槽的传动轴零件等。

典型四轴机床实例如图 B-1 所示。该实例中四根运动轴分别是直线轴 X、Y、Z 及绕 Y 轴旋转的 B 轴。

图 B-2 所示是本书中实例所用的天津安卡尔公司生产的 UCAR-DPCNC4S150 型四轴机床，该机床的运动轴分别是直线轴 X、Y、Z 及绕 Y 轴旋转的 B 轴，其主要技术参数见表 B-1。

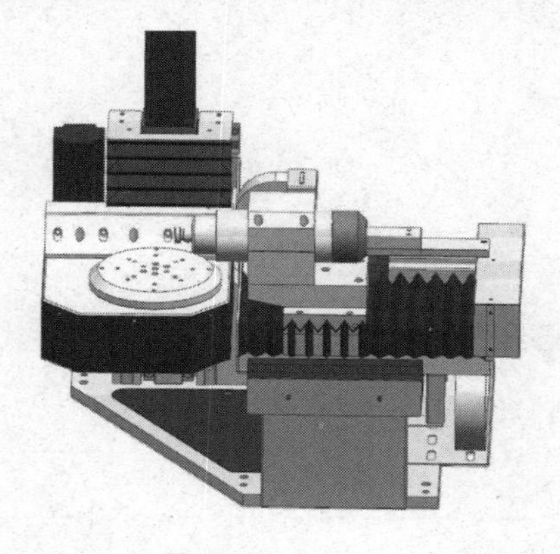

图 B-1

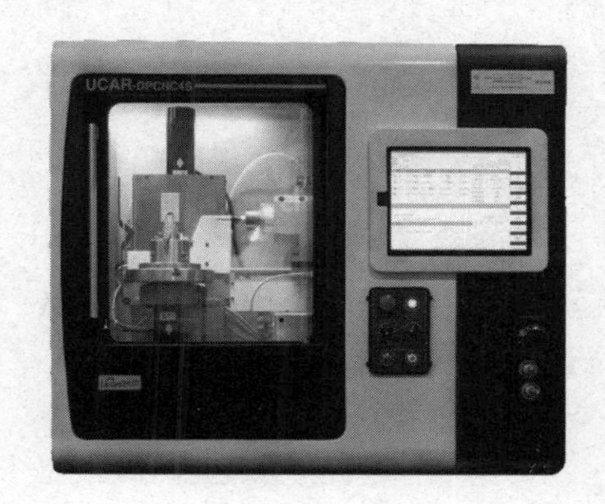

图 B-2

表 B-1

技术规格名称	技术规格参数	单 位
X、Y、Z 轴行程	420×210×225	mm
B 轴行程	无限制	（°）
工作台尺寸	ϕ250	mm
定位精度	±0.01	mm
重复定位精度	±0.01	mm
快速移动速度	0～10000	mm/min
进给速度	0～5000	mm/min
回转速度	0～20	r/min
主轴转速	24000	r/min
刀柄型号	无	
主轴电动机功率	2.2	kW
数控系统	触摸屏嵌入式专用数控系统	

参 考 文 献

[1] 朱克忆，彭劲枝．PowerMILL 2012 高速数控加工编程导航[M]．2 版．北京：机械工业出版社，2016．

[2] 朱克忆，彭劲枝．PowerMILL 多轴数控加工编程实用教程[M]．2 版．北京：机械工业出版社，2015．

[3] 王荣兴．加工中心培训教程[M]．2 版．北京：机械工业出版社，2014．

[4] 沈建峰．数控机床编程与操作　数控铣床　加工中心分册[M]．3 版．北京：中国劳动社会保障出版社，2011．

[5] 李亚平，孟丽霞．基于 PowerMILL 软件的复杂零件的 5 轴数字化加工[J]．数字技术与应用，2017（4）：15，17．

[6] 大木真一．3 次元 CAM を 100%使いこなすための基礎セミナー（第 10 回）高速演算・高精度 3 次元 CAM PowerMILL を使いこなす[J]．機械技術，2014：62．